普通高等教育物联网工程专业系列教材

无线射频识别技术与应用

彭 力 徐 华 编著

西安电子科技大学出版社

内 容 简 介

本书详细介绍了 RFID 的相关概念、基本原理、技术标准、安全与隐私及其在工业、生活中的应用，剖析了 RFID 项目开发、测试和实验实践平台。

全书共分 6 章。第 1 章帮助读者初步了解 RFID 技术的基本概念；第 2 章～第 4 章介绍了 RFID 系统的基本原理、技术标准和安全措施；第 5 章给出了几个典型的 RFID 应用案例；第 6 章在 RFID 实验研发平台的基础上，详细地介绍了与 RFID 技术相关的软硬件知识，分析讨论了在 125 kHz、13.56 MHz、900 MHz 与微波四个典型频段的实验。

本书可作为高等院校电子信息类、计算机类等专业相关课程的教材，也可作为科研机构研究人员及在职电子工程师等相关人员的参考书。

图书在版编目(CIP)数据

无线射频识别技术与应用/彭力，徐华编著.
—西安：西安电子科技大学出版社，2014.1(2023.8 重印)
ISBN 978-7-5606-3246-9

Ⅰ. ① 无… Ⅱ. ① 彭… ② 徐… Ⅲ. ① 无线电信号—射频—信号识别—高等学校—教材 Ⅳ. ① TN911.23

中国版本图书馆 CIP 数据核字(2013)第 298640 号

策　　划　刘玉芳
责任编辑　王　瑛
出版发行　西安电子科技大学出版社（西安市太白南路 2 号）
电　　话　(029)88202421　88201467　邮　　编　710071
网　　址　www.xduph.com　电子邮箱　xdupfxb001@163.com
经　　销　新华书店
印刷单位　广东虎彩云印刷有限公司
版　　次　2014 年 1 月第 1 版　2023 年 8 月第 4 次印刷
开　　本　787 毫米×1092 毫米　1/16　印张 13
字　　数　304 千字
印　　数　5801～6400 册
定　　价　32.00 元
ISBN 978 – 7 – 5606 – 3246 – 9/TN
XDUP 3538001-4

普通高等教育物联网工程专业系列教材
编审专家委员会名单

前　　言

随着人们对物联网概念及技术的深入了解和认识，对物品的定位和跟踪已成为社会广泛的需求。由于应用了无线射频识别(RFID)技术的物品的数据可读、可写功能，并且使用方便、卫生、永久，因此受到人们的青睐，已成为物联网应用技术的核心。

RFID 技术的应用最早可以追溯到第二次世界大战时期，美军曾用它识别盟军的飞机。目前，RFID 技术已应用于人们日常生活中的方方面面，如非接触式就餐卡、车辆防盗系统、道路自动收费系统、门禁系统、身份识别系统等。特别是近几年，随着零售和物流行业信息化的不断深入，这些行业越来越依赖于应用信息技术来控制库存、改善供应链管理、降低成本、提高工作效率，这为 RFID 技术的应用和快速发展提供了极大的市场空间。

RFID 技术被誉为 21 世纪最有应用和市场前景的十大技术之一，借助 RFID 可将人们的需求自动地与计算机和网络联系起来，大大扩充了人们自身的能力，并极大地提高了工作效率。本书主要介绍 RFID 的基本概念、基本原理、技术标准、安全与隐私及其在工业、生活中的应用，以此让读者对 RFID 技术有一个更深刻的认识，并能够更好地应用 RFID 技术。同时，作者结合自己开发的 RFID 实验研发平台，详细阐述了主流工作频率下的 RFID 开发和操作原理，对 RFID 实践有较大的帮助。

本书由江南大学物联网工程学院的彭力教授主编。江南大学徐华老师、冯伟工程师、吴治海博士、闻继伟博士、李稳高级工程师以及研究生韩潇、贾云龙、高雪、董国勇、卢晓龙、吴凡等参加了编写和平台开发工作，在此向他们表示感谢。同时感谢物联网应用技术教育部工程研究中心和江南感知能源研究院的资助。

彭　力

2013 年 7 月于无锡

目　　录

第 1 章　射频识别技术概论

1.1　RFID 技术的定义

无线射频识别(Radio Frequency Identification，RFID)技术是一种非接触式的自动识别技术，它通过射频信号自动识别特定目标对象并获取相关的数据信息，即 RFID 技术无需识别系统与特定目标之间建立机械或光学接触，是利用射频信号通过空间耦合(交变磁场或电磁场)实现无接触信息传递并通过所传递的信息达到识别目的的技术。

RFID 技术利用无线电波进行双向通信，不需要人工干预，它易于实现自动化且其射频卡不易损坏，不怕油渍、灰尘污染等，因此可工作于各种恶劣的环境中。RFID 技术可识别高速运动的物体并可同时识别多个电子标签，其操作快捷方便。因此，短距离的电子标签可以在恶劣的环境中替代条形码；而长距离的产品多用于交通中，其识别距离有几十米。

在过去的半个多世纪里，RFID 的发展经历了以下一些阶段：

1941—1950 年，雷达的改进和应用催生了 RFID 技术，1948 年奠定了 RFID 技术的理论基础。

1951—1960 年，早期 RFID 技术的探索阶段，主要处于实验室实验研究阶段。

1961—1970 年，RFID 技术的理论得到了发展，开始了一些应用尝试。

1971—1980 年，RFID 技术与产品研发处于一个大发展时期，各种 RFID 技术测试得到加速，出现了一些最早的 RFID 应用。

1981—1990 年，RFID 技术及产品进入商业应用阶段，多种应用开始出现，然而 RFID 技术的成本成为制约其进一步发展的主要问题，同时国内也开始关注这项技术。

1991—2000 年，大规模生产使得 RFID 技术的成本可以被市场接受，技术标准化问题和技术支撑体系的建立也得到重视；同时，大量厂商进入，RFID 产品逐渐走入人们的生活，国内研究机构也开始跟踪和研究该技术。

2001 年至今，RFID 技术得到进一步的丰富和完善，其产品种类更加丰富，无源电子标签、半有源电子标签和有源电子标签均得到发展，电子标签的成本也不断降低；RFID 技术的应用领域不断扩大，与其他技术日益结合。

纵观 RFID 的发展历程不难发现，随着市场需求的不断发展，以及人们对 RFID 认识水平的日益提升，RFID 必然会逐步进入人们的生活，而 RFID 技术及其产品的不断开发也将引发其应用扩展的新高潮，必将带来 RFID 技术发展的新变革。

1.2 RFID 系统的组成

RFID 系统包括三部分：标签、读卡器(含天线)和应用软件系统，如图 1-1 所示。

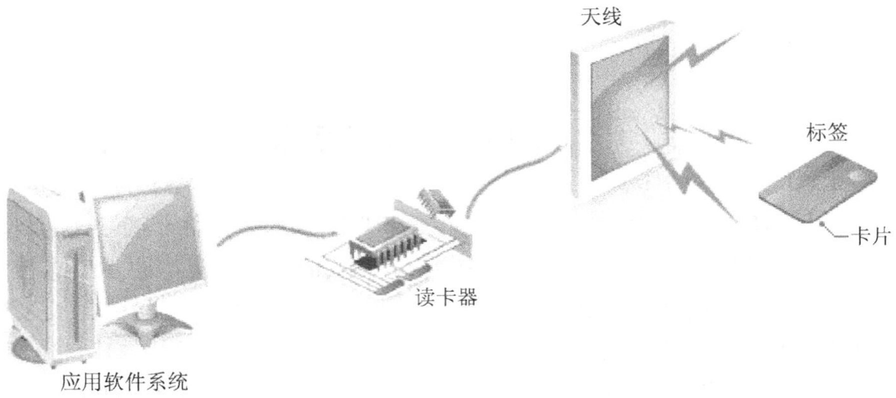

图 1-1　RFID 系统组成与工作示意图

标签(Tag)：又称电子标签，由耦合元件及芯片组成，也称应答器、卡片等。每个电子标签具有唯一的电子编码，附着在物体上标识目标对象。电子标签通常由三部分组成，即读写电路、硅芯片以及相关的天线，它能够接收并发送信号。电子标签一般被做成低功率的集成电路，与外部的电磁波或电磁感应相互作用，得到其工作时所需的功率并进行数据传输。

读卡器(Reader)：读取(有时还可以写入)电子标签信息的设备，可设计为手持式或固定式，也称阅读器、读写器(取决于电子标签是否可以无线改写数据，可写时称为读写器)、读头、读出装置、扫描器、通信器等。通过天线与电子标签进行无线通信，读卡器可以实现对电子标签识别码和内存数据的读出或写入操作。典型的 RFID 读卡器包含有 RFID 射频模块(发送器和接收器)、控制单元以及读卡器天线。电子标签上的芯片一旦被激活，就会进行数据读出、写入操作，而读卡器可把通过天线得到的标签芯片中的数据，经过译码送往主计算机处理。

天线(Antenna)：是电子标签与读卡器之间的联系通道，通过天线来控制系统信号的获得与交换。天线的形状和大小多种多样，它可以装在门框上，接收从该门通过的人或物品的相关数据；也可以安装在适当的地点，以监控道路上的交通情况等。

电子标签可以做成动物跟踪标签，嵌入在动物的皮肤下，其直径比铅笔芯还小，长度只有 1.27 cm(0.5 英寸)；也可以做成卡的形状，许多商店在售卖的商品上附有硬塑料电子标签用于防盗。除此以外，12.7 cm × 10.16 cm × 5.08 cm 的长方形电子标签可用于跟踪联运集装箱或重型机器、车辆等。读卡器发出的无线电波在 2.54 cm～30.48 m(英尺)甚至更远的范围内都有效，这主要取决于其功率与所用的无线电频率。图 1-2 和图 1-3 分别给出了读卡器、天线和电子标签及其封装。

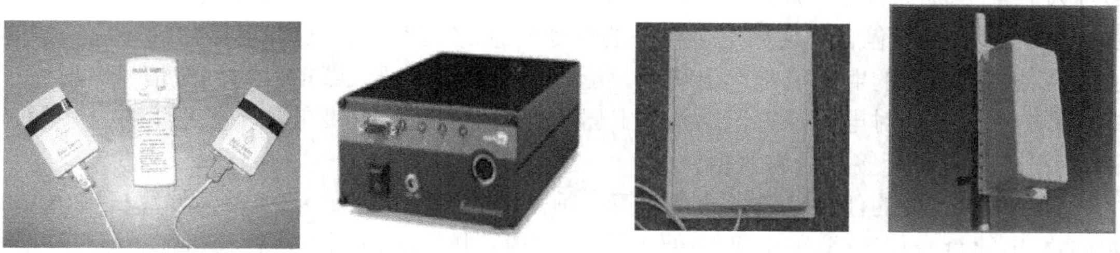

图 1-2　读卡器、天线

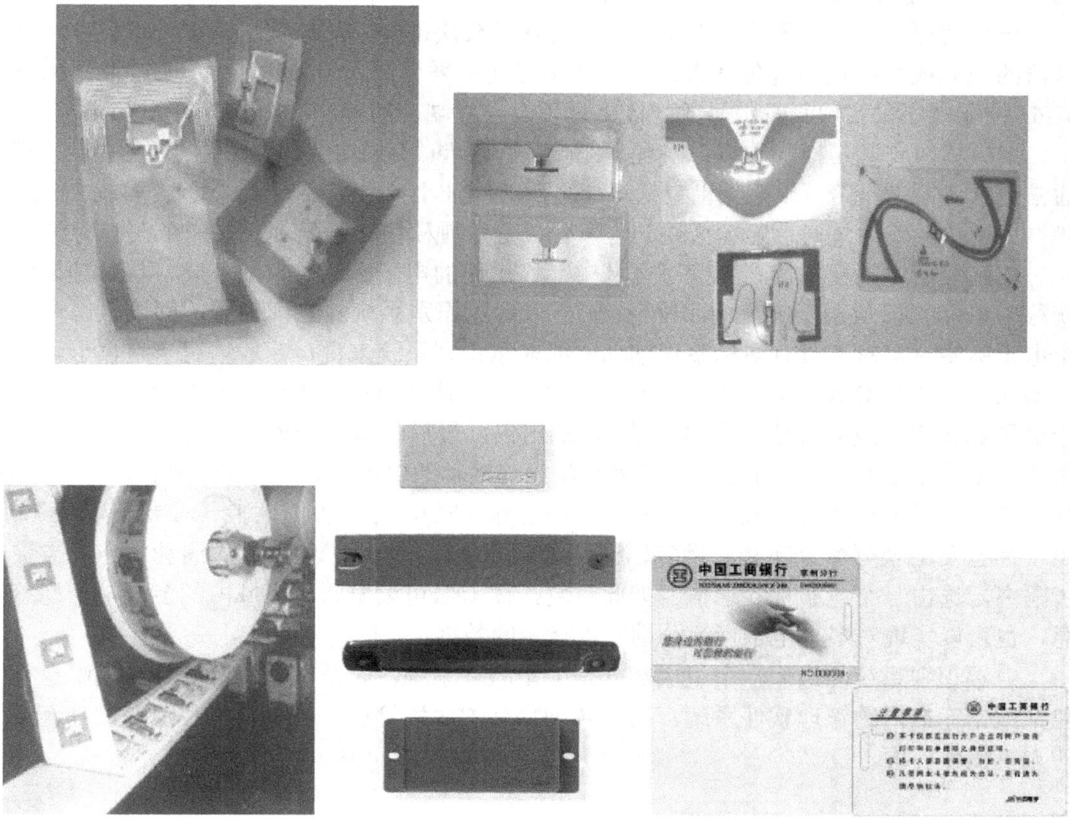

图 1-3　不同的电子标签及其封装

在射频识别应用系统中，读卡器实现对电子标签数据的无接触收集后，收集的数据需送至后台(上位机)处理，这就形成了电子标签读写设备与应用系统程序之间的接口(Application Program Interface，API)。一般情况下，要求读卡器能够接收来自应用系统的命令，并且能根据应用系统的命令或约定的协议作出相应的响应(回送收集到的电子标签数据等)。

从电路实现角度来说，读卡器又可划分为两大部分，即射频模块(射频通道)与基带模块。

射频模块实现的任务主要有两项，第一项是将读卡器欲发往电子标签的命令调制(装载)

到射频信号(也称为读卡器/电子标签的射频工作频率)上，经由发射天线发送出去。发送出去的射频信号(可能包含有传向电子标签的命令信息)经过空间传送(照射)到电子标签上，电子标签对照射其上的射频信号作出响应，形成返回给读卡器天线的反射回波信号。射频模块的第二项任务是对电子标签返回到读卡器的回波信号进行必要的加工处理，并从中解调(卸载)提取出电子标签回送的数据。

基带模块实现的任务也包含两项，第一项是将读卡器智能单元(通常为计算机 CPU 或 MPU)发出的命令加工(编码)，形成便于调制(装载)到射频信号上的编码调制信号；第二项任务是实现对经过射频模块解调处理的电子标签回送数据信号进行必要的处理(包含解码)，并将处理后的结果送入读卡器智能单元。

一般情况下，读卡器的智能单元划归为基带模块部分。从原理上来说，智能单元是读卡器的控制核心；从实现角度来说，智能单元通常采用嵌入式 MPU，并通过编写相应的 MPU 控制程序来实现收发信号的智能处理以及与终端应用程序之间的接口。

射频模块与基带模块的接口实现调制(装载)/解调(卸载)功能。在系统实现中，射频模块通常包括调制/解调部分，并且也包括解调之后对回波小信号必要的加工处理(如放大、整形)等。采用单天线系统时，射频模块的收发分离是射频模块必须处理好的一个关键问题。

实际应用中，根据读卡器读写区域中允许出现的电子标签数目的不同，将射频识别系统称为单标签识别系统(或射频识别系统)与多标签识别系统。在读卡器的阅读范围内有多个电子标签时，对于具有多标签识读功能的射频识别系统来说，一般情况下，读卡器处于主动状态，即读卡器先讲方式。读卡器通过发出一系列的隔离指令，使得读出范围内的多个电子标签逐一或逐批地被隔离(令其睡眠)出去，最后保留一个处于活动状态的电子标签与读卡器建立无冲突的通信。通信结束后将当前活动的电子标签置为第三态(可称其为休眠状态，只有通过重新上电或特殊命令，才能解除休眠)，进一步由读卡器对被隔离(睡眠)的电子标签发出唤醒命令唤醒一批(或全部)被隔离的电子标签，使其进入活动状态，再进一步隔离，选出一个电子标签通信。如此重复，读卡器可读出阅读区域内的多个电子标签信息，也可以实现对多个电子标签分别写入指定的数据。

射频识别系统的最后一个组成部分是应用软件系统，它是在上位监控计算机中运行的包括数据库在内的管理软件系统，用于各种物品的属性管理、目标定位和跟踪，具有良好的人机操作界面。

1.3 RFID 系统标签的分类

根据供电方式的不同，电子标签可分为无源标签、半无源标签、有源标签。

无源系统——无源标签(被动标签，Passive Tag)：电子标签内没有内装电池，在读卡器的阅读范围之外时，电子标签处于无源状态；在读卡器的阅读范围之内时，电子标签从读卡器发出的射频能量中提取其工作所需的电能。无源标签读写距离近、价格低，它的使用寿命几乎无限制，但需要大功率的读写装置。

半无源系统——半无源标签(Semi-passive Tag)：电子标签内装有电池，但电池仅对电子标签内要求供电维持数据的电路或芯片工作所需的电压作辅助支持，电子标签电路本身耗电很少。未进入工作状态前，电子标签一直处于休眠状态，相当于无源标签；电子标签进入读卡器的阅读范围时，受到读卡器发出的射频能量的激励，进入工作状态，且其用于传输通信的射频能量与无源标签的一样都来自读卡器。半无源系统结合有源 RFID 和无源 RFID 的优势，在 125 kHz 频率的触发下，使微波 2.45 GHz 的优势发挥出来。半有源 RFID 技术也叫低频激活触发技术，它利用低频近距离精确定位、微波远距离识别和上传数据，来解决有源 RFID 和无源 RFID 没有办法解决的问题。简单地说，半有源 RFID 技术就是近距离激活定位、远距离识别及上传数据。

有源系统——有源标签(主动标签，Active Tag)：电子标签的工作电源完全由内部电池供给，同时电子标签电池的能量供应部分转化为电子标签与读卡器通信所需的射频能量。目前有源标签逐步采用无线单片机来进行设计，具有持久性、信息传播穿透性强、存储信息容量大、种类多等特点。有源标签最重要的特点是电子标签工作的能量由电池提供，与无源标签系统感应读卡器的能量不一样。有源 RFID 可以提供更远的读写距离，但是需要电池供电，成本要更高一些。有源 RFID 适用于远距离读写的应用场合，使用寿命有限，但对读写装置的依赖小。

根据应用频率的不同，RFID 可分为低频(LF，30 kHz～1 MHz)、高频(HF，3 MHz～30 MHz)、超高频(UHF，300 MHz～1000 MHz)、微波(MW，2.4 GHz 或 5.8 GHz)这四种。不同频段的 RFID，其工作原理不同，低频的和高频的电子标签一般采用电磁耦合原理，而超高频的及微波的 RFID 一般采用电磁发射原理。由图 1-4 可知，RFID 的频率范围非常广，应用领域也很广。

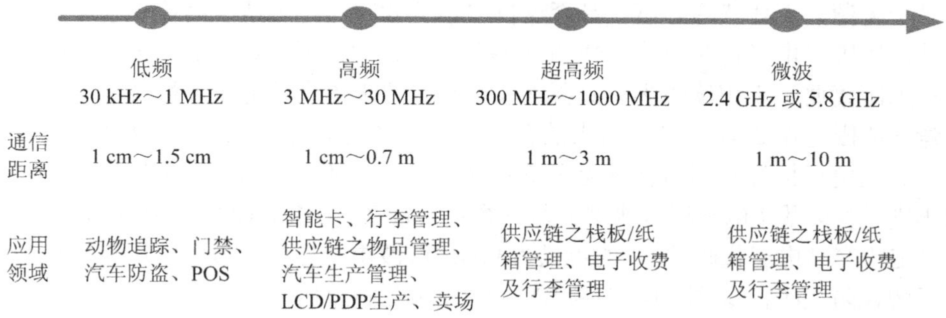

图 1-4　RFID 的频率划分及应用领域

低频段电子标签(或低频标签)的工作频率范围为 30 kHz～1 MHz，其典型的工作频率为 125 kHz 和 133 kHz。低频标签一般为无源标签，其工作能量通过电感耦合方式从读卡器耦合线圈的辐射近场中获得。与读卡器之间传送数据时，低频标签须位于读卡器天线辐射的近场区内，其阅读距离一般情况下小于 1 m。低频标签的典型应用有：动物识别、容器识别、工具识别、电子闭锁防盗(带有内置应答器的汽车钥匙)等。

中高频段电子标签的工作频率一般为 3 MHz～30 MHz，其典型的工作频率为 13.56 MHz。中高频电子标签因其工作原理与低频标签的完全相同，即采用电感耦合方式工作，所以宜将其归为低频标签类中。另一方面，根据无线电频率的一般划分，中高频射频标签的工作频段又在高频范围内，所以也常将其称为高频标签。鉴于中高频段的电子标签可能是应用最多的一种电子标签，因而只要将高、低理解成为一个相对的概念，就不会造成理解上的混乱。为了便于叙述，将中高频段电子标签称为中频电子标签(或中频标签)。中频标签一般是无源标签，其工作能量同低频标签的一样，也是通过电感(磁)耦合方式从读卡器耦合线圈的辐射近场中获得。中频标签与读卡器进行数据交换时，标签必须位于读卡器天线辐射的近场区内。中频标签的阅读距离一般情况下也小于 1 m。中频标签由于可方便地做成卡状，因此其广泛应用于电子车票、电子身份证、电子闭锁防盗(电子遥控门锁控制器)、小区物业管理、大厦门禁等系统中。

超高频与微波频段的电子标签的典型工作频率有 433.92 MHz、862(902) MHz～928 MHz、2.45 GHz、5.8 GHz。微波电子标签可分为有源标签与无源标签两类。工作时，超高频或微波电子标签位于读卡器天线辐射场的远场区内，其与读卡器之间的耦合方式为电磁耦合方式；读卡器天线辐射场为无源标签提供射频能量，将有源标签唤醒，其相应的射频识别系统的阅读距离一般大于 1 m，典型情况为 4 m～6 m，最大可达 10 m。读卡器天线一般均为定向天线，只有在读卡器天线定向波束范围内的电子标签可被读/写。由于阅读距离的增加，应用中有可能在阅读区域中同时出现多个电子标签，从而提出了多标签同时读取的需求。目前，先进的射频识别系统均将多标签识读问题作为系统的一个重要指标。超高频标签主要用于铁路车辆自动识别、集装箱识别中，还可用于公路车辆识别与自动收费系统中。

以目前的技术水平来说，无源微波电子标签比较成功的产品相对集中在 902 MHz～928 MHz 范围内。2.45 GHz 和 5.8 GHz 的射频识别系统多以半无源微波电子标签产品面世。半无源标签一般采用钮扣电池供电，具有较远的阅读距离。微波电子标签的典型特点主要集中在是否无源、无线读写距离、是否支持多标签读写、是否适合高速识别应用、读卡器的发射功率容限、电子标签及读卡器的价格等方面。对于可无线写的电子标签而言，通常情况下写入距离要小于识读距离，其原因在于写入要求更大的能量。微波电子标签的数据存储容量一般限定在 2 Kb 以内，再大的存储容量似乎没有太大的意义；从技术及应用的角度来说，微波电子标签并不适合作为大量数据的载体，其主要功能在于标识物品并完成无接触的识别过程。微波电子标签典型的数据容量指标有：1 Kb、128 B、64 B 等，由 Auto-ID Center 制定的产品电子代码(EPC)的容量为 90 B。微波电子标签的典型应用包括移动车辆识别、电子闭锁防盗(电子遥控门锁控制器)、医疗科研等行业。

不同频率的电子标签有不同的特点，例如，低频标签比超高频标签便宜、省能量、穿透废金属物体能力强、工作频率不受无线电频率管制约束，最适合用于含水成分较高的物体中，例如水果等；超高频标签作用范围广、数据传送速度快，但是比较耗能、穿透力较弱，且其作业区域内不能有太多干扰，适用于监测港口、仓储等物流领域的物品；高频标签属中短距识别，读写速度居中，产品价格也相对便宜，可应用在电子票证一卡通上。

目前，对于相同波段，不同国家使用的频率也不尽相同。欧洲使用的超高频是 868 MHz，美国则是 915 MHz，而日本目前不允许将超高频用到射频技术中。

在实际应用中，比较常用的是 13.56 MHz、860 MHz～960 MHz、2.45 GHz 等频段。近距离 RFID 系统主要使用 125 kHz、13.56 MHz 等频段，其技术也最为成熟；远距离 RFID 系统主要使用 433 MHz、860 MHz～960 MHz 以及 2.45 GHz、5.8 GHz 等频段，目前还多在测试当中，没有大规模应用。

我国在低频和高频频段电子标签芯片设计方面的技术比较成熟，高频频段方面的设计技术接近国际先进水平，已经自主开发出符合 ISO 14443 TypeA、ISO 14443 TypeB 和 ISO 15693 标准的 RFID 芯片，并成功地应用于交通一卡通和第二代身份证等项目中。

1.4 全球 RFID 产业发展分析

自 2004 年起，全球范围内掀起了一场无线射频识别的热潮，包括沃尔玛、宝洁、波音公司在内的商业巨头无不积极地推动 RFID 在制造、零售、交通等行业中的应用。目前，RFID 技术及其应用正处于迅速上升的时期，被业界公认为是 21 世纪最有潜力的技术之一，它的发展和应用推广将是自动识别行业的一场技术革命。然而当前 RFID 技术的发展和应用还面临一些关键问题与挑战，主要包括：标签成本问题、标准制定问题、公共服务体系问题、产业链形成问题以及技术和安全问题。

1.4.1 RFID 的国内外发展现状

从全球范围来看，美国已经在 RFID 标准的建立、相关软硬件技术的开发、应用等领域走在世界的前列；欧洲 RFID 标准追随美国主导的 EPC global 标准，在封闭系统应用方面，欧洲与美国基本处在同一阶段；日本虽然已经提出 UID 标准，但主要得到的是本国厂商的支持，如要成为国际标准还有很长的路要走；RFID 在韩国的重要性得到了加强，政府也给予了高度的重视，但至今韩国在 RFID 标准上仍模糊不清。

1．美国

在产业方面，TI、Intel 等美国集成电路厂商目前都在 RFID 领域投入巨资进行芯片开发；Symbol 等已经研发出同时可以阅读条形码和 RFID 的扫描器；IBM、Microsoft 和 HP 等也在积极地开发相应的软件及系统来支持 RFID 的应用。目前，美国的交通、车辆管理、身份识别、生产线自动化控制、仓储管理及物资跟踪等领域已经开始逐步应用 RFID 技术。在物流方面，美国已有 100 多家企业承诺支持 RFID 应用，这其中包括：零售商沃尔玛；制造商吉列、强生、宝洁；物流行业的联合包裹服务公司以及政府方面国防部的物流应用。

另外，美国政府是 RFID 应用的积极推动者。按照美国国防部的合同规定，2004 年 10 月 1 日或者 2005 年 1 月 1 日以后，所有军需物资都要使用 RFID 标签；美国食品及药物管理局(FDA)建议制药商从 2006 年起利用 RFID 技术跟踪最常造假的药品；美国社会福利局(SSA)于 2005 年年初正式使用 RFID 技术追踪 SSA 的各种表格和手册。

2．欧洲

在产业方面，欧洲的 Philips、STMicroelectronics 在积极地开发廉价的 RFID 芯片；Checkpoint 在开发支持多系统的 RFID 识别系统；Nokia 在开发能够基于 RFID 的移动电话购物系统；SAP 则在积极开发支持 RFID 的企业应用管理软件。在应用方面，欧洲在诸如交通、身份识别、生产线自动化控制、物资跟踪等封闭系统与美国基本处在同一阶段。目前，欧洲许多大型企业都纷纷进行 RFID 的应用实验。例如，英国的零售企业 Tesco 于 2003 年 9 月结束了第一阶段的试验，该试验由 Tesco 公司的物流中心和英国的两家商店进行，是对物流中心和两家商店之间的包装盒及货盘的流通路径进行追踪，使用的频率为 915 MHz。

3. 日本

日本是一个制造业强国，它在电子标签研究领域起步较早，政府也将 RFID 作为一项关键技术来发展。MPHPT 在 2004 年 3 月发布了针对 RFID 的“关于在传感网络时代运用先进的 RFID 技术的最终研究草案报告”，报告称 MPHPT 将继续支持测试在超高频段的被动及主动的电子标签技术，并在此基础上进一步讨论管制的问题；2004 年 7 月，日本经济产业省 METI 选择了七大产业做 RFID 的应用试验，包括消费电子、书籍、服装、音乐 CD、建筑机械、制药和物流。从近年来日本 RFID 领域的动态来看，与行业应用相结合的基于 RFID 技术的产品和解决方案开始集中出现，这为 RFID 在日本应用的推广，特别是在物流等非制造领域的推广，奠定了坚实的基础。

4. 中国

中国人口众多，经济规模在不断扩大，已经成为全球制造中心，因此 RFID 技术有着广阔的应用市场。近年来，中国已初步开展了 RFID 相关技术的研发及产业化工作，并在部分领域开始应用，且已经将 RFID 技术应用于铁路车号识别、身份证和票证管理、动物标识、特种设备与危险品管理、公共交通以及生产过程管理等多个领域中，但规模化的应用项目还很少。目前，我国 RFID 应用以低频和高频标签产品为主，如城市交通一卡通和中国第二代身份证等项目。我国超高频标签产品的应用刚刚兴起，还未开始规模生产，产业链尚未形成。

1.4.2 RFID 的发展趋势

随着 RFID 技术的不断发展和应用系统的推广普及，其在性能等各方面都会有较大的提高，成本将逐步降低。因此，可以预见未来 RFID 技术的发展趋势为：

(1) 标签产品多样化。未来用户的个性化需求较强，单一产品将不能适应未来的发展和市场需求。因此，要求芯片频率、容量、天线、封装材料等组合形成系列化产品，并与其他高科技融合，如与传感器、GPS、生物识别结合，实现产品由单一识别向多功能识别发展。

(2) 系统网络化。当 RFID 系统应用普及到一定程度时，每件产品通过电子标签赋予身份标识，与互联网、电子商务结合将是必然趋势，也必将改变人们传统的生活、工作和学习方式。

(3) 系统的兼容性更好。随着 RFID 标准的统一，RFID 系统的兼容性将会得到更好的发挥，产品替代性也将更强。

(4) 与其他产业融合。与其他 IT 产业一样，当 RFID 标准和关键技术解决和突破之后，与其他产业如 3G 等融合将形成更大的产业集群，并得到更加广泛的应用，实现跨地区、跨行业应用。

因此，RFID 产业的发展潜力是巨大的，它将是未来经济发展的一个新的增长点，也将与人们的日常生活密不可分。

1.4.3　RFID 面临的问题

虽然 RFID 技术现在发展迅速，但还有一系列的技术及文化方面的障碍尚待解决。

1．成本问题

成本问题包括射频识别中芯片的成本以及整个信息系统更新换代所引发的巨大的投资成本。目前，美国一个电子标签的价格在 20 美分左右，这显然不适用于制造厂制造价格较低的单件产品。只有把价格降低到 4 美分以下才能适用于单件产品；同样，RFID 读卡器的价格目前大都在 1000 美元以上，而一般的企业动辄就需要安装数十台甚至上千台类似的装备，再加上计算机、局域网、应用软件、系统集成及技术人员的培训等费用，这对于大部分中小企业来说过于昂贵。可见，RFID 技术要获得大规模的应用，只有把其成本降低到大部分企业可以接受的程度时才有可能，而这个目标只有通过技术改进和大规模的生产才能达到。

2．安全问题

一方面，RFID 技术的应用有着无限的魅力；另一方面，RFID 技术对个人隐私安全的威胁极大地阻碍了它的快速推广。因此，如何保护持有人的隐私安全将是目前和今后 RFID 技术发展需要十分关注的课题。由于目前常用的 RFID 技术都是无源的，没有读写能力，无法使用各种验证口令及密码等主动验证方法，而读卡器中唯一的标识符很容易被复制，例如只要提着一个装有复制功能的探测设备的公文包在某一公司内走一趟，就可以轻易地得到该公司的各种商业情报及信息，这是广大商家所不能接受的；如果使用有源标签并且不断变换验证密匙就可以大大提高安全性，但这同时也导致成本的大幅度提高。

3．标准问题

标准问题是制约 RFID 技术推广的另一重要因素。到目前为止，RFID 技术已经具有了一些国际标准。当前世界上主要存在着两套射频识别标准：一套是日本制定的 128 位编码及专用协议，另一套是 Auto-ID Center 提出的 96 位电子产品编码和专用协议，但这两套标准不统一，严重制约着物联网这一跨地区、跨国家的全球统一网络的构建。在中国，RFID 技术的生产和应用领域仅有一些行业标准，还没有相应的国家标准。因此，制定一个自主的 RFID 国家标准，并且与国际标准相互兼容，使我国的 RFID 产品能顺利地在世界范围中流通，是当前急切需要解决的问题。针对这一问题，中国国家标准局于 2004 年 4 月在北京召开“2004 首届中国国际 EPC 与物联网高层论坛”、“EPC 与物联网第二届联席会”，就标准问题商议了对策。

4．辐射问题

辐射问题与人们的健康密切相关，因为 RFID 技术所使用的是 800 MHz～900 MHz 的高频电磁波，且随着它的应用范围不断扩大，人们将会生活在高频电磁场中，这将是另一种形式的污染。因此，尽可能地降低辐射强度并将其控制在对人安全的范围内，是需要解决的又一重要问题。

另外，RFID 技术与中间件的接口差错率较高等系列问题都是 RFID 技术大面积推广所要解决的。

RFID 的应用目前多处于初级阶段，尽管前景广大，但是由于成本、技术等方面的原因，

RFID 还没有得到广泛的应用。即使在比较容易实现的商业等领域，RFID 要全面代替条形码也需要些时日，条形码和 RFID 要共同存在一定的时间。相信在不久的将来，RFID 技术将会融入人们生活的各个方面，RFID 技术的推广与应用也将极大地推动社会的发展。

5．多样性和复杂性

由于用户需求的多样性和复杂性，导致很多 RFID 应用只是在探索阶段，从而使公司的研发压力和成本加大。因此，可通过改进工艺和技术创新降低成本，使之能够与传统的条形码相比，这样才能将电子标签广泛地应用到更多的商品中。

1.4.4 RFID 的应用及展望

RFID 虽然存在一些问题，但由于其产业前景广阔、市场潜力巨大，同时政府支持、企业重视，因此，应对 RFID 产业的发展充满信心。此外，我国的航天信息将会加大投入、自主创新，积极参与 RFID 行业标准的制定和行业试点应用，为各行业提供产品和完整的系统解决方案，为我国 RFID 产业的发展贡献自己的力量。

尽管 RFID 技术已经应用于多个领域，但是其应用局限在某一封闭市场内，因此其市场规模受到了极大的限制。但是随着 RFID 技术的发展演进以及其成本的降低，未来几年内 RFID 技术主要以供应链的应用为赢利的主体，全球开放的市场将为 RFID 带来巨大的商机。简单来讲，从采购、仓储、生产、包装、卸载、流通加工、配送、销售到服务，这些都是供应链上的业务流程和环节。在供应链运转时，企业必须随时地、精确地掌握供应链上的商流、物流、信息和资金的流向，才能发挥出最大的效率。但实际上，物体在流动的过程中各种环节比较松散，商流、物流、信息和资金常常随着时间和位置的变化而变化，这使企业对这四种流的控制能力大大下降，从而产生失误造成不必要的损失。RFID 技术正是有效解决供应链上各项业务运作资料的输入与输出、业务过程的控制与跟踪，以及减少出错率等难题的一种技术。例如，最近中国香港工业工程师学会及中国香港生产力促进局就开展了一项名为“提升制造及工业工程师应用无线标签来实施供应链管理”的项目，该项目主要是为中国香港制造及工业工程师设计，包括一系列的工业及技术专题研讨会、工作坊等。香港正是借助 RFID 技术在产品供应链上的每个环节发挥的效用，实现物料供应、生产、储存、包装，以及物流、货运出境、船务运输、存货控制及零售等各个环节的管理，帮助企业加快物流速度、改善生产效率、促进贸易活动。

当然，RFID 的发展也面临一些障碍，其中最主要的是电子标签的价格。一般情况下，价格在 5 美元以上的芯片，主要为应用于军事、生物科技和医疗方面的有源器件；价格在 10 美分～1 美元之间的常为用于运输、仓储、包装、文件等的无源器件；消费应用如零售的标签在 5 美分～10 美分；医药、各种票证(车票、入场券等)、货币等应用的标签则在 5 美分以下，因此标签价格将直接影响 RFID 的市场规模。其次是隐私权的问题难于解决，由于在非接触的条件下，可以对标签中的数据进行读取，这引发了人们对 RFID 技术侵犯个人隐私权的争议。尽管如此，标签价格将会随着技术的发展及生产规模的扩大而得以解决，隐私问题则需要各个国家通过立法对用户的隐私权加以保护来逐步解决。RFID 技术所独有的优势，最终将在全球形成一个巨大的产业，值得各个领域加以关注。

习　题

1.1　什么是 RFID 技术？

1.2　简述 RFID 系统的特点和组成结构。

1.3　简述 RFID 系统按照能源供给方式和应用频率分类。

1.4　简述物品标签技术的发展历史。

1.5　举出几个 RFID 技术在生活中的应用。

第 2 章　RFID 系统的基本原理

2.1　RFID 的基本工作原理

电子标签与读卡器之间通过耦合元件实现射频信号的空间(无接触)耦合，在耦合通道内，根据时序关系，实现能量的传递、数据的交换。发生在读卡器和高频电子标签之间的射频信号的耦合主要采用电感耦合，见图 2-1。图 2-1 是根据变压器模型，通过空间高频交变磁场实现耦合，依据的是电磁感应定律。

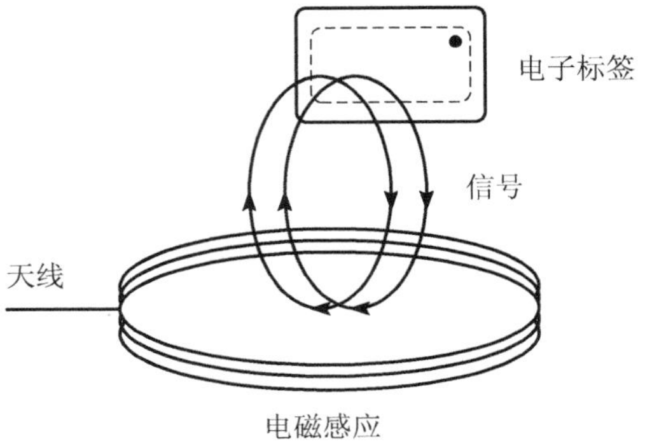

图 2-1　电感耦合的工作原理

电感耦合的原理是：两电感线圈在同一介质中，相互的电磁场通过该介质传导到对方，形成耦合。最常见的电感耦合是变压器，即用一个波动的电流或电压在一个线圈(称为初级线圈)内产生磁场，在该磁场中的另外一组或几组线圈(称为次级线圈)上就会产生相应比例的磁场(与初级线圈和次级线圈的匝数有关)，它是电感耦合的经典杰作。电感耦合方式一般用于高、低频工作的近距离 RFID 系统中。该 RFID 系统典型的工作频率有 125 kHz、225 kHz 和 13.56 MHz；识别作用距离小于 1 m，典型的作用距离为 10 cm～20 cm。

电子标签与读卡器之间的耦合通过天线完成。这里的天线通常可以理解为电磁波传播的天线，有时也指电感耦合的天线。

如前所述，一套完整的 RFID 系统如图 2-2 所示，它是由读卡器、电子标签(也就是所谓的应答器)及应用软件系统三个部分组成，其工作原理是读卡器发射一特定频率的电磁波能量给应答器，用以驱动应答器电路将内部的数据送出，读卡器依序接收并解读数据，送给应用程序做相应的处理。

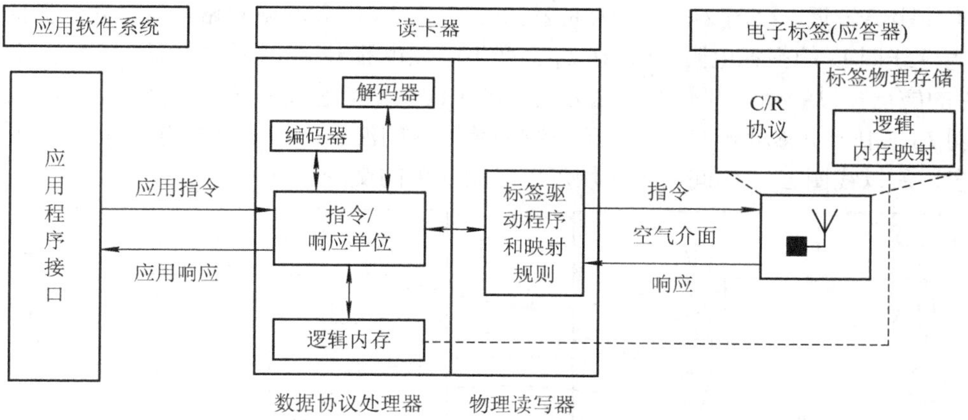

图 2-2　RFID 系统工作原理

RFID 技术的工作原理并不复杂：首先，读卡器通过天线发送某种频率的 RF(射频)信号，电子标签产生引导电流，当引导电流到达天线工作区的时候，电子标签被激活；之后，电子标签通过内部天线发送自己的代码信包；天线接收到由电子标签发射的载体信号后把信号发送给读卡器；读卡器对信号进行调整并进行译码，并将调整和译码后的信号发送给应用软件系统；然后，应用软件系统通过逻辑操作判断信号的合法性，再根据不同的设置进行相应的操作。

读卡器根据使用的结构和技术的不同可以是读装置或读/写装置，它是 RFID 系统信息的控制和处理中心。读卡器通常由耦合模块、收发模块、控制模块和接口单元组成。读卡器和应答器之间一般采用半双工通信方式进行信息交换，它通过耦合给无源应答器提供能量和时序。在实际应用中，可进一步通过 Ethernet 或 WLAN 等实现对物体识别信息的采集、处理及远程传送等管理功能。目前读卡器大多是由耦合元件(线圈、微带天线等)和微芯片组成无源单元。

2.2　RFID 的耦合方式

RFID 操作中的一个关键技术是通过天线进行耦合，实现数据的传输以及转换。根据 RFID 读卡器及电子标签之间的通信及能量感应方式的不同，RFID 的耦合方式可以分为：电感耦合及反向散射耦合两种。一般低频的 RFID 大都采用电感耦合，而较高频的 RFID 大多采用反向散射耦合。

2.2.1　电感耦合方式

RFID 电感耦合方式也叫做近场工作方式，其电路结构图如图 2-3 所示。电感耦合方式的射频频率 f_c 为 13.56 MHz 和小于 135 kHz 的频段，电子标签与读卡器之间的工作距离一般在 1 m 以下，典型作用距离为 10 cm～20 cm。

RFID 电感耦合方式的电子标签几乎都是无源的，其能量是从读卡器所发送的电磁波中获取的。由于读卡器产生的磁场强度受到电磁兼容性能有关标准的限制，所以电感偶合方式的工作距离较近。在图 2-3 中，U_S是射频源，L_1、C_1构成谐振回路，R_S是射频源的内阻，R_1是电感线圈L_1的损耗电阻。U_S 在L_1上产生高频电流i，在谐振时电流i最大。高频电流i产生的磁场穿过线圈，并有部分磁力线穿过距读卡器电感线圈L_1一定距离的电子标签电感线圈L_2。由于电感耦合方式所用工作频率范围内的波长比读卡器与电子标签之间的距离大得多，所以线圈L_1、L_2间的电磁场可以当做简单的交变磁场。

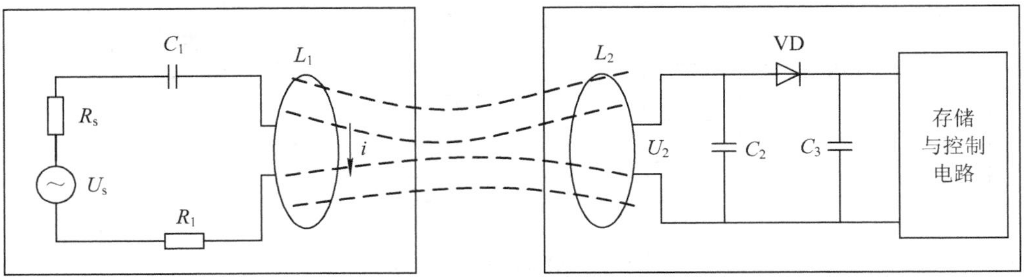

图 2-3　RFID 电感耦合方式的电路结构图

穿过电感线圈L_2的磁力线通过电磁感应，在L_2上产生电压U_2，将U_2整流后就可以产生电子标签工作所需要的直流电压。电容C_2的选择应使L_2、C_2构成对工作频率谐振的回路，以使电压U_2达到最大值。由于电感耦合系统的效率不高，所以这种工作方式主要适用于小电流电路。电子标签功耗的大小对读写距离有很大的影响。

一般地，读卡器向电子标签的数据传输可以采用多种数字调制方式，通常采用较为容易实现的幅移键控(ASK)调制方式；而电子标签向读卡器的数据传输采用负载调制的方法，负载调制实质上是一种振幅调制，也称调幅(AM)。

2.2.2　反向散射耦合方式

RFID 反向散射耦合方式也叫做远场工作方式。

RFID 反向散射耦合采用雷达原理模型，发射出去的电磁波碰到目标后反射，同时携带回目标信息，依据的是电磁波的空间传播规律。

由于目标的反射性能随着频率的升高而增强，所以 RFID 反向散射耦合方式采用超高频(UHF)和特高频(SHF)，电子标签和读卡器的距离大于 1 m，典型工作距离为 3 m～10 m。

RFID 反射散射耦合方式的原理框图如图 2-4 所示。

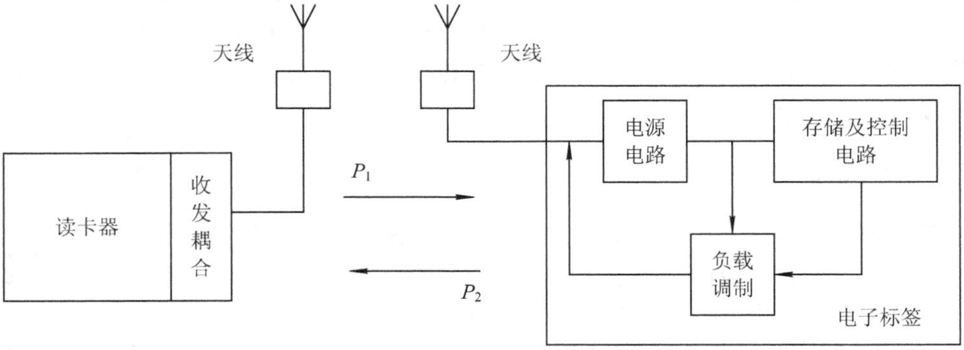

图 2-4　RFID 反射散射耦合方式的原理框图

(1) 电子标签的能量供给。无源标签的能量由读卡器提供，读卡器天线发射的功率 P_1 经自由空间传播后到达电子标签，设到达功率为 P_1'，则 P_1' 中被吸收的功率经电子标签中的整流电路后形成电子标签的能量供给。

(2) 读卡器到电子标签的数据传输。读卡器到电子标签的命令及数据传输应根据 RFID 相关的标准来进行编码和调制。

(3) 电子标签到读卡器的数据传输。反射功率 P_2 经自由空间传播到读卡器，被读卡器天线接收。接收信号经收发耦合器电路传输至读卡器的接收端，经接收电路处理后获得相关的有用信息。

RFID 电感耦合方式一般适用于中、低频工作的近距离射频识别系统中，而 RFID 反向散射耦合方式则一般适用于高频、微波工作的远距离射频识别系统中。

2.3 天　　线

2.3.1 天线的工作模式

与 RFID 系统的耦合方式相对应，RFID 天线的工作模式分为近场天线工作模式和远场天线工作模式。

1. 近场天线工作模式

感应耦合模式主要是指读卡器天线和电子标签天线都采用线圈形式。读卡器在阅读电子标签时，发出未经调制的信号，处于读卡器天线近场的电子标签天线接收到该信号并激活电子标签芯片，由电子标签芯片根据其内部存储的全球唯一的识别号(ID)来控制电子标签天线中电流的大小。这一电流的大小进一步增强或者减小读卡器天线发出的磁场。这时，读卡器的近场分量展现出被调制的特性，读卡器的内部电路检测到这个由于电子标签而产生的调制量解调并得到电子标签信息。当 RFID 的天线线圈进入读卡器产生的交变磁场中时，RFID 天线与读卡器天线之间的相互作用就类似于变压器，两者的线圈相当于变压器的初级线圈和次级线圈。由 RFID 的天线线圈形成的谐振回路包括 RFID 天线的线圈电感 L、寄生电容 C_p 和并联电容 C_r，其谐振频率为

$$f = \frac{1}{2\pi\sqrt{L \cdot C}}$$

其中 C 为 C_p 和 C_r 的并联等效电容。

RFID 应用系统就是通过这一频率载波实现双向数据通信的。常用的 ID-1 型非接触式 IC 卡的外观为一小型的塑料卡(85.72 mm × 54.03 mm × 0.76 mm)，天线线圈谐振工作频率通常为 13.56 MHz。目前已研发出面积最小为 0.4 mm × 0.4 mm 天线线圈的短距离 RFID 应用系统。

某些应用要求 RFID 天线线圈外形很小，且需一定的工作距离，如用于动物识别的 RFID。但如果线圈外形即面积小，RFID 与读卡器间的天线线圈互感 M 将不能满足实际需要。作为补救措施通常在 RFID 天线线圈内插入具有高导磁率 p 的铁氧体，以增大互感，从而补偿因线圈横截面减小而产生的缺陷。

2. 远场天线工作模式

在反向散射工作模式中，读卡器和电子标签之间采用电磁波来进行信息的传输。当读卡器对电子标签进行阅读识别时，首先发出未经调制的电磁波。此时位于远场的电子标签天线接收到电磁波信号并在天线上产生感应电压，电子标签内部电路将这个感应电压进行整流并放大用于激活标签芯片。电子标签芯片被激活后，将用自身的全球唯一的标识号对电子标签芯片阻抗进行变化。当电子标签天线和电子标签芯片之间的阻抗匹配较好时基本不反射信号，而阻抗匹配不好时则将几乎全部反射信号，这样反射信号就出现了振幅的变化，这种情况类似于对反射信号进行幅度调制处理。读卡器通过接收到经过调制的反射信号判断该电子标签的标识号并进行识别。

远场天线主要包括微带贴片天线、偶极子天线和环形天线。微带贴片天线是由贴在带有金属底板介质基片上的辐射贴片导体所构成的。根据天线辐射特性的需要，可把贴片导体设计为各种形状。通常，微带贴片天线的辐射导体与金属底板间的距离为几十分之一波长。假设辐射电场沿导体的横向与纵向两个方向没有变化，仅沿约为半波长的导体长度方向变化，则微带贴片天线的辐射基本上是由贴片导体开路边沿的边缘场引起的，辐射方向基本确定。因此，微带贴片天线一般适用于通信方向变化不大的 RFID 应用系统中。在远距离耦合的 RFID 应用系统中，最常用的是偶极子天线(又称对称振子天线)。偶极子天线是由处于同一直线上的两段粗细和长度均相同的直导线构成，信号由位于其中心的两个端点馈入，使得在偶极子的两臂上产生一定的电流分布，从而在天线周围空间激发出电磁场。辐射场的电场可由下式求得：

$$E_\theta = \int_{-l}^{l} \mathrm{d}E_\theta = \int_{-l}^{l} \frac{60\alpha I_z}{r} = \sin\theta \cos(\alpha z \cos\theta)\,\mathrm{d}z \tag{2-1}$$

式中：I_z 为沿振子臂分布的电流；α 为相位常数；r 是振子中观察点的距离；θ 为振子轴到 r 的夹角；z 为振子臂的方向；l 为单个振子臂的长度。

同样，也可以得到天线的输入阻抗、输入回波损耗、带宽和天线增益等特性参数。

当单个振子臂的长度 $l=\lambda/4$ 时(半波振子)，输入阻抗的电抗分量为零，天线输出为一个纯电阻。在忽略电流在天线横截面积内不均匀分布的条件下，简单的偶极子天线设计可以取振子的长度 l 为 $\lambda/4$ 的整数倍，如工作频率为 2.45 GHz 的半波偶极子天线，其长度约为 6 cm。

2.3.2 天线的基本参数

1. 方向图

天线的方向图又称波瓣图，是天线辐射场的大小在空间的相对分布随方向变化的图形。天线的辐射场都具有方向性，方向性就是在相同的距离条件下天线辐射场的相对值与空间方向(子午角 θ、方位角 φ)的关系，常用式(2-2)的归一化函数 $F(\theta,\varphi)$ 表示：

$$F(\theta,\varphi) = \frac{f(\theta,\varphi)}{f_{\max}(\theta,\varphi)} = \frac{|E(\theta,\varphi)|}{|E_{\max}|} \tag{2-2}$$

式中：$f_{max}(\theta,\varphi)$ 为方向函数的最大值；E_{max} 为最大辐射方向上的电场强度；$E(\theta,\varphi)$ 为同一距离 (θ,φ) 方向上的电场强度。

天线方向性系数的一般表达式为

$$D = \frac{4\pi}{\int_0^{2\pi} |F(\theta,\phi)|^2 \sin\theta \, \mathrm{d}\theta \, \mathrm{d}\phi} \tag{2-3}$$

其中，$D \geqslant 1$，对于无方向性天线才有 $D=1$。D 越大，天线辐射的电磁能量就越集中，方向性就越强，它与天线增益密切有关。

实际上，天线因为导体本身和其绝缘介质都要产生损耗，导致天线实际的辐射功率 P_r 小于发射机提供的输入功率 P_{in}，因此定义天线的工作效率为

$$\eta = \frac{P_r}{P_{in}} \tag{2-4}$$

2. 增益

增益是指在输入功率相等的条件下，实际天线与理想辐射单元在空间同一点处所产生的信号功率密度之比，它定量地描述了天线把输入功率集中辐射的程度。增益 G 定义为方向性系数与效率的乘积：

$$G = D \cdot \eta \tag{2-5}$$

3. 天线的极化

极化特性是指天线在最大辐射方向上电场矢量的方向随时间变化的规律，即在空间某一固定位置上，电场矢量的末端随时间变化所描绘的图形。该图形如果是直线，就称为线极化；如果是圆，就称为圆极化。线极化又可以分成垂直极化和水平极化，圆极化可分成左旋圆极化和右旋圆极化。当电场矢量绕传播方向左旋变化时，称为左旋圆极化；当电场矢量绕传播方向右旋变化时，称为右旋圆极化。圆极化波入射到一个对称目标上时，反射波是反旋向的。沿波的方向看去，当它的电场矢量矢端轨迹是椭圆时，则称该天线为椭圆极化波，其同样分左右旋，区别方法同圆极化波。如图 2-5 所示为天线的极化方式示意图。图 2-5 中，E_x、E_y、E_z 是指电场矢量在 x、y、z 轴上的投影，ωt 是电场矢量的相位角。

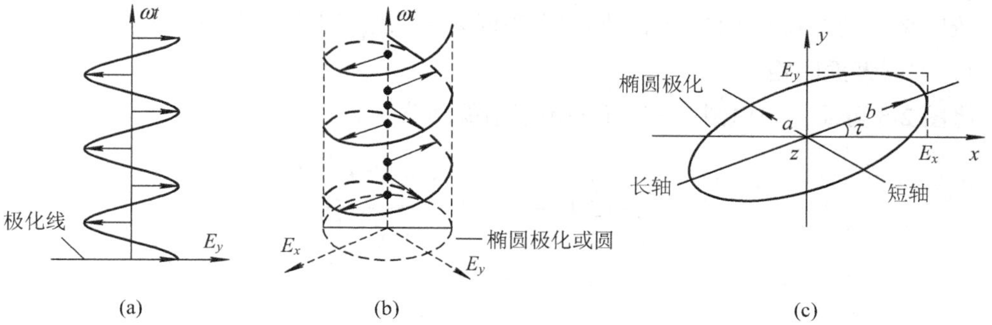

图 2-5　天线的极化方式示意图

(a) 线极化；(b) 圆极化或椭圆极化；(c) 椭圆极化

4．频带宽度

当天线的工作频率变化时，天线有关电参数变化的程度在所允许的范围内所对应的频率范围称为频带宽度(Bandwidth)，它有两种不同的定义：

(1) 在驻波比 VSWR≤2 的条件下，天线的工作频带宽度。

(2) 天线增益下降 3 dB 范围内的频带宽度。

根据频带宽度的不同，可以把天线分为窄频带天线、宽频带天线和超宽频带天线。若天线的最高工作频率为f_{max}，最低工作频率为f_{min}，对于窄频带天线，一般采用相对带宽，即用$|(f_{max}-f_{min})/f_0|\times 100\%$来表示其频带宽度；而对于超宽频带天线，常用绝对带宽，即用f_{max}/f_{min}来表示其频带宽度。

2.3.3 天线的设计要求

1．读卡器天线

对于近距离 125 kHz 的 RFID 应用，比如门禁系统，天线一般与读卡器集成在一起；对于远距离 13.56 MHz 或者超高频段的 RFID 系统，天线与读卡器采用分离式结构，并通过阻抗匹配的同轴电缆连接到一起。由于结构、安装和使用环境的多样性，以及小型化的要求，天线设计面临新的挑战。读卡器天线的设计要求低剖面、小型化以及频段覆盖。

2．应答器天线

天线的目标是传输最大的能量进入电子标签芯片，这需要仔细地设计天线与电子标签芯片的匹配，当工作频率增加到尾端频段时，天线与电子标签芯片间的匹配问题更加重要。在 RFID 应用中，电子标签芯片的输入阻抗可能是任意值，并且很难在工作状态下准确测试，而缺少准确的参数，天线设计将难以达到最佳。此外，相应的小尺寸以及低成本等要求也对天线的设计带来挑战，因此天线的设计面临许多问题。电子标签天线的特性受所标识物体的形状及物理特性的影响，而电子标签到贴电子标签的物体的距离、贴电子标签物体的介电常数、金属表面的发射和辐射模式等都将影响到天线的设计。

2.4 谐振回路

按电路连接方式的不同，谐振回路有串联谐振回路和并联谐振回路两种。

1．串联谐振回路

将图 2-5 可简化为如图 2-6 所示的串联谐振回路。

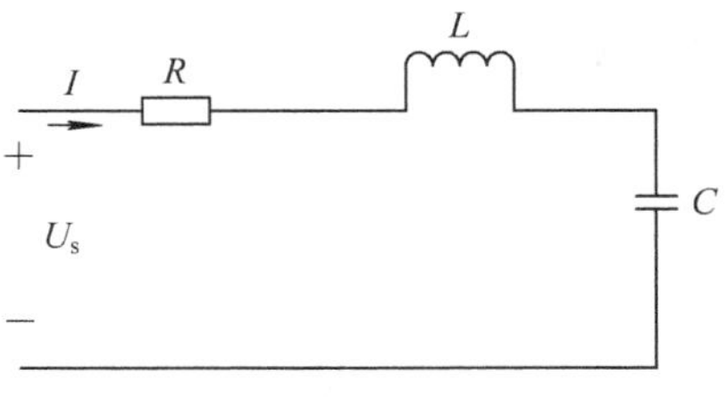

图 2-6　串联谐振回路

在具有电阻 R、电感 L 和电容 C 的串联谐振交流电路中，电路两端的电压与其中电流的相位一般是不同的。调节电路元件(L 或 C)的参数或电源频率使它们的相位相同，整个电路将呈现为纯电阻性，将电路达到的这种状态称之为谐振。在谐振状态下，电路的总阻抗达到极值或近似达到极值。研究谐振的目的就是要认识这种客观现象，并在科学和应用技术上充分利用谐振的特征，同时又要预防它所产生的危害。在电阻、电感及电容所组成的串联电路内，当容抗 X_C 与感抗 X_L 相等，即 $X_C=X_L$ 时，电路中的电压 U_S 与电流 I 的相位相同，电路呈现纯电阻性，这种现象叫串联谐振(也称为电压谐振)。当电路发生串联谐振时，电路的阻抗为

$$Z=\sqrt{R^2+\left(X_C-X_L\right)^2}=R$$

电路中的总阻抗最小，电流将达到最大值。

图 2-6 中，在可变频电压 U_S 的激励下，由于感抗、容抗随频率变动，所以电路中的电压、电流亦随频率变动。电路中的电感和电容串联在一起，可知该电路会发生串联谐振，其阻抗为

$$Z=R+\mathrm{j}\left(\omega L-\frac{1}{\omega C}\right)$$

当频率为 ω_0 时发生谐振，即当 $\omega_0 L=\dfrac{1}{\omega_0 C}$ 时，电路呈现纯阻性，$Z=R$。ω_0 是谐振角频率，是电路的固有频率，仅与电路的参数有关。

串联电路适合使用于理想电压源。

2. 并联谐振回路

电子标签电路中的电感和电容是并联的，所以发生并联谐振。谐振时，电容的大小恰恰使电路中的电压与电流同相位，电源电能全部为电阻消耗，成为电阻电路。图 2-7 为并联谐振回路。

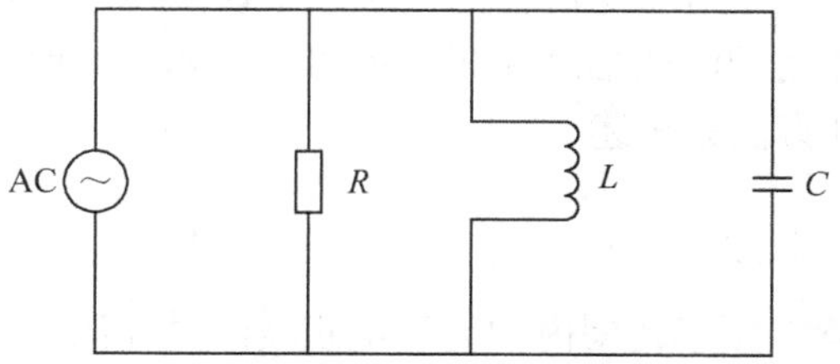

图 2-7　并联谐振回路

电路的导纳为

$$Y=G+\mathrm{j}\left(\omega C-\frac{1}{\omega L}\right)$$

当频率为 ω_0 时发生谐振，即当 $\omega_0 L=\dfrac{1}{\omega_0 C}$ 时，电路呈现纯阻性，$Y=G$。ω_0 是谐振角频

率，是电路的固有频率，仅与电路的参数有关。发生谐振时，从 L、C 两端看进去的等效导纳为零，即阻抗为无限大，相当于开路；发生并联谐振时，在电感和电容元件中流过很大的电流，因此会造成电路的熔断器熔断或烧毁电气设备的事故，但在无线电工程中往往用来选择信号和消除干扰。

2.5 电磁波的传播

RFID 系统中的读卡器和电子标签通过各自的天线构建了两者之间非接触的信息传输信道，这种信息传输信道的性能完全由天线周围的场区决定，遵循电磁传播的基本规律。

受媒质和媒质交界面的作用，产生反射、散射、折射、绕射和吸收等现象，使其特性参数如幅度、相位、极化、传播方向等发生变化。电磁波传播已形成电子学的一个分支，它研究无线电磁波与媒质间的这种相互作用，阐明其物理机理，计算其传播过程中的各种特性参量，为各种电子系统工程的方案论证、最佳工作条件的选择和传播误差的修正等提供数据和资料。根据电磁波传播的原理，用无线电磁波来进行探测，是研究电离层、磁层等的有效手段。电磁波传播为大气物理和高层大气物理等的研究提供了探测方法，积累了大批的资料，并为数据分析提供理论基础。

电磁波频谱的范围极其宽广，是一种巨大的资源。研究电磁波传播是开拓利用这些资源，它主要研究几赫兹(有时远小于 1 Hz)到 3000 GHz 的无线电磁波，同时也研究 3000 GHz～384 THz 的红外线、384 THz～770 THz 光波的传播问题。

电磁波传播所涉及的媒质有地球(地下、水下和地球表面等)、地球大气(对流层、电离层和磁层等)、日地空间以及星际空间等。这些媒质多数是自然界存在的，但也有许多人工产生的媒质，如火箭喷焰等离子体和飞行器再入大气层时产生的等离子体等，它们也是电磁波传播的研究对象。这些媒质的结构千差万别，电气特性各异，但就其在传播过程中的作用可以分为三种类型：连续的(均匀的或不均匀的)传播媒质，如对流层和电离层等；媒质间的交界面(粗糙的或光滑的)，如海面和地面等；离散的散射体，如雨滴、雪、飞机、导弹等，它可以是单个的，也可以是成群的。这些媒质的特性多数随时间和空间而随机地变化，因而与它们相互作用的波的幅度和相位也随时间和空间而随机变化。因此，媒质和传播波的特性需要用统计方法来描述。

2.5.1 电磁波的频谱

在 RFID 系统中，特定频率范围内的无线电磁波经过编码，在读卡器和电子标签之间传输。整个电磁波包括伽玛射线、X 射线、紫外线、可见光、红外线、微波和无线电磁波，它们的不同之处在于波长或频率。无线电磁波可进一步划分成低频、高频、超高频和微波，RFID 技术一般采用的都是这些范围内的无线电磁波。通过无线电磁波进行能量的辐射，可以描述成光子流。每个光子流都以波的形式光速运动，每个光子都携带一定大小的能量，不同电磁波辐射之间的区别在于光子携带能量的大小。无线电磁波的光子能量最低，微波比无线电磁波的能量高一点，红外线的能量最高。电磁波频谱可以通过能量、频率或者波长来表示，但是由于无线电磁波的能量都很低，因此常采用频率和波长来描述。电磁波的

特性是频率 f 、波长 λ 和速度 v，可通过公式 $v = \lambda f$ 实现相互转换。图 2-8 给出了电磁波频谱的划分。

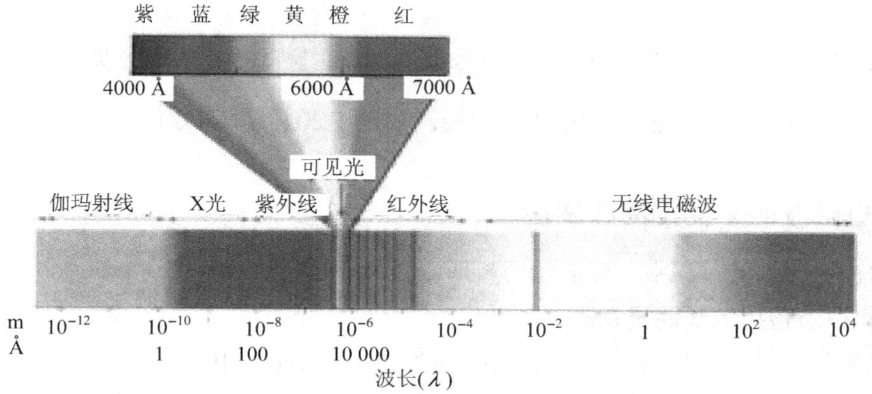

图 2-8　电磁波频谱的划分

2.5.2　电磁波的自由空间传播

所谓的自由空间，指的是理想的电磁波传播环境。自由空间传播损耗的实质是因电磁波扩散损失的能量，其特点是接收电平与距离的平方以及与频率的平方均成反比。电磁波自由空间传播如图 2-9 所示，其中 T 为发射天线，R 为接收天线，T、R 相距 d。

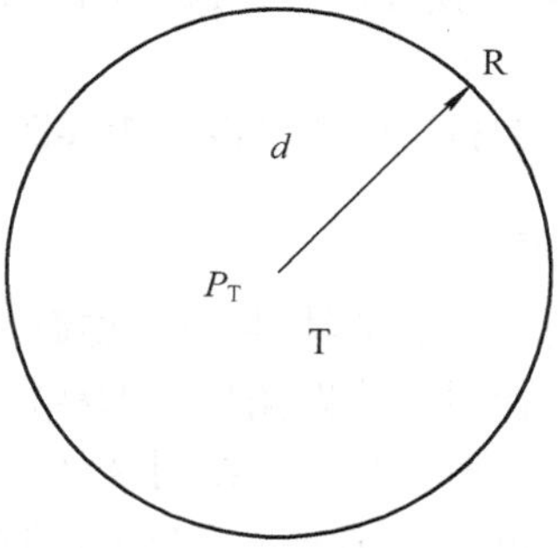

图 2-9　电磁波自由空间传播

若发送端的发射频率为 P_T，距离 d 处的球形面积为 $4\pi d^2$，因此在接收天线的位置上，每单位面积上的功率为 $\dfrac{P_T}{4\pi d^2}$。如果接收端用的是无方向性的天线，根据天线理论，此时天线的有效面积是 $\dfrac{\lambda^2}{4\pi}$，因此接收到的功率为

$$P_R = \frac{P_T}{4\pi d^2} \cdot \frac{\lambda^2}{4\pi} = P_T\left(\frac{\lambda}{4\pi d}\right)^2 = P_T\left(\frac{c}{4\pi df}\right)^2 \tag{2-6}$$

路径损耗为

$$L_s = \frac{P_{\mathrm{T}}}{P_{\mathrm{R}}} = \left(\frac{4\pi d}{\lambda}\right)^2 = \left(\frac{4\pi df}{c}\right)^2 \tag{2-7}$$

式中：f 为信号的频率；c 为光速；λ 为信号波长。自由空间损耗写成分贝值为

$$L_s(\mathrm{dB}) = 92.4 + 20\lg d(\mathrm{km}) + 20\lg f(\mathrm{GHz})$$

2.5.3　电磁波的多径传播和衰落

电磁波在传播的过程中，可能经历长期慢衰落和短期快衰落。

1．电磁波传播的长期慢衰落

长期慢衰落是由传播路径上固定障碍物(如建筑、山丘、树林等)的阴影引起的，因此称为阴影衰落。阴影引起的信号衰落是缓慢的，且衰落的速率与工作频率无关，只与周围地形、地物的分布、高度和物体的移动速度有关。

长期慢衰落一般表示为电磁波传播距离的平均损耗(dB)加上一个正太对视分量，其表达式为

$$L = L_d + X_\sigma \tag{2-8}$$

式中：L_d 是距离因素造成的电磁波损耗；X_σ 是满足正太分布的随机变量，其均值为 0，方差为 σ^2，移动通信环境中 σ^2 的典型值为 8 dB～10 dB。

2．电磁波传播的短期快衰落

由于电磁波具有反射、折射、绕射的特性，因此接收端接收到的电磁波信号可能是从发送端发送的电磁波经过反射、折射、绕射的信号的叠加，即接收信号是发送信号经过多种传播途径的叠加信号。另外，反射、折射、绕射物体的位置可能随时间的变化而变化，因此接收信号接收到的多径信号可能在这一时刻与下一时刻不同，即接收端接收到的信号具有时变特性。无线通信中的电磁波传播经常受到这种多径时变的影响。

考察信道对发送信号的影响。发送信号一般可以表示为

$$s(t) = \mathrm{Re}\left[s_1(t)\,\mathrm{e}^{\mathrm{j}2\pi f_c t}\right] \tag{2-9}$$

假设存在多条传播路径，且与每条路径有关的是时变的传播时延和衰减因子，则接收到的带通信号为

$$x(t) = \sum_n a_n(t) s[t-\tau_n(t)] = \sum_n \left\{a_n(t)\mathrm{e}^{-\mathrm{j}2\pi f_c \tau_n(t)}\, s_1[t-\tau_n(t)]\right\}\mathrm{e}^{\mathrm{j}2\pi f_c t} \tag{2-10}$$

式中：$a_n(t)$ 是第 n 条传播路径的时变衰减因子；$\tau_n(t)$ 是第 n 条传播路径的时变传播时延；$s_1(t)$ 是发送信号的等效低通信号；f_c 是载波频率。

可以看出，接收信号的等效低通信号为

$$x_1(t)=\sum_n a_n(t)\mathrm{e}^{-\mathrm{j}2\pi f_c\tau_n(t)}\,s_1\left[t-\tau_n(t)\right] \tag{2-11}$$

而等效低通信道可以用下面的时变冲激相应表示为

$$c(\tau;t)=\sum_n a_n(t)\mathrm{e}^{-\mathrm{j}2\pi f_c\tau_n(t)}\,\delta\left[t-\tau_n(t)\right] \tag{2-12}$$

习　　题

2.1　详细说明 RFID 的工作原理。

2.2　简述 RFID 天线的工作机理。

第 3 章　RFID 技术标准

目前，RFID 还未形成统一的全球化标准，然而市场走向多标准的统一已经得到业界的广泛认同。RFID 系统也可以说主要是由数据采集和后台数据库网络应用系统两大部分组成，目前已经发布或者是正在制定中的标准主要是与数据采集相关的，其中包括电子标签与读卡器之间的空气接口、读卡器与计算机之间的数据交换协议、电子标签与读卡器的性能和一致性测试规范以及电子标签的数据内容编码标准等；而后台数据库网络应用系统目前并没有形成正式的国际标准，只有少数产业联盟制定了一些规范，现阶段还在不断演变中。

RFID 标准的竞争非常激烈，各行业都在发展自己的 RFID 标准，这也是 RFID 技术目前国际上没有统一标准的一个原因。此外，RFID 不仅与商业利益有关，甚至还关系到国家或行业利益与信息安全。

目前全球有五大 RFID 技术标准化势力，即 ISO/IEC、EPC global、UID Center(泛在中心)、AIMglobal 和 IP-X，其中前三个标准化组织势力较强大，AIM 和 IP-X 的势力则相对弱些。这五大 RFID 技术标准化组织纷纷制定 RFID 技术的相关标准，并在全球积极推广这些标准。

3.1　全球三大 RFID 标准体系比较

1. ISO 制定的 RFID 标准体系

RFID 系统与相应技术标准的关系图如图 3-1 所示。

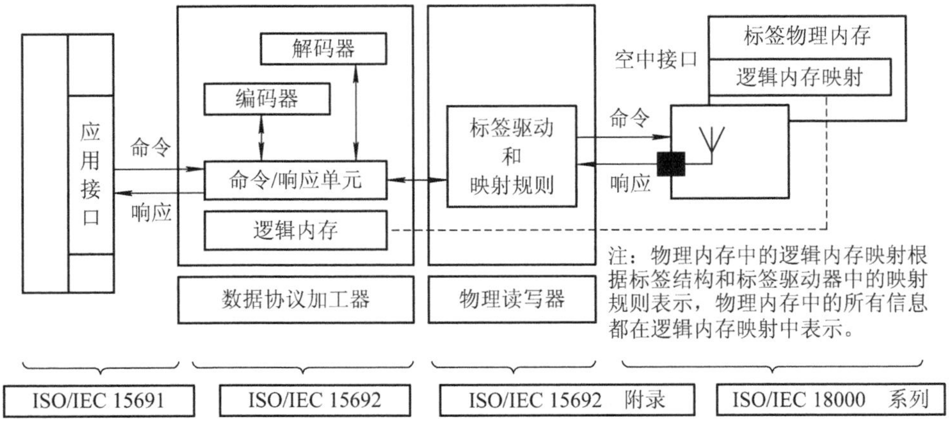

图 3-1　RFID 系统关系图

RFID 标准化工作最早可以追溯到 20 世纪 90 年代，1995 年国际标准化组织 ISO/IEC 联合技术委员会 JTCl 设立了子委员会 SC31(以下简称 SC31)，负责 RFID 标准化的研究工作。SC31 委员会由来自各个国家的代表组成，如英国的 BSI IST34 委员、欧洲的 CEN TC225 成员，他们既是各大公司内部的咨询者，也是不同公司利益的代表者。因此在 RFID 标准化的制定过程中，有企业、区域标准化组织和国家三个层次的利益代表者。SC31 委员会制定的 RFID 标准可以分为四个方面：数据标准(如编码标准 ISO/IEC 15691、数据协议 ISO/IEC 15692、ISO/IEC 15693，它们解决了应用程序、电子标签和空中接口多样性的要求，提供了一套通用的通信机制)、空中接口标准(ISO/IEC 18000 系列)、测试标准(性能测试标准 ISO/IEC 18047 和一致性测试标准 ISO/IEC 18046)、实时定位(TSO/IEC 24730 系列应用接口与空中接口通信标准)方面的标准，它们之间的关系如图 3-2 所示。

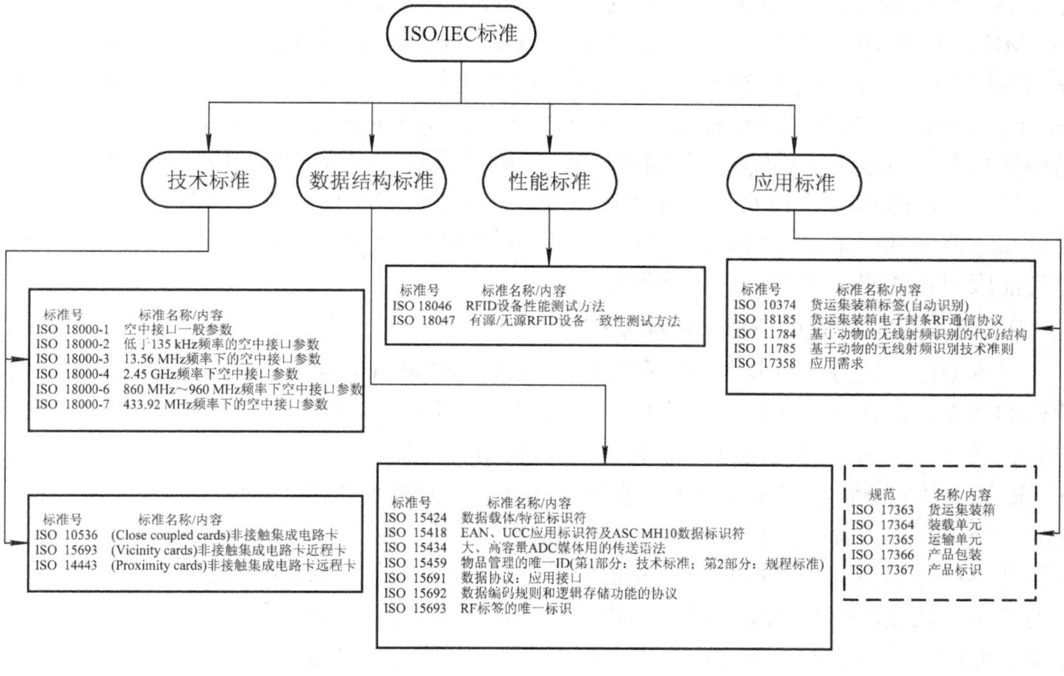

图 3-2　RFID 国际标准

图 3-2 中的标准涉及到电子标签、空中接口、测试标准、读卡器与到应用程序之间的数据协议，它们考虑的是所有应用领域的共性要求。

ISO 对于 RFID 的应用标准是由应用相关的子委员会制定的，如 RFID 在物流供应链领域中应用方面的标准由 ISO TC 122 / 104 联合工作组负责制定，包括 ISO 17358 应用需求、ISO 17363 货运集装箱、ISO 17364 装载单元、ISO 17365 运输单元、ISO 17366 产品包装、ISO 17367 产品标识；RFID 在动物追踪方面的标准由 ISO TC23/SCl9 来制定，包括 ISO 11784/11785 动物 RFID 畜牧业的应用。从 ISO 制定的 RFID 标准内容来说，RFID 应用标准是在 RFID 编码、空中接口协议、读卡器协议等基础标准之上，针对不同的使用对象，确定了使用条件、标签尺寸、标签粘贴位置、数据内容格式、使用频段等方面特定应用要求的具体规范，同时也包括数据的完整性、人工识别等其他一些要求。RFID 的通用标准为

RFID 标准提供了一个基本的框架，而应用标准是对它的补充和具体规定。RFID 这一标准制定思想，既保证了 RFID 技术具有互通与互操作性，又兼顾了应用领域的特点，能够很好地满足应用领域的具体要求。

2. EPC Global

与 ISO 通用性 RFID 标准相比，EPC global 标准体系是面向物流供应链领域，可以看成是一个应用标准。EPC global 的目标是解决供应链的透明性和追踪性，透明性和追踪性是指供应链各环节中所有合作伙伴都能够了解单件物品的相关信息，如位置、生产日期等信息。为此 EPC global 制定了 EPC 编码标准，它可以实现对所有物品提供单件唯一标识。此外，EPC global 也制定了空中接口协议、读卡器协议，这些协议与 ISO 标准体系类似。在空中接口协议方面，目前 EPC global 的策略尽量与 ISO 兼容，如 CiGen2 UHF RFID 标准递交 ISO 将成为 ISO 18000 6C 标准，但 EPC global 空中接口协议有其局限，如它仅仅关注 860 MHz～930 MHz 频段。除信息采集外，EPC global 非常强调供应链各方之间的信息共享，为此制定了信息共享的物联网相关标准，包括 EPC 中间件规范、对象名解析服务(Object Naming Service，ONS)、物理标记语言(Physical Markup Language，PML)。物联网系列标准是根据自身的特点参照因特网标准制定的，物联网是基于因特网的，与因特网具有良好的兼容性。物联网标准是 EPC global 所特有的，ISO 仅仅考虑自动身份识别与数据采集的相关标准，但对数据采集以后如何处理、共享并没有作出规定。物联网是未来的一个目标，对当前应用系统建设来说具有指导意义。

3. 日本 UID 制定的 RFID 标准体系

日本 UID 制定 RFID 相关标准的思路类似于 EPC global 的，其目标也是构建一个完整的标准体系，即从编码体系、空中接口协议到泛在网络体系结构，但是每一个部分的具体内容存在差异。为了制定具有自主知识产权的 RFID 标准，日本 UID 在编码方面制定了 uCode 编码体系，它能够兼容日本已有的编码体系，同时也能兼容国际上其他的编码体系。此外在空中接口方面，日本 UID 积极参与 ISO 的标准制定工作，并尽量考虑与 ISO 的相关标准兼容；在信息共享方面，它主要依赖于泛在网络，泛在网络可以独立于因特网实现信息的共享。泛在网络与 EPC global 的物联网还是有区别的，EPC 采用业务链的方式，面向企业、面向产品信息的流动(物联网)，比较强调与互联网的结合；而 UID 采用扁平式信息采集分析方式，强调信息的获取与分析，比较强调前端的微型化与集成。

4. AIMglobal

AIMglobal 是全球自动识别组织。AIDC(Automatic Identification and Data Collection)组织原先制定通行全球的条形码标准， 它于 1999 年另成立了 AIM(Automatic Identification Manufacturers)组织，目的是推出 RFID 标准。AIM 在全球有 13 个国家与地区性的分支，且目前其全球会员数已超过 1000 个。

5. IP-X

IP-X 即南非、澳大利亚、瑞士等国的 RFID 标准组织，其标准主要在南非等国家推行。

6. ISO/IEC 制定的 RFID 标准体系中的主要标准

(1) 空中接口标准。空中接口标准体系定义了 RFID 不同频段的空中接口协议及相关参数，所涉及到的问题包括：时序系统、通信握手、数据帧、数据编码、数据完整性、多标签读写防冲突、干扰与抗干扰、识读率与误码率、数据的加密与安全性、读卡器与应用系统之间的接口等问题，以及读卡器与电子标签之间进行命令和数据双向交换的机制、电子标签与读卡器之间互操作性问题。

(2) 数据格式管理标准。数据格式管理是对编码、数据载体、数据处理与交换的管理，而数据格式管理标准系统主要规范物品编码、编码解析和数据描述之间的关系。

(3) 信息安全标准。电子标签与读卡器之间、读卡器中间件之间、中间件与中间件之间以及 RFID 相关信息网络方面均需要相应的信息安全标准的支持。

(4) 测试标准。对于电子标签、读卡器、中间件，根据其通用产品规范制定测试标准；针对接口标准制定相应的一致性测试标准，这些标准包括编码一致性测试标准、电子标签测试标准、读卡器测试标准、空中接口一致性测试标准、产品性能测试标准、中间件测试标准。

(5) 网络服务规范。网络服务规范是完成有效、可靠通信的一套规则，它是任何一个网络的基础，它包括物品注册、编码解析、检索与定位服务等。

(6) 应用标准。RFID 技术标准包括基础性标准和通用性标准以及针对事务对象的应用标准，如动物识别、集装箱识别、身份识别、交通运输、军事物流、供应链管理等。

7. 三大标准体系空中接口协议的比较

目前，ISO/IEC 18000、EPC global、日本 UID 三个空中接口协议正在完善中，这三个标准相互之间并不兼容，它们的主要差别在通信方式、防冲突协议和数据格式这三个方面，在技术上差距并不大。这三个标准都按照 RFID 的工作频率分为多个部分，在这些频段中，以 13.56 MHz 频段的产品最为成熟，处于 860 MHz～960 MHz 内的超高频段的产品因为工作距离远且最可能成为全球通用的频段而最受重视，发展也最快。

ISO/IEC 18000 标准是最早开始制定的关于 RFID 的国际标准，它按频段被划分为七个部分，目前支持 ISO/IEC 18000 标准的 RFID 产品最多。EPC global 是由 UCC 和 EAN 两大组织联合成立的，并吸收了麻省理工 Auto ID 中心的研究成果后推出的系列标准草案。EPC global 最重视超高频段的 RFID 产品，也极力推广基于 EPC 编码标准的 RFID 产品。目前，EPC global 标准的推广和发展十分迅速，许多大公司如沃尔玛等都是 EPC 标准的支持者。日本的 UID 一直致力于本国标准的 RFID 产品的开发和推广，拒绝采用美国的 EPC 编码标准。与美国大力发展超高频段 RFID 不同的是，日本对 2.4 GHz 微波频段的 RFID 似乎更加青睐，目前日本已经开始了许多 2.4 GHz RFID 产品的实验和推广工作。

EPC globol 与日本 UID 标准体系的主要区别：一是编码标准不同，EPC global 使用 EPC 编码，代码为 96 位；日本 UID 使用 uCode 编码，代码为 128 位；使用 uCode 的好处在于能够继续使用在流通领域中常用的“JAN 代码”等现有的代码体系。uCode 使用 UID 中心制定的标识符对代码种类进行识别，例如，若希望在特定的企业和商品中使用 JAN 代码时，在 IC 标签代码中写入表示“正在使用 JAN 代码”的标识符即可。同样，在 uCode 中还可以使用 EPC。二是根据 IC 标签代码检索商品详细信息的功能上有区别，EPC global 标准的最大前提条件是经过网络，而 UID 中心还设想了离线使用的标准功能。

Auto ID 中心和 UID 中心在使用互联网进行信息检索的功能方面基本相同。UID 中心使用名为“读卡器”的装置，将所读取到的 IC 标签代码发送到数据检索系统中，数据检索系统通过互联网访问 UID 中心的“地址解决服务器”来识别代码，如果是 JAN 代码，就会使用 JAN 代码开发商–流通系统开发中心的服务器信息，检索企业和商品的基本信息，然后再由符合条件的企业的商品信息服务器中得到生产地址和流通渠道等详细信息。

除此之外，UID 中心还设想了不通过互联网就能够检索商品详细信息的功能。具体来说就是利用具备便携信息终端(PDA)的高性能读卡器，预先把商品详细信息保存到读卡器中，即便不接入互联网，也能够了解到与读卡器中 IC 标签代码相关的商品的详细信息。UID 中心认为：“如果必须随时接入互联网才能得到相关的信息，那么其方便性就会降低。如果最多只限定两万种商品的话，将所需信息保存到 PDA 中就可以了。”

EPC global 与日本 UID 标准体系的第三个区别是日本的电子标签采用的频段为 2.45 GHz 和 13.56 MHz，而欧美的 EPC 标准采用超高频段，例如 902 MHz～928 MHz。此外，日本的电子标签标准可用于库存管理、信息发送和接收以及产品和零部件的跟踪管理等，而 EPC 标准更侧重于物流管理、库存管理等。

3.2 不同频率的电子标签与标准

1. 低频标签与标准

低频段电子标签简称为低频标签，其工作频率范围为 30 kHz～300 kHz，典型的工作频率为 125 kHz、133 kHz。低频标签一般为被动标签，其电能通过电感耦合方式从读卡器天线的辐射近场中获得。与读卡器之间传送数据时，低频标签须位于读卡器天线辐射的近场区内，其阅读距离一般情况下小于 1.2 m。低频标签的典型应用有：动物识别、容器识别、工具识别、电子闭锁防盗(带有内置应答器的汽车钥匙)等。与低频标签相关的国际标准有：ISO 11784/11785(用于动物识别)、ISO 18000-2(125 kHz～135 kHz)。

2. 中频标签与标准

中高频段电子标签的工作频率一般为 3 MHz～30 MHz，其典型的工作频率为 13.56 MHz。中高频段的电子标签，从射频识别应用角度来说，因其工作原理与低频标签的完全相同，即采用电感耦合方式工作，所以宜将其归为低频标签类中；另一方面，根据无线电频率的一般划分，其工作频段又称为高频，所以也常将其称为高频标签。鉴于中高频段的电子标签可能是实际应用中最大量的一种电子标签，因而将高、低理解成为一个相对的概念，即不会在此造成理解上的混乱，但为了便于叙述，将其称为中频标签。中频标签可方便地做成卡状，其典型应用包括电子车票、电子身份证、电子闭锁防盗(电子遥控门锁控制器)等；相关的国际标准有 ISO 14443、ISO 15693、ISO 18000-3.1、ISO 18000-3.2 (13.56 MHz)等。中频标准的基本特点与低频标准的相似，由于相应的 RFID 系统工作频率的提高，可以选用较高的数据传输速率。中频标签天线的设计相对简单，标签一般制成标准卡片形状。

3. 超高频标签与标准

超高频与微波频段的电子标签简称为超高频电子标签，其典型的工作频率为433.92 MHz、862 (902)MHz～928 MHz、2.45 GHz、5.8 GHz。超高频电子标签可分为有源标签(主动方式、半被动方式)与无源标签(被动方式)两类。工作时，电子标签位于读卡器天线辐射场的远场区内，电子标签与读卡器之间的耦合方式为电磁耦合。读卡器天线辐射场为无源标签提供射频能量，将有源标签(半被动方式)唤醒。相应的射频识别系统的阅读距离一般大于 1 m，典型情况为 4 m～6 m，最大可达 10 m。读卡器天线一般均为定向天线，只有在读卡器天线定向波束范围内的电子标签可被读/写。以目前的技术水平来说，无源微波电子标签比较成功的产品相对集中在 902 MHz～928 MHz 工作频段上，2.45 GHz 和 5.8 GHz 射频识别系统多以半无源微波电子标签(半被动方式)产品面世。半无源标签一般采用钮扣电池供电，具有较远的阅读距离。超高频电子标签的典型特点主要集中在是否无源、无线读写距离、是否支持多标签读写、是否适合高速识别应用、读卡器的发射功率容限、电子标签及读卡器的价格等方面。典型的微波电子标签的识读距离为 3 m～5 m，个别有达 10 m 或 10 m 以上。对于可无线写的电子标签而言，通常情况下，写入距离要小于识读距离，其原因在于写入要求更大的能量。

超高频电子标签的典型应用包括移动车辆识别、电子身份证、仓储物流应用、电子闭锁防盗(电子遥控门锁控制器)等，相关的国际标准有 ISO 10374、ISO 18000-4(2.45 GHz)、ISO 18000-5(5.8 GHz)、ISO 18000-6(860 MHz～930 MHz)、ISO 18000-7(433.92 MHz)，ANSINCITS256-1999 等。

4. 常用的中频电子标签对比

在 13.56 MHz 的中频电子标签中，最常用的有两种，即接触式的 ISO 14443 和近距非接触式的 ISO 15693。在我国第二代身份证和公交卡中，广泛使用的是 ISO 14443 标准的接触式 RFID；在图书馆中，广泛使用的是 ISO 15693 标准的近距非接触式的 RFID。公交卡中采用接触式的 RFID，是因为如果采用近距式的，天线可能对靠近它而不准备登车的卡产生误检测，并进行扣钱处理，而采取接触式就能对公交卡一个一个进行检测和扣钱处理，不会把附近的卡误处理。

以 13.56 MHz 交变信号为载波频率的标准主要有 ISO 14443 和 ISO 15693 标准。由于 ISO 15693 读写距离较远(这与应用系统的天线形状和发射功率有关)，而 ISO 14443 读写距离稍近，更符合小区门禁系统对识别距离的要求，因此小区门禁系统应选择 ISO 14443 标准。ISO 14443 标准定义了 TypeA、TypeB 两种类型协议，通信速率为 106 kb/s。两种协议的不同主要在于载波的调制深度及位的编码方式，从 PCD 向 PICC 传送信号时，TypeA 采用改进的 Miller 编码方式，调制深度为 100%的 ASK 信号；TypeB 则采用 NRZ 编码方式，调制深度为 10%的 ASK 信号；从 PICC 向 PCD 传送信号时，两者均通过调制载波传送信号，副载波频率皆为 847 kHz。TypeA 采用开关键控(On-Off Keying)的 Manchester 编码；TypeB 采用 NRZ-L 的 BPSK 编码。与 TypeA 相比，TypeB 具有传输能量不中断、速率更高、抗干扰能力更强的优点。

ISO 14443 与 ISO 15693 的对比如表 3-1 所示。

表 3-1 ISO 14443 和 ISO 15693 对比

功能	ISO 14443	ISO 15693
RFID 频率/MHz	13.56	13.56
读取距离	接触型，近旁型(0 cm)	非接触型，近距型(2 cm～20 cm)
IC 类型	微控制器(MCU)或者内存布线逻辑型	内存布线逻辑型
读/写(R/W)	可写、可读	可写、可读
数据传输率/(kb/s)	106，最高可到 848	106
防碰撞再读取	有	有
IC 内可写内存容量/KB	最大 64	最大 2

3.3 超高频 RFID 协议标准的发展与应用

超高频 RFID 协议标准在不断更新，已出现了第一代标准和第二代标准。第二代标准是从区域版本到全球版本的一次转移，它增加了灵活性操作、鲁棒防冲突算法、向后兼容性、使用会话、密集条件阅读、覆盖编码等功能。

1. 超高频 RFID 协议标准

1) 第一代超高频 RFID 协议标准(Gen 1 协议标准)

目前已经推出的第一代超高频 RFID 协议标准有：EPC Tag Data Standard 1.1、EPC Tag Data Standard 1.3.1、EPC Tag Data Transtation 1.0 等。美国的 MIT 实验室自动化识别系统中心(Auto-ID) 建立了产品电子代码管理中心网络，并推出第一代超高频 RFID 协议标准：0 类、1 类。ISO 18000-6 标准是 ISO(国际标准化组织)和 IEC(国际电工技术委员会)共同制定的 860 MHz～960 MHz 的空中接口 RFID 通信协议标准，其中的 A 类和 B 类是第一代标准。

2) 第二代超高频 RFID 协议标准(Gen 2 协议标准)

Auto-ID 在 2003 年就开始研究第二代超高频 RFID 协议标准，到 2004 年末，Auto-ID 的全球电子产品码管理中心(EPC global)推出了更广泛适用的超高频 RFID 协议标准版本 ISO 18000-6C，但直到 2006 年才被批准为第一个全球第二代超高频 RFID 标准协议。Gen 2 协议标准解决了第一代部署中出现的问题。因 Gen 2 协议标准适合于全球使用，ISO 组织接受了 ISO/IEC 18000-6 空中接口协议的修改版本 C 版本。事实上，由于 Gen 2 协议标准有很强的协同性，因此从 Gen 1 协议标准到 Gen 2 协议标准的升级是从区域版本到全球版本的一次转移。

第二代超高频 RFID 协议标准的设计改进了 ISO 18000-6 超高频空中接口协议标准和第一代 EPC 超高频协议标准，弥补了第一代超高频协议标准的一些缺点，同时增加了一些新的安全技术。

2. Gen 2 协议标准的安全漏洞

Gen 2 协议标准具有更大的存储空间、更快的阅读速度、更好的降低噪声易感性；Gen 2 协议标准采用更安全的密码保护机制[3]，它的 32 位密码保护也比 Gen 1 协议标准的 8 位密码安全；Gen 2 协议标准采用了读卡器永远锁住电子标签内存并启用密码保护阅读的技术。

EPC global 和 ISO 标准组织还考虑了使用者和应用层次上的隐私保护问题。如果要避免通信渠道被偷听造成的隐私侵害或信息泄露，就需要关注安全漏洞在关键随机原始码的定义与管理。但是，Gen 2 协议标准还没有解决覆盖编码的随机数交换、电子标签可能被复制等一些关键问题。对于研究人员来说，最大的挑战是防止射频中的信息偷窃和偷听行为。很多 RFID 协议标准在解决无线连接下通信的安全和可信赖问题时，却受到电子标签处理能力小、内存小、能量少等问题的困扰。虽然为确保电子标签在各种威胁条件下的阅读可靠性和安全性，Gen 2 协议标准里采用了很多安全技术，但仍存在安全漏洞。

3. Gen 2 协议标准的一些技术改进

1) 操作的灵活性

Gen 2 协议标准的频率在 860 MHz～960 MHz 之间，覆盖了所有的国际频段，因而遵守 ISO 18000-6C 协议标准的电子标签在这个区间内的性能不会下降；Gen 2 协议标准提供了欧洲使用的 865 MHz～868 MHz 频段、美国使用的 902 MHz～928 MHz 频段。因此，ISO 18000-6C 协议标准是一个真正灵活的全球 Gen 2 协议标准。

2) 鲁棒防冲突算法

Gen 1 协议标准要求 RFID 读卡器只识别序列号唯一的电子标签，如果两个电子标签的序列号相同，它们将拒绝阅读，但 Gen 2 协议标准可同时识别两个或更多相同序列号的电子标签。Gen 2 协议标准采用了时隙随机防冲突算法，当载有随机(或伪随机)数的电子标签进入槽计数器时，根据读卡器的命令槽计数器会相应的减少或增加，直到槽计数器为 0 时电子标签回答读卡器。

Gen 2 协议标准的电子标签使用了不同的 Aloha 算法(也称为著名的 Aloha 槽)实现反向散射，Gen 1 协议标准和 ISO 协议标准也使用了这种算法，但 Gen 2 协议标准在查询命令中引入一个 Q 参数。读卡器能从 0～15 之间选出一个 Q 参数对防冲突结果进行微调。例如，读卡器在阅读多个电子标签的同时也发出 Q 参数(初始值为 0)的查询命令，那么 Q 值的不断增加将会处理多个电子标签的回答，但也会减少多次回答的机会。如果电子标签没有给读卡器响应，Q 值的减少同时也会增加电子标签的回答机会。这种独特的通信序列使得反冲突算法更具鲁棒性，因此当读卡器与某些电子标签进行对话时，其他电子标签将不可能进行干扰。

3) 读取率和向后兼容性的改进

Gen 2 协议标准的一个特点是读取率的多样性，它读取的最小值是 40 kb/s，高端应用的最大值是 640 kb/s，这个数据范围的一个好处是向后兼容性，即读卡器更新到 Gen 2 协议标准只需要一个固件的升级，而不是任意固件都要升级。Gen 1 协议标准中的 0 类与 1 类协议标准的数据读取速率分别被限制在 80 kb/s 和 140 kb/s，由于读取速率低，很多商业应用都使用基于微控制器的低成本读卡器，而不是使用基于数字信号处理器或高技术微处理控制器的读卡器。为享受 Gen 2 协议标准的真正好处，厂商就会为更高的数据读取率去优化他们的产品，这无疑需要硬件升级。

一个理想的适应性产品是使最终用户根据不同的应用从读取率的最低值到最高值间任

意挑选。无论是传送带上物品的快速阅读还是在嘈杂昏暗环境下的低速密集阅读, Gen 2 协议标准的电子标签数据读取率都比 Gen 1 协议标准的快 3 倍～8 倍。

4) 会话的使用

在任意给定时间与不同给定预期下，Gen 1 协议标准不支持一组电子标签与给定电子标签群间的通信，例如，在 Gen 1 协议标准中为避免对一个电子标签的多次阅读，读卡器在阅读完成后给电子标签一个睡眠命令。如果别处的另一个读卡器靠近它，并在这个区域寻找特定项目时，就不得不调用和唤醒所有的电子标签。这种情况下将中断发出睡眠命令读卡器的计数，强迫读卡器重新开始计数。

Gen 2 协议标准在读取电子标签时使用了会话概念，两个或更多的读卡器能使用会话方式分别与一个共同的电子标签群进行通信。

5) 密集阅读条件的使用

除使用会话进行数据处理外，Gen 2 协议标准的阅读工作还可以在密集条件下进行，即 Gen 2 协议标准可以克服 Gen 1 协议标准中存在的阅读冲突状态，它通过分割频谱为多个通道来克服这个限制，使得读卡器工作时不能相互干涉或违反安全问题。

6) 使用查询命令改进 Ghost 阅读

阅读慢和阅读距离短限制了 RFID 技术的发展，Gen 2 协议标准对此做了改进，其主要处理方法是 Ghost 阅读。Ghost 阅读是 Gen 2 协议标准为保证电子标签序列号合法性、没有来自环境的噪声、没有由硬件引起的小故障引入的机制，它利用一个信号处理器处理电子标签序列号的噪声。因为 Gen 2 协议标准是基于查询的，所以读卡器不能创造任何 Ghost 序列号，也就很容易地探测和排除电子标签的整合型攻击。

7) 覆盖编码(Cover Coding)

覆盖编码是在不安全通信连接下为减少偷听威胁而隐匿数据的一项技术。在开放环境下使用所有数据既不安全也不好实现。假如攻击者能偷听会话的一方(读卡器到电子标签)但不能偷听到另一方(电子标签到读卡器)， Gen 2 协议标准使用覆盖编码去阅读/写入电子标签内存, 从而实现数据安全传输。

RFID 的应用越来越广, 目前应用最多的是 Gen 1 协议标准电子标签。Gen 1 协议标准电子标签的主要应用领域有物流、零售、制造业、服装业、身份识别、图书馆、交通等，但应用中的突出问题主要有价格问题、隐私问题、安全问题等。随着国际通用的 Gen 2 协议标准的出台，Gen 2 协议标准电子标签的应用将会越来越多。目前，Gen 2 协议标准电子标签已有了一些应用案例，例如基于 Gen 2 协议标准的电子医疗系统，充分利用了 Gen 2 协议标准的灵活性、可测量性、更高的智能性[18]。超高频 Gen 2 协议标准电子标签由于具有一次性读取多个电子标签、识别距离远、传送数据速度快、安全性高、可靠性和寿命高、耐受户外恶劣环境等特点，因此得到了世界各国的重视和欧美大企业的青睐。在我国，随着经济的高速发展和运用信息技术提高企业效益的形势推动, 政府也提出大力发展物联网产业，加之电子标签价格逐年下降，这也将极大地促进超高频 Gen 2 协议标准电子标签的使用和推广。

目前，超高频 Gen 2 协议标准电子标签在我国市场的整体占有率还比较低，但预计未来十年内它将进入高速成长期。

习　题

3.1　试总结 RFID 产业发展的现状和趋势。

3.2　试说出 RFID 标准体系和主要标准的内容。

第 4 章 RFID 系统中的安全与隐私

4.1 概　　述

为实现信息安全，很多组织已经进行了大量投资，建立了诸如防火墙、入侵检测、VPN、PKI/CA 等设施，这在一定程度上可以解决组织内部存在的安全问题。但由于 RFID 系统的数据源和访问界面扩大了安全周边的范围，RFID 的设计思想为系统对应用是完全开放的、在电子标签上执行加、解密运算需要耗费较多的处理器资源及开销等原因，引入了原有控制措施无法有效解决的新风险。

按照人们的设想，电子标签 ID 不仅要包含传统条形码所包含的内容，而且它将是电子标签唯一的序列码，通过它将唯一地识别对象。但电子标签可以响应任何 RFID 读卡器的询问信号，所有拥有读卡器的人员或机构都可以访问缺乏访问控制的电子标签，安全问题显而易见。

一个 RFID 读卡器能够识别带有电子标签的对象的位置，从位于多个地点的读卡器中收集相关的数据便可以追踪对象的移动路线，即使对电子标签采取了保护措施，仍然可以通过检测电子标签的异常响应信号来跟踪对象的移动。更为严重的是，RFID 读卡器的传输信号能在几千米之外通过射频扫描器和天线获得，如果此传输信号没有被保护，将会导致数据的未授权访问、电子标签 ID 被假冒、复制或重放，从而危害 RFID 系统的安全。另外，RFID 系统中存在电子标签欺骗问题，如一个超市内的 RFID 系统，偷盗者可通过电子标签欺骗，使自动检验设备误认为被拿走的物品还在原处，或者利用其他物品的电子标签 ID 替代高价值物品的电子标签 ID，从而达到欺骗的目的。针对上述安全问题，已经出现了多种解决方法，但大多只是针对某一安全问题而提出的，还没有一种方法能够完全满足所有的安全需求。

4.2 目前主要面临的安全与隐私威胁

目前，对 RFID 系统的攻击主要是对电子标签信息的截获和破解，主要有两种方式：非法分子想办法获取电子标签信息，对信息进行伪造，然后在没有被授权的情况下使用，将信息传播出去；由于 RFID 的加密机制不安全，非法分子在不接触系统的情况下，将系统标签信息盗取过来加以利用。

随着科技的发展，非法分子有很多手段可以获得芯片的结构和其中的数据，所以 RFID 系统的安全问题主要是对电子标签信息进行加密。

1. 安全与隐私威胁

(1) 信息泄露。如在 RFID 图书馆、药品、电子档案、生物特征等系统中。

(2) 恶意追踪。RFID 系统后端服务器提供数据库，电子标签只需传递简单的标识符，可以通过电子标签固定的标识符追踪电子标签，即使电子标签进行加密后也可以对不知内容的加密信息进行追踪。

2. RFID 系统面临的攻击手段

1) 主动攻击

首先获得电子标签的实体，通过物理手段在实验室环境中去除芯片封装，使用微探针获取敏感信号，进行目标标签的重构；然后利用微处理器的通用接口，扫描电子标签和响应读卡器的探寻，寻求安全协议加密算法及其实现弱点，从而删除或篡改电子标签内容；最后通过干扰广播、阻塞信道或其他手段，产生异常的应用环境，使合法处理器产生故障、拒绝服务器攻击等。

2) 被动攻击

采用窃听技术，分析微处理器正常工作过程中产生的各种电磁特征，获得电子标签和读卡器之间的通信数据。美国某大学教授和学生利用定向天线和数字示波器监控电子标签被读取时的功率消耗，通过监控电子标签的能耗过程从而推导出了密码。根据功率消耗模式可以确定何时电子标签接收到了正确或者不正确的密码位。

主动攻击和被动攻击都会使 RFID 应用系统承受巨大的安全风险。

RFID 的安全与隐私性能主要有：

(1) 数据秘密性的问题：一个电子标签不应向未授权的读卡器泄露信息。目前，读卡器和电子标签之间的无线通信在多数情况下是不受保护的(除采用 ISO 14443 标准的高端系统)。由于缺乏支持点对点加密和 PKI 密钥交换的功能，因此攻击者可以获得电子标签信息，或采取窃听技术并分析微处理器正常工作中产生的各种电磁特征来获得通信数据。

(2) 数据完整性的问题：保证接收的信息在传输过程中没有被攻击者篡改或替换。数据完整性一般是通过数字签名完成的。通常使用消息认证码进行数据完整性的检验，采用带有共享密钥的散列算法，将共享密钥和待检验的消息连接在一起进行散列运算，这种算法的特点是对数据的任何细微改动都会对消息认证码的值产生较大的影响。

(3) 数据真实性的问题：也即电子标签的身份认证问题。攻击者从窃听到的通信数据中获取敏感信息，重构电子标签进行非法使用，如伪造、替换、物品转移等。

(4) 用户隐私泄露问题：一个安全的 RFID 系统应当能够保护使用者的隐私信息或相关经济实体的商业利益。

4.3　安全与隐私问题的解决方法

4.3.1　物理方法

1. Kill 标签

Kill 命令是为了让一个电子标签关闭。接收到 Kill 命令后，电子标签停止工作，它所有的功能都将被永久关闭并无法被再次激活，从此不能接收或传送数据。与电磁屏蔽相比，

Kill 命令使得电子标签永久性无法读取；而电磁屏蔽取消之后，电子标签可以恢复正常功能。

在物体由于外形或包装导致无法电磁屏蔽时，杀死一个电子标签可以确保足够的安全，并保证在商品售出后用户不被非法跟踪，从而消除了消费者在隐私方面的顾虑。

Auto-ID 中心提出的 RFID 标准设计模式中也包含有 Kill 命令，EPC global 认为这是一种在零售点保护消费者隐私的有效方法。在销售点之外，购买的商品和相关的个人信息不能被跟踪。Kill 标签的主要缺点在于它限制了和消费者以及企业有关的电子标签的功能。

使用 Kill 命令的方法可有效地组织扫描和追踪，但同时以牺牲电子标签功能如售后、智能家庭应用、产品交易与回收为代价，因此它不是一个有效的检测和阻止电子标签扫描与追踪的隐私增强技术。

2. 法拉第网罩

法拉第网罩是一个由传导材料构成的容器，这个容器可以屏蔽掉无线电信号。法拉第网罩是 RFID 中用以保护用户隐私和安全的一种物理方法，它是根据电磁场理论中与静电屏蔽相关的理论原理设计出来的。由于它特有的屏蔽作用，在法拉第网罩里的电子标签不能与外边的读卡器进行交互，也就是说，外部的无线电信号不能进入法拉第网罩，反之亦然。把电子标签放进法拉第网罩可以阻止电子标签被扫描， 即被动标签接收不到信号，不能获得能量，主动标签发射的信号不能发出。因此，利用法拉第网罩可以阻止隐私侵犯者扫描电子标签获取信息。

法拉第网罩的优点是可以阻止隐私侵犯者扫描电子标签获取信息；缺点是无法广泛普及，难以大规模实施，而且不适用于特定形状的物品，例如法拉第钱包。

3. 主动干扰

对射频信号进行有缘干扰是另一种保护电子标签被非法阅读的物理手段。能主动发出无线电干扰的设备可以使附近 RFID 系统的读卡器也无法正常工作，从而达到保护隐私的目的。主动干扰的缺点是有可能干扰周围其他合法射频信号的通道，并且在大多数情况下是违法的，它会给不要求隐私保护的合法系统带来严重的破坏，也有可能影响其他无线通信。

4. 阻止标签

RSA 实验室提出增加一个特殊的阻止读卡器来保证隐私。这种内置在购物袋中的专门设计的电子标签能发动 DoS 攻击，防止 RFID 读卡器读取袋中所购货物上的电子标签。

阻止标签的原理为：采用一个特殊的阻止标签干扰防碰撞算法来实现，读卡器读取命令时每次总获得相同的应答数据，从而保护标签，所以 RSA 实验室就采用了前述的阻塞器标签方式，它强化了消费者隐私保护，只在物品确实被购买后执行。消费者在销售点刷一下与个人隐私数据相关的忠诚卡，购物后，销售点会更新隐私信息，并提示某些读卡器如供应链读卡器不要读取该信息。阻塞标签方法的优点是电子标签基本不需要修改，也不必执行密码运算，减少了投入成本，并且因阻塞标签本身非常便宜，与普通标签的价格相差不大，这使得阻塞标签可作为一种有效的隐私保护工具；缺点是这种标签给扒手提供了干扰商店安全的方法。

4.3.2　逻辑方法

逻辑方法是基于 RFID 安全协议的方法，有 Hash Lock 协议、随机化 Hash Lock 协议、Hash 协议链、基于杂凑的 ID 变化协议、分布式 RFID 询问应答认证协议、LCAP 协议等。

1．安全协议的基本概念和安全性质

安全协议是两个或两个以上的参与者采取一系列的步骤(约定、规则、方法)以完成某项特定的任务，其含义有三层：协议至少有两个参与者；在参与者之间呈现为消息处理的消息交换、交替等一系列步骤；协议须能够完成某项任务，即参与者可以通过协议达成某种共识。

安全协议是运行在计算机网络或分布式系统中，借助密码算法达到密钥分配、身份验证及公平交易的一种高互通协议。

1) 安全协议的分类

密钥交换协议完成会话密钥的建立；认证协议实现身份认证、消息认证、数据源认证等；认证和密钥交换协议是以上两者的结合，如互联网密钥交换协议 IKE；电子商务协议可保证交易双方的公平性，如 SET 协议。

2) 安全协议的安全性质

安全协议的主要目的是通过协议消息的传递实现通信主体身份的认证，并在此基础上为下一步的秘密通信分配所使用的会话密钥。协议的安全性质有：

(1) 认证性是最重要的安全性质之一。安全协议认证性的实现是基于密码的，具体方法为：声称者使用仅为其与验证者知道的密钥封装消息，如果验证者能够成功解密消息或验证封装是正确的，则声称者的身份得到证明；声称者使用其私钥对消息签名，验证者使用声称者的公钥检查签名，如正确则声称者的身份得到证明。声称者可以通过可信的第三方来证明自己。

(2) 秘密性是加密使得消息由明文变为密文，任何人在不拥有密钥的情况下不能解密消息。

(3) 完整性是保护协议消息不被非法篡改、删除和替代。采用封装和签名，用加密的办法或使用散列函数产生一个明文的摘要附在传送的消息上，作为验证消息完整性的依据。

(4) 不可抵赖性(非否认性)是指非否认协议的主体可收集证据，以便事后能够向可信仲裁证明对方主体的确发送或接收了某个消息，以保证自身的合法利益不受侵害。协议主体必须对自己的合法行为负责，不能也无法事后否认。

为了解决 RFID 的安全性问题提出的一些安全认证协议，应该采取一定的方法对其进行检验，验证协议的安全性，现有的方法有攻击检验方法、形式化分析方法等。攻击检验方法就是搜集、使用目前对协议有效攻击的各种方法，逐一对安全协议进行攻击，然后检验安全协议在这些攻击下的安全性。这种方法的关键是选择攻击方法，主要的攻击方法分为以下几类：

(1) 中间人攻击：攻击者伪装成一个合法的读卡器并且获得电子标签发出的信息，因此它可以伪装成合法的电子标签响应读卡器。因而，在下一次会话前攻击者可以通过合法读卡器的认证。

(2) 重放攻击：攻击者可以偷听来自电子标签的响应消息并且重新传输这个消息给合法的读卡器。

(3) 伪造：攻击者可以通过偷听获得电子标签内容的简单复制。

(4) 数据丢失：电子标签数据可能因为拒绝服务(DoS)攻击、能量中断、信息拦截而损坏，导致标签数据丢失。

形式化的分析方法是采用各种形式化的语言或者模型，为安全协议建立模型，并按照规定的假设和分析、验证方法证明协议的安全性。

2. Hash Lock 协议

该协议由 Sarma 等提出，为了避免信息泄露和被追踪，使用 metaID 来代替真实的电子标签 ID。其协议执行过程如下：读卡器向电子标签发送 Query 认证请求；电子标签将 metaID 发送给读卡器；读卡器将 metaID 转发给后端数据库；后端数据库查询自己的数据库，如找到与 metaID 匹配的项，则将该项的(Key、ID)发送给读卡器，公式为 metaID=H(Key)，否则，返回给读卡器认证失败的消息。

读卡器将接收自后端数据库的部分信息 Key 发送给电子标签；电子标签验证 metaID=H(Key)是否成立，如果是，则将其 ID 发送给电子标签读卡器；读卡器比较自电子标签接收到的 ID 与后端数据库发送过来的 ID 是否一致，如一致，则认证通过。

3. 随机化 Hash Lock 协议

作为 Hash Lock 协议的扩展，随机化 Hash Lock 协议解决了电子标签定位隐私的问题。采用随机化 Hash Lock 协议方案，读卡器每次访问电子标签的输出信息都不同。随机化 Hash Lock 协议是基于随机数的询问应答机制，协议的执行过程为：读卡器向电子标签发送 Query 认证请求；电子标签生成一个随机数 R，计算 $H(\mathrm{ID}_k \| R)$，其中 ID_k 为电子标签的表示；电子标签将(R, $H(\mathrm{ID}_k \| R)$)发送给读卡器；读卡器向后端数据库提出获得所有电子标签标识的请求；后端数据库将自己数据库中所有电子标签的标识发送给读卡器；读卡器检查是否有某个 ID_j，使得 $H(\mathrm{ID}_j \| R)= H(\mathrm{ID}_k \| R)$成立，如果有则认证通过，并将 ID 发给电子标签；电子标签验证 ID_j 和 ID_k 是否相同，如相同则认证通过。

4. Hash 链协议——基于共享秘密的询问应答协议

Hash 链协议的原理为：电子标签最初在存储器内设置一个随机的初始化标识符 s，同时这个标识符也存储在后端数据库中；电子标签包含两个 Hash 函数 G 和 H；当读卡器请求访问电子标签时，电子标签返回当前电子标签标识符(r_k)：$G(s)$给读卡器，同时当电子标签从读卡器电磁场获得能量时自动更新标识符 $s=H(s)$；该方案具有“前向安全性”，但是需要后台进行大量的 Hash 运算，因此只适合于小规模应用。

4.4 RFID 芯片的攻击技术分析及安全设计策略

4.4.1 RFID 芯片的攻击技术

根据芯片的物理封装是否被破坏，可以将电子标签的攻击技术分为破坏性攻击和非破坏性攻击两类。

1. 破坏性攻击

初期与芯片的反向工程一致，即使用发烟硝酸去除包裹裸片的环氧树脂，用丙酮/去离子水/异丙醇清洗以及用氢氟酸超声浴进一步去除芯片的各层金属。去除封装后，通过金丝键合恢复芯片功能焊盘与外界的电气连接，最后手动微探针以获取感兴趣的信号。

2. 非破坏性攻击

针对具有微处理器的产品，攻击手段有软件攻击、窃听技术和故障产生技术。软件攻击使用微处理器的通信接口，寻求安全协议、加密算法及其物理实现的弱点；窃听技术采用高时域精度的方法分析电源接口在微处理器正常工作中产生的各种电磁辐射的模拟特征；故障产生技术通过产生异常的应用环境条件，使处理器发生故障从而获得额外的访问路径。

4.4.2　破坏性攻击及其防范

1. 版图重构

通过研究连接模式和跟踪金属连线穿越可见模块，如 ROM、RAM、EEPROM、指令译码器的边界，可以迅速识别芯片上的一些基本结构如数据线和地址线。使用版图重构技术也可以获得只读型 ROM 的内容。ROM 的位模式存储在扩散层中，用氢氟酸去除芯片各覆盖层后，根据扩散层的边缘易辨认出 ROM 的内容。在基于微处理器的 RFID 设计中，ROM 可能不包含任何加密的密钥信息，但包含足够的 I/O、存取控制、加密程序等信息。因此，推荐使用 Flash 或 EEPROM 等非易失性存储器来存放程序。

2. 存储器读出技术

在安全认证过程中，对于非易失性存储器至少访问一次数据区，因此可以使用微探针监听总线上的信号以获取重要的数据。为了保证存储器数据的完整性，需要在每次芯片复位后计算并检验一下存储器的校验结果。

4.4.3　非破坏性攻击及其防范

微处理器本质上是成百上千个触发器、寄存器、锁存器和 SRAM 单元的集合，这些器件定义了微处理器的当前状态，结合组合逻辑即可知道下一时钟的状态。

微处理器中每个晶体管和连线都具有电阻和电容特性，其温度、电压等特性决定了信号的传输延时。触发器在很短的时间间隔内采样并和阈值电压比较，且仅在组合逻辑稳定后的前一状态上建立新的稳态。在 CMOS 门的每次翻转变化中，P 管和 N 管都会开启一个短暂的时间，从而在电源上造成一次短路，如果没有翻转则电源电流很小。当输出改变时，电源电流会根据负载电容的充放电而变化。非破坏性攻击常见的攻击手段有电流分析攻击、故障攻击。

4.5　关于 RFID 系统安全方面的建议

RFID 技术已经在零售、物流等领域内展示出其强大的优越性，在未来的发展中也必将给人们的日常生活带来极大的便利，但 RFID 的安全和隐私问题不容忽视。从前面的论述中可以看出，研究人员提出了许多方法解决 RFID 系统的安全和隐私问题，也取得了一定的效果，但这些方法都有各自的优缺点，不能完全满足 RFID 系统的安全需求，达到真正实用的目标。这也说明了解决 RFID 系统的安全和隐私问题是一件困难的事情，原因主要在于要大规模推广使用 RFID 技术，必须严格限制电子标签的成本，而低成本的电子标签又极大地限制了其安全和隐私问题的解决。

通过分析，有效解决 RFID 系统的安全和隐私问题将取决于以下三个方面的发展：① 最关键的研究领域仍然是开发和实施硬件实现的低成本的密码函数，包括摘要函数、随机数发生器以及对称加密和公钥加密函数等；② 在电路设计和生产上进一步降低电子标签的成本并为解决安全问题分配更多的资源；③ 设计开发新的更有效的防偷听、错误归纳、电力分析等 RFID 协议。一般而言，RFID 读卡器和电子标签必须能在不影响安全的情况下从能源或通信中断中平稳恢复。综合考虑上述三个方面，研究有效的解决方案将是未来 RFID 技术发展的主要方向。

没有某个单一的技术能够满足 RFID 系统要求的所有的安全等级，在很多情况下需要几种技术组合在一起的综合解决方案。对于特殊的应用，ISO 或 EPC global 发布了一些安全标准，例如适用于近距离电子标签的 ISO/IEC 15693，给出了电子标签的安全标准来用于接入控制和无接触支付应用。RFID 系统的安全是一个具有挑战性且非常复杂的课题，需要全面综合的解决方法。为了实施 RFID 系统应用中的防护安全，有以下几点建议：

(1) 对所使用的 RFID 系统中所有可能的解决方案的优点和缺点进行评估。

(2) 考虑实施特定的安全解决方案的成本。

(3) 衡量 RFID 计划中风险防范所需的成本和安全侵入带来的损失。

(4) 咨询 RFID 安全专家或者所信赖的厂商，有助于作出最佳的决定。

习　　题

4.1　RFID 系统的安全问题主要表现在哪些方面？

4.2　常用的 RFID 安全策略有哪些？

第 5 章　RFID 应用案例分析

随着 RFID 技术的商业化，RFID 技术已经被广泛应用于工业自动化、商业自动化、交通运输控制管理等众多领域，包括物品跟踪、航空行李分拣、工厂装配流水线、汽车防盗、电子票证、动物管理、商品防伪等。最先开始利用 RFID 技术的是零售业和包装业，它们将 RFID 技术用作供应链管理的辅助管理工具。根据市场研究机构分析报告，RFID 技术在资产和供应链管理应用的销售额占该潜在市场销售额的比例将从 20%增长到 48%，像沃尔玛、吉利、宝洁等公司已经开始采用 RFID 技术来减少库存错误并保证商店有一个良好的存货。

电子标签具有存储信息量大、读取快捷方便、不易仿制的特点，通过读取电子标签中的信息，商品的来源、生产日期、有效期、生产厂商的信息都可以一目了然地看见。由于可以在 RFID 电子标签中设置一些特殊的加密数据信息，所以电子标签基本上没法被完全仿制，从而起到打击伪造的作用。

根据 RFID 系统完成功能的不同，可以把 RFID 系统分成四种类型：EAS 系统、便携式数据采集系统、物流控制系统和定位系统。

1. EAS 系统

EAS(Electronic Article Surveillance)是一种设置在需要控制物品出入门口的 RFID 技术，其典型应用场合是超市、商店、图书馆和数据中心等，当未被授权的人从这些地方非法取走物品时，EAS 系统会发出警告。

典型的 EAS 系统一般由三部分组成：

(1) 附着在商品上的电子标签、电子传感器。

(2) 电子标签灭活装置，以便授权商品能正常出入。

(3) 监视器，在出口形成一定区域的监视空间。

2. 便携式数据采集系统

便携式数据采集系统是使用带有 RFID 读卡器的数据采集器采集电子标签上的数据，这种系统具有比较大的灵活性，适用于不宜安装固定式 RFID 系统的应用环境中。

手持式读卡器(数据输入终端)可以在读取数据的同时，通过无线电磁波数据传输方式实时地向主计算机系统传输数据，也可以暂时将数据存储在读卡器中，成批地向主计算机系统传输数据。

3. 物流控制系统

在物流控制系统中，RFID 读卡器分散布置在给定的区域，并且直接与数据管理信息系统相连，信号发射机是移动的，一般安装在移动的物体、人上面。当物体、人流经过读卡器时，读卡器会自动扫描电子标签上的信息并把数据信息输入到数据管理信息系统中进行存储、分析和处理，以达到控制物流的目的。

公路运输收费管理就是物流控制系统的一种典型应用。安装电子标签的车辆能以100km/h的速度通过收费口，读出设备可以快速、准确地记录通过车辆的编号或账户信息，从而实现高速公路通行费的自动征收与管理。

4．定位系统

定位系统用于自动化加工系统中的定位，以及对车辆、轮船等进行运行定位支持。读卡器放置在移动的车辆、轮船或者自动化流水线中移动的物料、半成品和成品上，信号发射机嵌入到操作环境的地表下面。信号发射机上存储有位置识别信息，读卡器一般通过无线方式(有的采用有线的方式)连接到主信息管理系统上。

RFID系统是一个可以承载更多创新应用的平台，下面结合几个案例深入分析上述四个系统。

5.1　RFID在EAS系统中的应用

5.1.1　RFID在超市物联网购物引导系统中的应用

随着社会的发展，超市已经成为了人们日常生活的一部分。超市中的物品种类繁多，人们可以在超市中购买到任意所需的商品，然而商品种类的增多增加了人们寻找商品的时间。本方案意在让顾客在智能超市中感受到物联网给人们生活所带来的便捷，明白何为物联网以及物联网对人们生活的影响。

智能超市让顾客不再为找商品和排队结账而苦恼，因此，构建超市购物引导系统具有较大的实际意义。

电子标签和物联网的出现使得工业、企业物联网系统得以实现。电子标签是用来识别物品的，它是根据RFID原理而生产的，它与读卡器通过无线射频信号交换信息，是未来识别的首选产品。

物联网是在计算机互联网的基础上，利用电子标签为每一物品确定可被唯一识别的EPC码，从而构成一个实现全球物品信息实时共享的实物互联网，简称物联网。物联网的提出为获取产品原始信息并自动生成清单提供了一种有效手段，而电子标签可以方便地实现自动化的产品识别和产品信息采集，这两者的有机结合可以使人们随时随地在超市中买到任意所需的商品。

中间件是处在读卡器和计算机Internet之间的一种中间件系统，该中间件可为企业应用提供一系列计算和数据处理功能，其主要任务是对读卡器读取的电子标签数据进行捕获、过滤、汇集、计算、数据校对、解调、数据传送、数据存储和任务管理，减少从读卡器传送的数据量。同时，中间件还可提供与其他RFID支撑软件系统进行互操作等功能。此外，中间件还定义了读卡器和应用两个接口。中间件系统如图5-1所示。

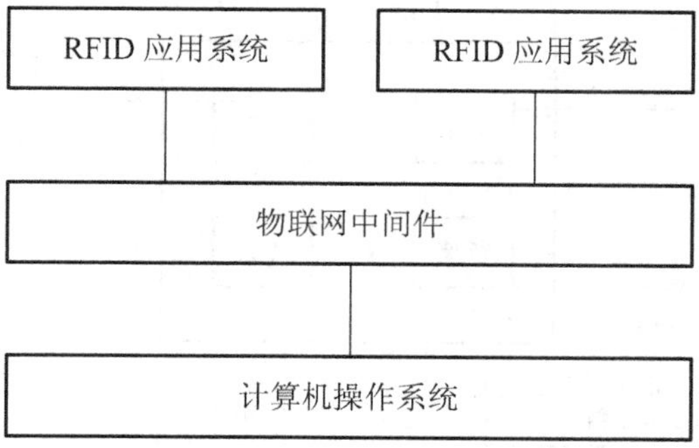

图 5-1 中间件系统

本案例以电子标签和物联网为基础，提出了基于 RFID 技术的超市物联网导购系统，对其结构和功能进行分析，并利用电子标签实现了一个典型的工业、企业物联网系统，大大提高了超市运作的快速性和准确性，不但提高了工作效率，而且还减少了人为差错。

超市物联网导购系统由货架处的有源 RFID 标签、超市范围内的一定数量的读卡器和每个顾客的手持设备组成，该手持设备由顾客输入产品信息并与超市中的读卡器进行通信，引导顾客到达所需商品处。

有源 RFID 标签负责前端的标签识别、读写和信息管理工作，将读取的信息通过计算机或直接通过网络传送给本地物联网信息服务系统。可以在每一类商品对应的货架处安装有源 RFID 标签，标签中包含着商品的信息，包括商品名称、价格、生产厂商以及商品所在货架的位置信息。

超市范围内安装的一定数量的读卡器就是中间件系统的重要组成部分，同时为每一个进入超市选购商品的顾客配置一个手持设备，顾客在手持设备上输入所需的商品名称，手持设备与超市中的读卡器通过中间件系统通信，发布自己的信息，读卡器发布路由信息到手持设备引导顾客前往所需购买的商品处。

1. 智能超市系统的主要组成部分及其操作流程

整个智能超市系统由身份识别、搜索导航、信息读取、广告推送、智能清算这五部分组成。

(1) 身份识别：由于超市是全智能无人管理，因此，在社区内只有持有智能“市民卡”的顾客才有权限进入超市购物。

(2) 搜索导航：顾客在超市的智能购物车上可以搜索和选择所需要的商品，超市内的导航系统将读取顾客当前的位置信息，并引导顾客前往相应的购买区。

(3) 信息读取：当顾客表现出对某类产品的兴趣后，智能购物车将相关产品的广告信息展示给顾客。

(4) 广告推送：智能购物车可以将临近顾客的商品的特价或优惠等信息传递给顾客，供顾客挑选。

(5) 智能清算：结账时无须像传统的条形码一样逐件扫描，而直接将整车的商品信息读取，得到总消费金额，并自动从“市民卡”上扣取。

智能超市系统的方案设计图如图 5-2 所示。

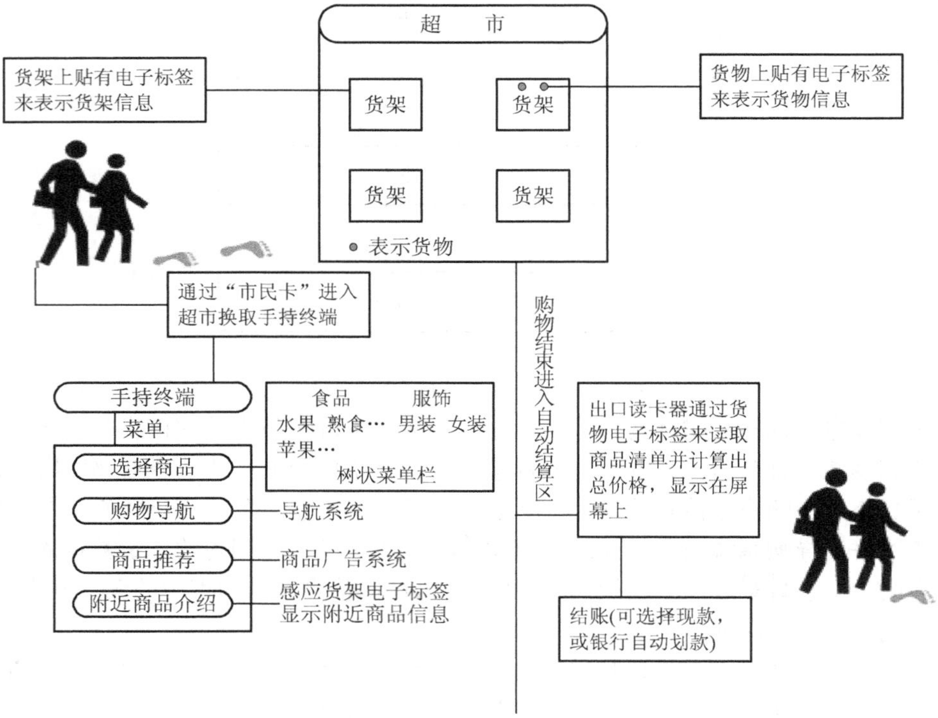

图 5-2　智能超市系统的方案设计图

2．智能超市系统的具体操作流程(见图 5-3)

(1) 顾客手持智能“市民卡”通过身份验证进入超市；无“市民卡”的顾客将无法进入超市，强行进入会进行报警。

图 5-3　智能超市系统流程图

(2) 顾客人选一个智能购物车，利用其配备的手持设备进行商品的浏览和选购。

(3) 如果顾客选购商品，则将临近顾客的商品信息(包括产品名称、厂商、价格)通过手持设备展示给顾客；当顾客表现出对某类商品的兴趣时，将其相关信息(含购买率等信息)通过手持设备展示给顾客。

(4) 当顾客选定好商品后，手持设备将显示出顾客当前所处的位置，以及选购商品所处的位置，并选择一条最佳路线引导顾客前往购买。

(5) 顾客购买好商品后通过 RFID 计算通道进行智能结算，并自动从“市民卡”内扣钱，如“市民卡”内金额不足则予以提示不予放行，否则直接报警。

(6) 没有购买商品的顾客从正常出口离开超市，如果购买商品却没有通过结账通道则进行报警。

3. 智能超市系统相关技术模块的原理

超市物联网导购系统由身份识别模块、搜索导航模块、信息读取模块、广告推送模块、智能清算模块组成。

(1) 身份识别模块：建立在共享平台应用子集功能的基础上，利用智能“市民卡”进行身份的识别，该功能只需配置相应的设备即可；超市内通过安装“市民卡”读卡器，感知身份信息，同时将身份信息发送到应用子集进行身份验证。

(2) 搜索导航模块：在现有的超市购物车上配置具有读卡器功能的手持设备，通过手持设备可以浏览商品的信息，并且选购商品。手持设备嵌入了 RFID 读卡器，可以实现 1 m～2 m 的读取距离。手持设备如图 5-4 所示，图 5-5 是手持设备操作界面，图 5-6 为搜索导航操作界面。

图 5-4　手持设备

图 5-5　手持设备操作界面

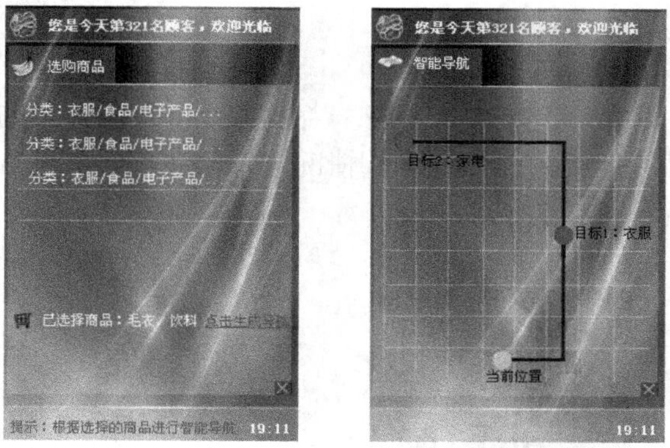

图 5-6　搜索导航操作界面

选择好商品后，手持设备将购物信息传给读卡器节点，读卡器节点读取其监测环境中电子标签的信息，如果某读卡器节点范围内没有相关的物品信息，则传送信息给其邻近读卡器节点，直到找到相关物品。找到后，将物品的位置信息返回给手持设备，手持设备在获取当前位置信息和物品信息后，自动选择一条最优路径引导顾客购物，其搜索导航流程图如图 5-7 所示。

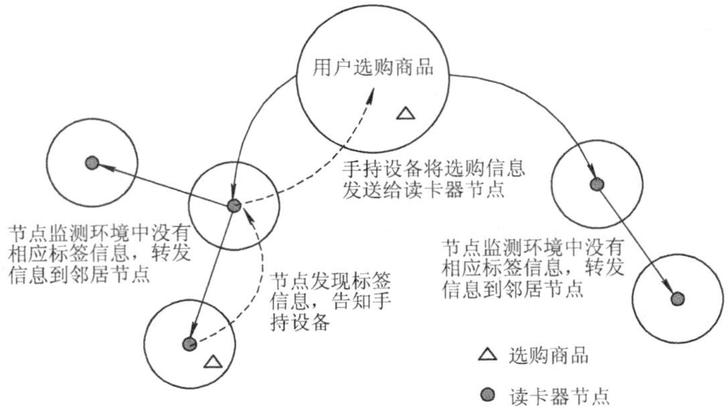

图 5-7　搜索导航流程图

(3) 信息读取模块：手持设备可以通过读卡器读取附近商品的信息，通过手持设备上附近商品的介绍选项可以浏览商品的信息。当用户表现出对某种商品的兴趣时，手持设备会将产品的相关信息展示给顾客。信息读取操作界面如图 5-8 所示。

图 5-8　信息读取操作界面

(4) 广告推送模块：当顾客处于某类商品的区域时，特价商品通过推荐选项将相关商品的促销活动以及购买情况展示给顾客，其读取界面如图 5-9 所示，信息读取和广告推送流程图如图 5-10 所示。

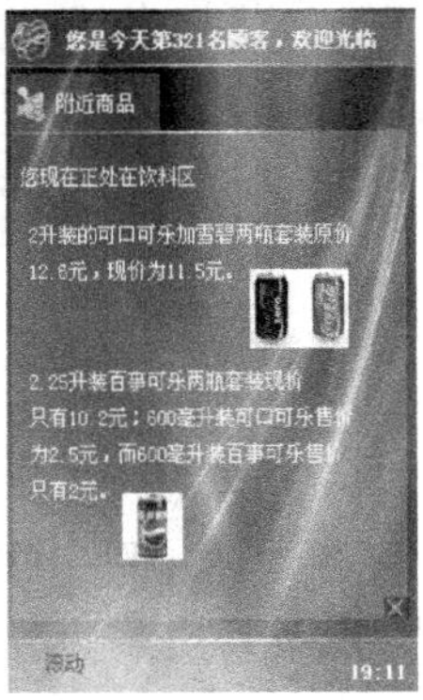

图 5-9　广告推送界面

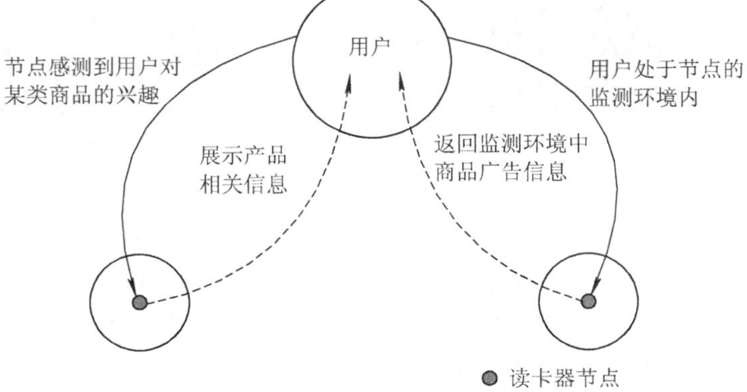

图 5-10　信息读取和广告推送流程图

(5) 智能清算模块：建立 RFID 收货通道，顾客采购商品后只须推着购物车通过一道安装有 RFID 读卡器的结账出口，系统便会即刻对购物车内所有贴有电子标签的货品进行一次性扫描，并自动从顾客的“市民卡”上扣除相应的金额，同时打印购物清单凭条，整个结账过程在短短数秒内即可完成。为了安全起见，该智能超市系统采用两次信息收集核对，在顾客将商品放入购物车时，记录商品信息，并返回终端结算系统。如果有商品从购物车中拿出，则将对应信息从终端清除。当顾客通过 RFID 收货通道时，进行结算匹配，如果两次终端的清单一致则结算完成。

本案例主要结合 RFID 技术提出了一种基于 RFID 技术的超市导购物联网系统设计方案。项目完成后，可方便人们购物，这大大提高了工作效率，节省了顾客的等待时间。最后，该智能超市系统的实现能使超市更加智能化和人性化，可促进商家售货，并能满足购物者的个性化服务，因此其应用前景良好。当然，诸如电子标签的成本问题、电子标签与物联网应用相关标准和规范的制定、物联网的信息安全等都是影响该系统应用、普及的关键因素，因此有必要对这些基础性问题作深入的研究。

5.1.2　RFID 在仓库管理系统中的应用

目前，仓库管理系统中仍大量地使用条形码来收集数据，这虽然可以达到采集数据、动态掌握的目的，但还是受到收集信息量偏少、易受干扰、不可重写、读取距离短、读取烦琐等限制。对于 RFID 来说，因为电子标签具有读写与方向无关、不易损坏、远距离读取、多物品同时读取等特点，所以使用电子标签可以大大提高出、入库产品信息的记录速度、减少库存盘点时的人为失误、提高库存盘点的速度和准确性。这里提出了一种基于 RFID 的仓库管理系统来改进现有的仓库管理系统，该系统主要实现了以下功能：提高货品查询的准确性；改善盘点作业的质量；降低库存管理的成本；加快货品出、入库的速度，从而增大库存中心的吞吐量。

1. 基于 RFID 的仓库管理系统的物理框架

该仓储系统主要应用仓库管理系统中的入库、出库、盘点流程，具体的物理框架如图 5-11 所示。由图 5-11 可知，该仓库管理系统包括了移动读卡器、固定读卡器和无线路由器等设备，固定读卡器主要用于入库和出库，而移动读卡器则用于盘点流程。

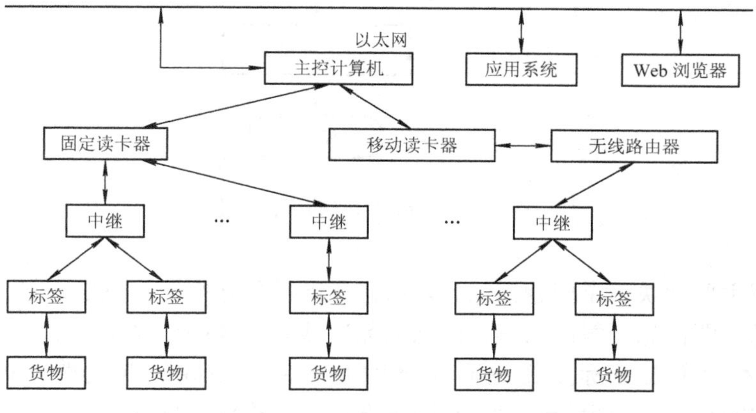

图 5-11　基于 RFID 的仓库管理系统的物理框架

2．流程分析

1) 入库

在仓库管理系统中使用 RFID 技术，首先需要明确的是仓库中所保存的物品必须粘贴电子标签，这是 RFID 仓库管理系统的根本。就目前而言，基于 RFID 技术的物流体系的应用尚未完全建立起来，因此在考虑 RFID 技术在仓库管理系统中的应用时，必须考虑在商品上粘贴电子标签，也就是说商品在进入仓库之前必须有电子标签。进入仓库的商品的主要来源是制造企业的生产入库和采购入库。对于企业生产入库的商品，电子标签的粘贴工作应该在产品生产的过程中完成；而对于采购入库的商品而言，如果入库之前没有电子标签，则必须在入库时粘贴电子标签。在该仓库管理系统中，假定所有将要进入仓库的产品都已经粘贴好电子标签。

入库管理中主要解决的是以下两个问题：其一是入库商品信息的正确获取，即信息采集；其二是确定入库后商品的实际存储位置。在入库管理中使用 RFID 技术的主要目的是减少商品入库过程中所消耗的时间，增加入库过程中的准确性。商品入库的具体流程如图 5-12 所示，要完成的工作为：供应商先把商品信息发至仓库管理系统中；货品放在托盘上，RFID 天线读取数据；将读到的数据与数据库进行比较，无误差或者误差在规定范围内则将入库信息转换成库存信息，若出现错误则输出错误提示，交工作人员解决。在入库管理中使用 RFID 技术加快了入库的速度，信息采集更充分准确，同时也降低了仓库人员的劳动强度。

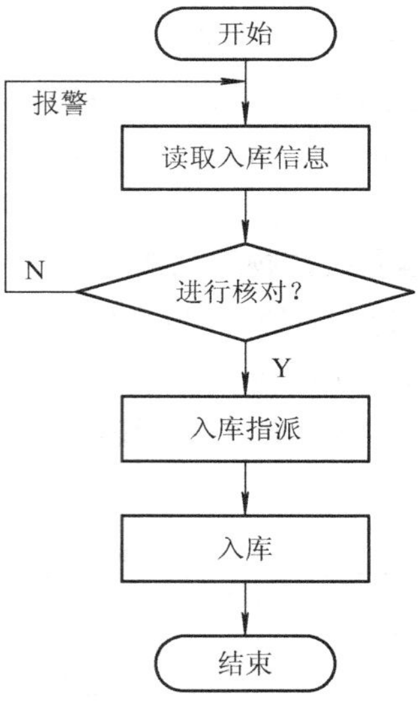

图 5-12　商品入库的具体流程

2) 出库

出库管理主要解决三个问题：第一，待出库产品的选择，即拣货；第二，正确获取出库商品的信息，即信息采集；第三，确保商品装载到正确的运输工具上。在出库管理中使用 RFID 技术的主要目标是提高商品出库的效率和装载的准确性。WMS(Warehouse Management System，仓库管理系统)按照拣选方案安排订单拣选任务，拣选人扫描货物的电子标签和货位的条码，确认拣选正确。货物的存货状态转换成待出库，货物出库时，通过出库口通道处的 RFID 读取机，货物信息转入 WMS 并与订单进行对比，若无误则顺利出库，同时库存量变少；若出现错误，则由 WMS 输出错误提示。将货物装载区域统一地纳入定位系统管理的范围，当商品抵达该区域时即视为装载到了该区域停靠的车辆上，这样就确保了装载的可靠性。出库管理中使用 RFID 技术除了具有和入库管理中一样的优点外，还可以保证装载的准确性。

3) 库内管理

仓库管理系统中主要将 RFID 技术应用于库内盘点，盘点的作用是保证库存实物与信息系统中逻辑记录的一致性。盘点多采用手工的方式进行，使用条形码技术时，盘点多采用人工统计件数的方式进行。使用 RFID 技术，仓库管理员接到盘点指令后携带手持单元进入库区时，主控系统将记录执行此次盘点任务的手持设备已经进入库区；依次遍历全部货位并将所收集到的全部货品信息通过无线网络实时地传送给主控计算机；遍历完全部货位并携带手持设备出库时，主控系统将记录执行此次盘点任务的手持设备已经离开库区，将发送过来的全部货品信息与主控计算机盘点单中的全部货品内容互相比对，并将盘点结果告知仓库管理员。采用 RFID 的库内管理可以降低人工劳动强度，提高盘点效率。

3. 基于 RFID 的仓库管理系统的组成

基于 RFID 的 WMS 和原来系统的不同在于入库管理、出库管理和库内管理。采用了 RFID 技术的仓库管理系统的构架如图 5-13 所示，可知仓库管理系统各个模块需要使用 RFID 中间件才能够对电子标签进行各种操作。从效益评估及其问题可以看到，采用了 RFID 技术的仓库管理系统有很多好处，如节省人工成本、降低工作强度、提高数据采集准确性、增加仓库吞吐量、提高出入库运作效率等。以上也只是对采用了 RFID 技术的一种预测和猜想，而实际效果如何不得而知，但可以通过仿真软件进行模拟实验以验证 RFID 技术的优势。通过仿真软件，可以在不增加设备的情况下模拟出采用了某些设备后所带来的改变，由此降低成本。

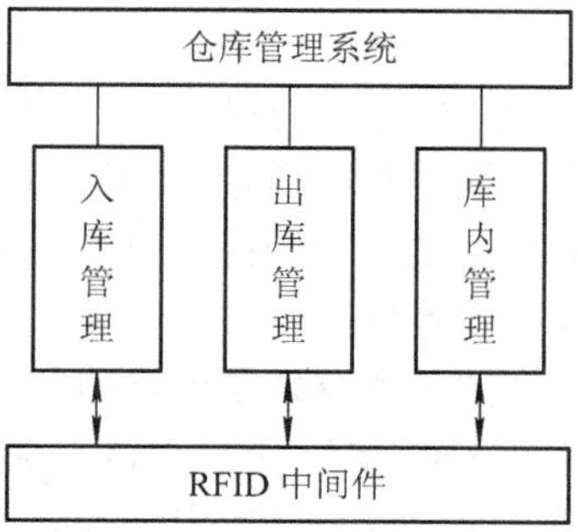

图 5-13　基于 RFID 的仓库管理系统的组成

采用 Flexsim 仿真软件可构建出仓储中心的仿真运行模式，如图 5-14 所示。为了有效地进行仿真，假定一些条件：RFID 系统的读取率是 100%；所有设备不发生任何故障；暂存区和检货区的容量无穷大；进货通知时间为提早 3 天等。该仓储中心仿真评价的主要指标是：平均库存量、空间使用率、出入库作业工作效率和检验作业工作效率。这里对采用了 RFID 的模式进行了多次仿真，并与传统模式进行对比，结果见表 5-1。

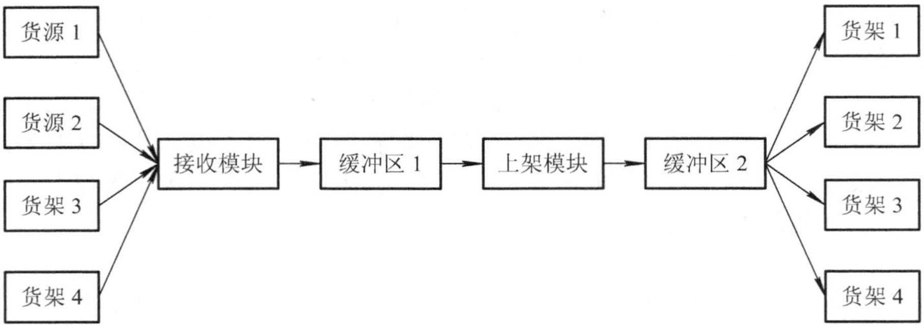

图 5-14　仓储中心的仿真运行模式

表 5-1　RFID 模式与传统模式对比

	传统模式	RFID 模式
平均库存量	97 415.73	83 348.33
空间使用率	0.662 8	0.539
出入库作业工作效率	0.742 89	0.018 65
检验作业工作效率	0.748 44	0.117 8

可以看到，采用了 RFID 技术的仓储中心的工作效率得到了提高，例如平均库存量的降低是因为 RFID 系统能精确、实时地掌握商品的动向，进而降低库存，使得商品的平均库存量能够降低 14%左右，其他的一些指标也有所改进。

尽管 RFID 技术能提高现行的仓库管理系统的工作效率，但是目前还有不少问题制约着 RFID 技术的推广，如电子标签价格过高、RFID 标准不统一和辐射问题等。但是相信随着科技和经济的发展，这些问题会得到解决，RFID 也将会有广阔的发展前景。

5.2　RFID 在肉类蔬菜流通追溯系统中的应用

肉类蔬菜流通追溯系统运用现代电子监管技术以及物联网技术，主要对农产品流通环节的各个企业、肉类及蔬菜的进、销、存、质量检测等环节进行闭环监管，以实现票据可查询、农产品可追溯、市场可监控，从而全面提升农产品安全的监管效率、反应速度和风险控制能力；大大增强肉类及蔬菜市场的监管力度；保护企业合法权益；最大程度地避免质量不过关农产品流入市场，以维护肉类及蔬菜市场的安全与稳定。

肉类蔬菜流通追溯系统按照“正向跟踪、逆向追溯、提升管理”的要求，引入“批次追踪、环环相扣、贯穿全程”的先进理念，并将其应用于肉类及蔬菜质量安全监督管理的始终，从而建立一个农产品批发、流通、销售、监测全程自动追溯体系，该体系是一个具备完整的农产品产业链追溯各环节的安全控制体系。同时，肉类蔬菜流通追溯系统利用数据库、分布式计算、RFID 等技术，建立农产品追溯中心数据库，实现信息的融合、查询、监控，为每一环节提供针对农产品质量检测、来源的数据，实现农产品安全预警机制。由此形成肉类及蔬菜批发、零售的闭环流通，以保证向社会提供质量可靠的农产品，确保供应链的高质量数据交流，让肉类及蔬菜行业彻底实施源头追踪以及在农产品供应链中实现完全透明。

该肉类蔬菜流通追溯系统建设以肉类和蔬菜为重点，将与前期放心肉建设工程进行全面整合，并运行在统一的数据中心平台上，同时各个子系统进行功能的调增(主要针对蔬菜)，使在一个平台上实现肉类与蔬菜的统一监管，确保蔬菜与肉类数据的集中存储、集中整合、统一管理，并为以后的数据挖掘与分析提供了真实可靠的数据基础。基于 RFID 的肉类蔬菜流通追溯系统可实现：

(1) 对肉类及蔬菜流通全过程实时跟踪监管。

(2) 对肉类及蔬菜质量检测信息的实时监管。

(3) 对肉类及蔬菜追溯使用的现场监管考核。

(4) 对监管单位(经营者)和经营人员信息的监管。

(5) 通过系统向监管单位(经营者)和经营人员发布文件、会议通知、在线咨询。

(6) 对问题肉类及蔬菜的流向进行追踪，并对问题肉类及蔬菜进行快速召回。

(7) 多途径接受消费者对问题肉类及蔬菜的举报。

(8) 对问题肉类及蔬菜突发事件的预警机制。

基于 RFID 的肉类蔬菜流通追溯系统的总体框架结构图如图 5-15 所示。

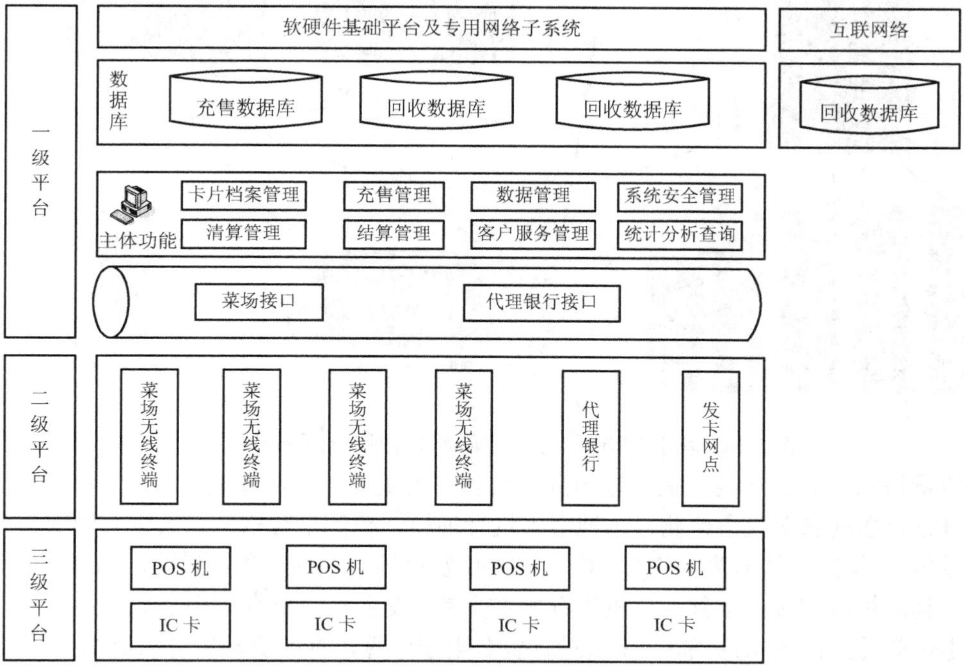

图 5-15　基于 RFID 的肉类蔬菜流通追溯系统总体框架结构图

下面对该肉类蔬菜流通追溯系统进行详细的设计，以石家庄为例。

1. 系统需求

基于 RFID 的肉类蔬菜流通追溯系统的需求结构分析图如图 5-16 所示，具体介绍如下。

实行市场准入机制，所有到市区屠宰的生猪、外地的冷鲜肉必须先到“肉类准入备案中心”登记备案后方可进入屠宰企业和肉类批发市场，所有到市区的蔬菜都必须先到“蔬菜准入备案中心”登记备案后方可到蔬菜批发市场。

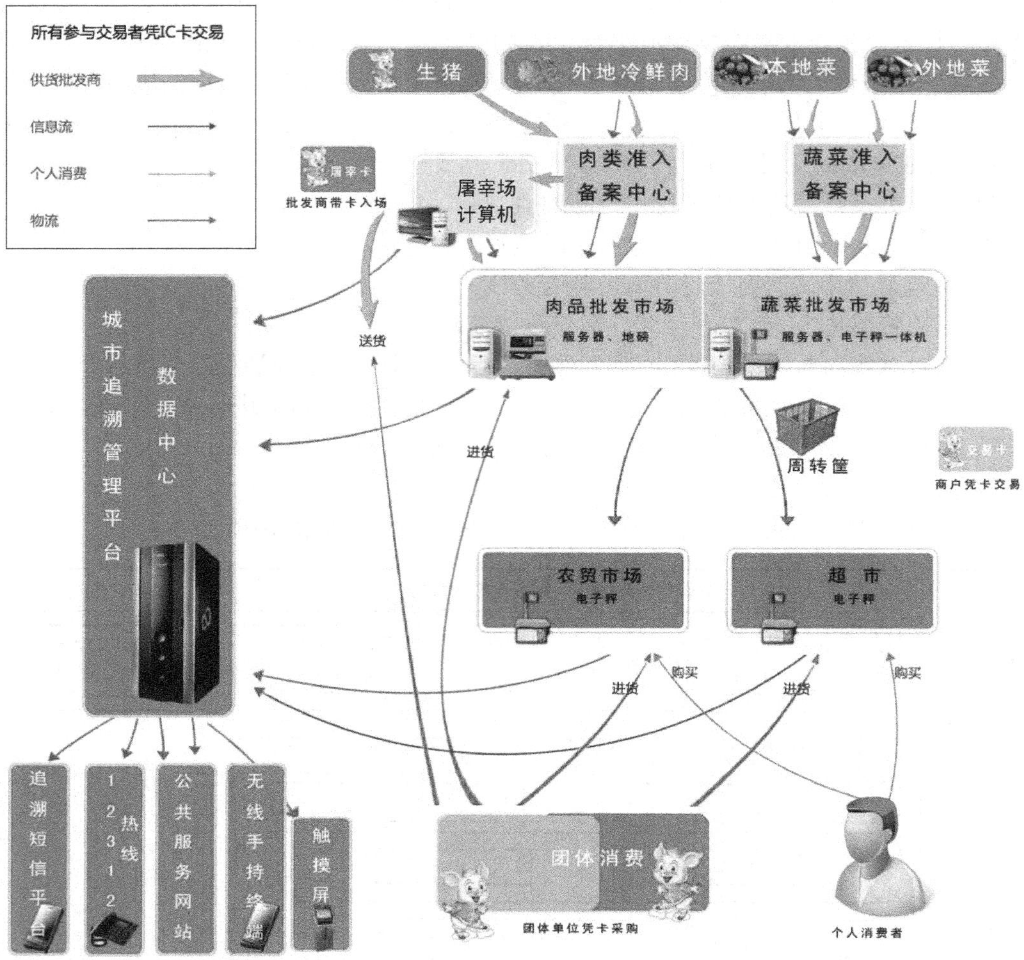

图 5-16　基于 RFID 的肉类蔬菜流通追溯系统需求结构分析图

质量检测信息是肉类、蔬菜进场登记信息中的重要部分，外地蔬菜进入批发市场时，必须进行全面的农药残留检测，本地蔬菜进行抽检，检测不合格的蔬菜进入销毁程序。

零售商(包括团体消费单位)携 IC 卡进入批发市场，进行理货、过磅，肉类、蔬菜批发经营户利用智能溯源电子秤一体机进行刷卡交易，交易信息储存到中心数据库，并写入 IC 卡。零售商(包括团体消费单位)携卡进行资金电子结算，打印交易凭证后离场。

蔬菜配送中心：在按配送对象(包括连锁超市)理货装筐时，将蔬菜来源信息与蔬菜周转筐的 RFID 芯片进行关联，当送达目的地时，由超市工作人员通过 RFID 读卡器，将蔬菜进货信息登记至系统中。

零售端点的连锁超市和农贸市场：团体消费单位凭卡交易时，零售商的智能溯源电子秤自动采集交易数据上传到中心平台，并且由智能溯源电子秤直接将信息写入团体消费单位的 IC 卡中，普通消费者可以向零售商索要销售小票。

数据中心系统每天汇总信息，进行核对，产生统计分析报表，并通过网站系统向政府提供查询。

市民可在农贸市场、超市大卖场安装的触摸查询终端上实时查询市场各摊位肉类、蔬菜的进货来源、屠宰、检疫检验、残检等方面的信息，也可通过短信、查询电话 12312、网上查询肉类、蔬菜的进货来源。

菜场一卡通系统消费涉及到菜场的各个经营者、各个消费者以及一卡通管理中心等，要全面实现菜场一卡通工程，应具备层次式体系结构及清晰的数据处理流程。

菜场一卡通系统工程：设置菜场一卡通清算系统(称为一级平台)；下设菜场一卡通发卡充资系统和若干个菜场无线终端系统(称为二级平台)；同时分系统下设有三级平台，它们是 POS 机终端设备(包括 POS 消费终端和充资点)和 IC 卡用户。

1) 一级平台

在菜场一卡通系统中的一级平台含盖数据中心和管理中心，负责整个系统中软硬件基础平台和网络的正常运行。一级平台中设置了多个系统数据库，主要包括“充售数据库”、“回收数据库”、“清算数据库”和“查询数据库”。一级平台中的功能模块涵盖了菜场一卡通系统在管理过程中所涉及的业务流程，包括卡片档案管理、充售管理、数据回收管理、系统监控与管理、清算管理、结算与划拨管理、客户服务管理以及统计分析与查询等功能，这些功能支持菜场一卡通管理中心开展各项业务活动。一级平台中的接口以菜场为单位划分，每一接口都可以支持相应的代理银行网点。

2) 二级平台

二级平台支持各应用单位开展菜场一卡通业务，配合一级平台进行资金结算，提供消费数据信息，为应用单位在管理决策提供准确的数字依据，以降低成本、提高效率、提升服务质量。二级平台中对应的应用单位具有较复杂的组织结构，因此相应的信息需求和信息处理过程都比较复杂。

3) 三级平台

三级平台(也可称为用户平台)为广大市民提供了丰富的菜场一卡通消费环境，通过这一平台可以完成 IC 卡与 POS 机的信息交换，实现“一卡在手，买菜无忧”。另外，结算中心在交易日的第二天将当日交易明细以短信形式发送给用户，同时将经营者的经营总额及交易笔数也以短信的形式发送给经营者。

2. 信息流程

当持卡人在菜场 POS 机上消费时，其交易数据被记录在消费 POS 机中；在充资机上充资时，其交易数据被记录在充资机中。一卡通系统的信息按以下流程传送：

菜场开始营业时由售卖人员启动消费 POS 机开始工作，先刷参数卡进行“签到”。当消费者刷卡消费时，POS 机将产生一次消费记录，并立即将此消费记录发送给管理中心，管理中心收到后返回交易上传成功指令。当售卖人员按“汇总”键时，POS 机背面的液晶显示屏上将显示“汇总时间区间”、“交易笔数”、“交易总额”。由于菜场 POS 机属于固定 POS 机，所以发生在该菜场的消费交易数据可以通过 ADSL、ISDN 或 PSTN 拨号方式联机，并通过菜场无线终端实时转发到清算中心信息管理系统。充资可采用直联方式或管理单位代理方式(间联方式)，对于直联方式的充资交易，可以直接通过拨号方式或专线方式实时发送到一卡通管理中心；对于间联方式的充资交易，由充资网点充资机通过拨号方式实时上传到代理单位结算系统中，再实时转发到管理中心。代理单位结算中心系统还可通过定时发送的方式将收集到的原始交易数据上传到清算中心信息管理系统中，以便一卡通管理中心及时清算。一卡通管理中心及时清算系统下发的主动充资交易转发到代理单位，如报表数据下发、黑名单下发等。一卡通管理中心在次日清晨将前一天的消费明细以短信形式告知相应的消费者，同时将经营者的银行到账信息发送至经营者的手机上，以便消费者与经营者校对账单。

3. 资金流程

因菜场一卡通业务主要采用代理制方式，所以一卡通管理中心清算系统和代理单位之间存在应收、应付款的划拨问题。为了对资金进行统一管理，建议按以下方式实现资金的运转：管理中心、菜场经营者在结算银行设立一卡通专用对公账户，当代理充资交易发生时由代理单位代收资金；日终时，管理中心通过数据中心进行清算，根据原始的充资或消费交易数据对每个代理单位进行清算，完成资金划拨；当账务出现不平时，由管理中心与代理单位对账。

4. 总体方案

市级追溯管理平台的系统硬件运行架构是以市级为单位的应用集中处理，遵循“市级集中、分级运用”的指导思想，如图 5-17 所示。

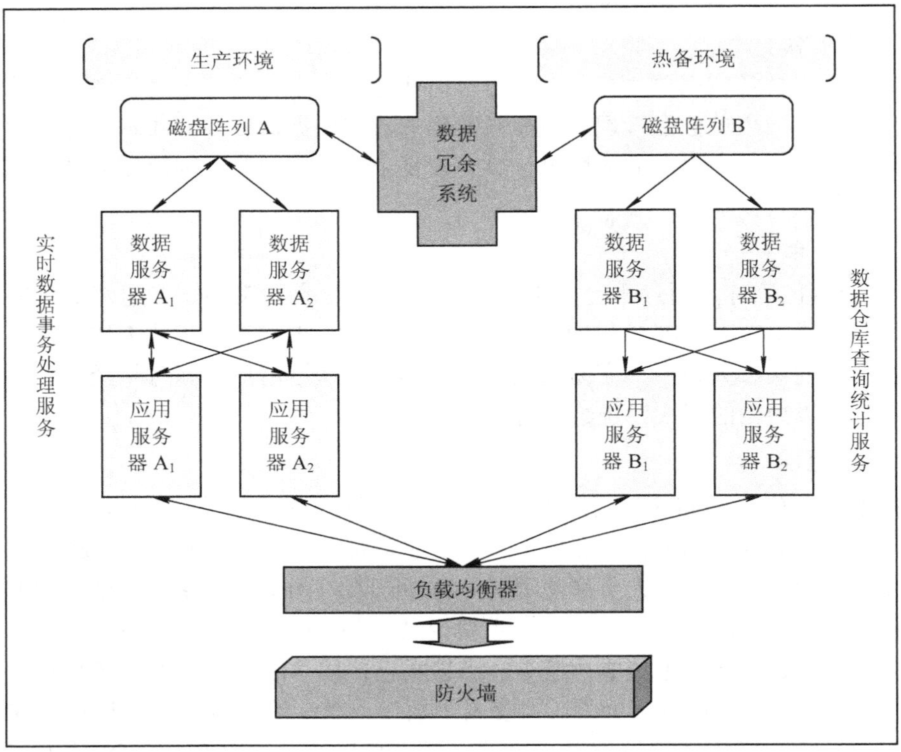

图 5-17　市级追溯管理平台的系统硬件运行架构

在整个平台应用范围内，根据数据库数据存储类型的不同，分为两个数据库，分别用于不同的用途，面向不同的应用：一是用于各流通节点子系统进行数据读写的实时事务处理型数据库，二是用于政府监管及消费者溯源查询的数据仓库型数据库。

在应用服务层，服务器通过群集技术提供了冗余性和扩展性，一旦群集中的一台服务器发生故障，其他服务器就会接管并继续访问数据库服务器。

在数据存储层，整合平台通过双机故障切换群集支持功能，以保证应用程序在发生灾难性故障时也能继续正常运行。

支持流通节点各子系统正常运行的数据实时事务处理服务器集群(生产环境)主要由两台应用服务器和两台数据服务器组成，整个硬件平台具有较强的可用性、可靠性和可扩展性。其中，可用性强调系统能够提供 7×24 h 服务，可靠性强调容错能力，而可扩展性强调整个系统是否能随着项目用户数的发展而不断扩展。

支持政府监管部门数据分析统计、消费者溯源查询以及同中央追溯管理平台对接的数据仓库服务器集群(热备环境)也同样由两台应用服务器和两台数据服务器组成，整个硬件平台同样具有较强的可用性、可靠性和可扩展性。

数据仓库型数据库主要通过数据冗余系统，实时(分秒级)地从生产环境数据库同步数据至热备环境数据库。各流通节点子系统(屠宰、批发交易、零售等)由生产环境应用服务器集群提供服务，向政府数据分析平台、消费者溯源查询系统以及中央追溯管理平台上报数据，由热备环境应用服务器集群提供服务。上述设计既解决了数据安全性问题，又降低了数据访问瓶颈出现的机率。另外，热备环境的所有硬件设备由放心肉项目原有的基础上改造而来，从而节约了整体项目的投入。

采用负载均衡设计，接入点规模可以通过负载均衡扩展，从而提高对外服务的吞吐量，实现应用处理能力的扩展。当一台服务器出现意外停机时，另一台服务器能分担故障服务器的负载，继续对外提供服务。

另外，在所有对外业务的出口统一配置防火墙，用来保护关键业务主机(应用服务器)、数据库服务模块和网管模块的安全。防火墙的安全策略应遵循安全防范的基本原则，即“除非明确允许，否则就禁止”，并应涵盖对所有出入防火墙的数据包的处理方法。

图 5-18 是整个 RFID 系统的解决方案框架。传感器终端节点组成前端采集网络——无线读卡传感器网络，这些终端设备通过无线智能方式将摊主、买主和交易物品等传感器采集数据周期性地发送到数据汇聚设备，汇聚层设备之间通过现场总线相连，总线终端连接有 485 总线转以太网的协议转换器，最终通过 TCP/IP 有线网络将信息发送给指控中心系统和感知联动系统。视频采集系统也通过有线网络将现场图像信息发送给指控中心。指控中心根据前端传感器网络采集上来的信息，根据智能判决算法通过逻辑控制终端判断异常情况，以达到智能监控的目的，使得传感器网络真正得到应用。

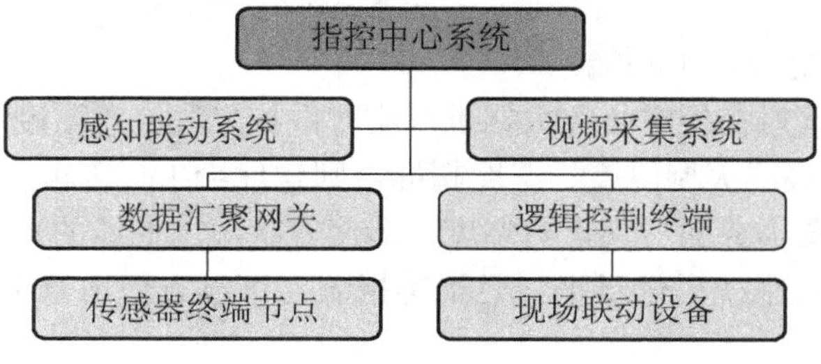

图 5-18　系统整体方案关系框架

图 5-19 给出了总体方案网络传输原理图。

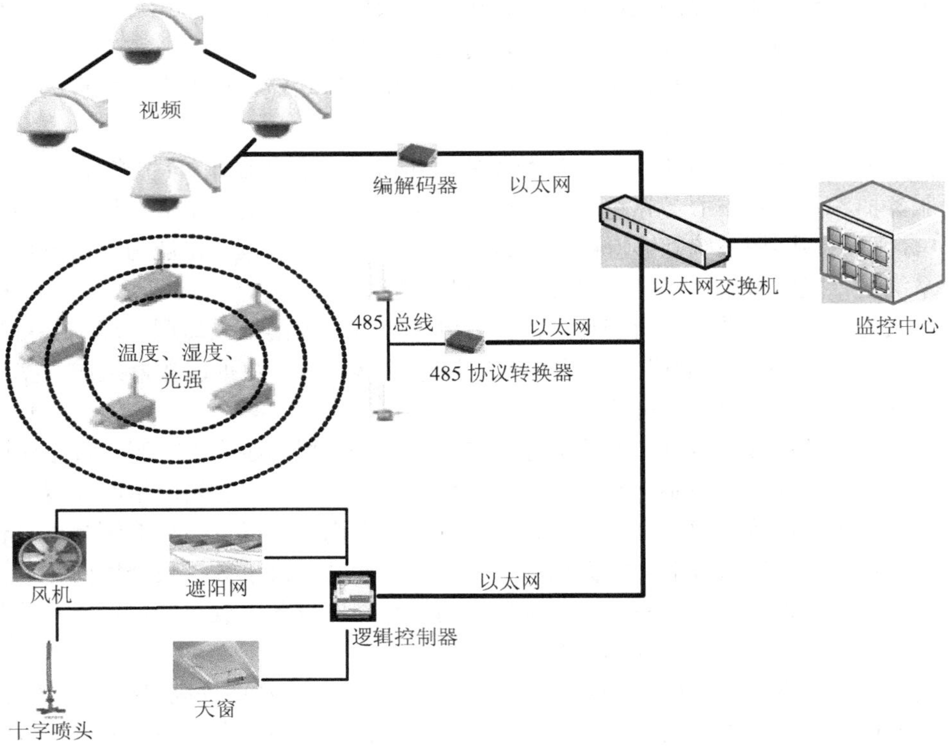

图 5-19　总体方案网络传输原理图

1) 监控系统软件设计

监控系统软件按照功能划分，如图 5-20 所示。

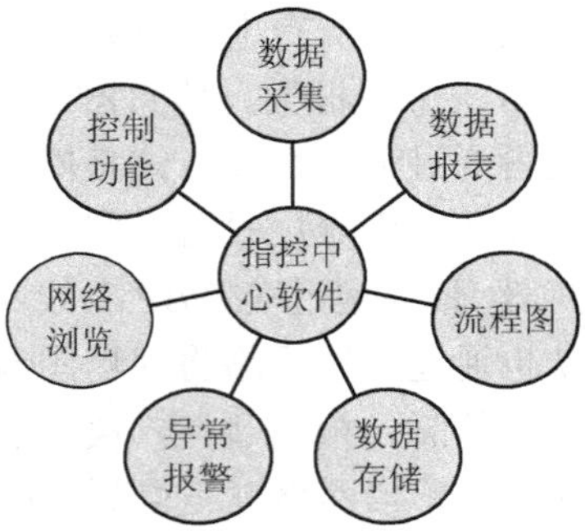

图 5-20　监控系统软件功能框图

指控中心主要完成以下功能：

(1) 数据采集：对指控中心各大棚进行实时数据采集；对温度、湿度等信息实时监控；若出现大棚节点丢失或大棚温度、湿度超标，则软件给出报警提示。

(2) 流程图：图形界面展现，对温度、湿度等状况用曲线的形式展现出来。

(3) 数据报表：系统提供日报、月报等报表，可以方便地查询历史报表，并可以进行报表的打印等。

(4) 数据存储：监控系统可以对历史数据存储，并形成知识库，可对选定时间段内的数据进行任意的查询。

(5) 异常报警：针对系统设定的报警限制，快速地发现问题并通知管理员。

(6) 网络浏览：可以实现整个互联网的浏览，即使出差在外也可以实时了解大棚的情况。

(7) 控制功能：可以通过软件实现远端控制，当温度超过设定值的时候自动开启或关闭风机。

2) 肉类蔬菜流通追溯系统外设方案

系统外部设备包括非接触 IC 卡和读卡器、智能溯源电子秤、用于消费者溯源的查询终端、标准化蔬菜周转框等，其主要特点为：

(1) 容量为 4 KB 的 EEPROM，分为 40 个扇区，其中 32 个扇区为 4 个块，8 个扇区为 16 个块，每块 16 个字节，以块为存取单位。

(2) 每个扇区有独立的一组密码及访问控制。

(3) 三重密码验证。

(4) 每张卡有唯一的序列号，为 32 位。

(5) 典型交易过程时间小于 100 ms。

(6) 非接触传送数据和无源(卡中无电源)。

(7) 读写距离在 100 mm 以内(与天线有关)。

(8) 数据可保留 10 年。

(9) 可循环改写 100 000 次。

备注：后期主要根据全国统一建设规范来设计 IC 卡版面及技术选型。

(1) 非接触式 IC 卡和读卡器。射频读卡器是一种非接触 IC 卡读写设备，如图 5-21 所示。该读卡器和射频卡之间的数据传输采用加密算法，同时读卡器和射频卡双向验证，防止通信错误。

图 5-21 非接触式 IC 卡和读卡器

特点：自动侦测；连接；既支持单机操作，又可联网使用；可读写符合 MIFARE 及 MIFAREPRO 标准的射频内存卡和 CPU 卡。

(2) 智能溯源电子秤。智能溯源电子秤如图 5-22 所示，其主要特点为：

① 可根据追溯批次的进货量，控制销售量，每个品种(肉类或蔬菜)最多支持八个追溯批次(不同产地等)。

② 可以打印具有追溯条形码(一维)、产地、加工单位等信息的零售凭证。

③ 支持追溯肉类的分割销售。

④ 可将销售流水(包括追溯信息)上传至上位机系统。

⑤ 在断电情况下，可手工输入追溯信息。

备注：后期对上述设备功能进行进一步增强，支持无线通信及IC卡读写。

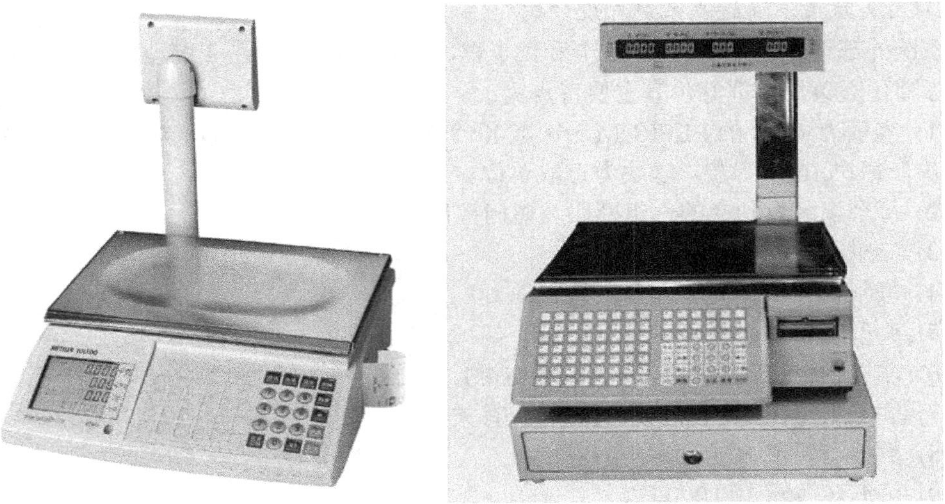

图5-22 智能溯源电子秤

(3) 消费者查询终端。消费者查询终端如图5-23所示，其主要特点为：

① 支持自动读取零售凭证上的追溯码(一维条形码)。

② 支持手工输入追溯码取得肉类或者蔬菜的追溯信息。

(4) 标准化蔬菜周转筐。标准化蔬菜周转框如图5-24所示，下面对它的使用环节、使用范围、使用流程、管理及特点进行介绍。

图5-23 消费者查询终端

图5-24 标准化蔬菜周转筐

① 使用环节：标准化蔬菜周转筐主要用于本地蔬菜种植户的蔬菜整理装筐、配送中心的收购和配送、连锁超市的进货验收环节。

② 使用范围：为了保证试点工作的顺利完成，根据实际情况，首先在办理市场准入证的本地蔬菜种植户、蔬菜配送中心、连锁超市范围内使用，在试点效果明显的情况下，再

有计划地推广到部分可配送的农贸市场摊位或团体消费单位。

③ 使用流程：持有市场准入证的本地蔬菜种植户，向蔬菜配送中心申请供应商资格，经过资格审查(重点考察种植规模、环境、质量自检措施等)后，种植户与蔬菜配送中心签定供货协议，配送中心对种植户的基本信息进行系统备案，根据计划供货量及种植面积，向种植户发放标准化蔬菜周转筐(编号且写入种植户标识)。种植户每天向配送中心供应的蔬菜需要按照要求进行初步加工且抽检达标后，装入标准化蔬菜周转筐，一个筐中不能同时放入多个品种。配送中心在收购蔬菜时，通过交易一体机及 RFID 读写设备将蔬菜品种信息、追溯批次及秤重信息关联至每个蔬菜周转筐，并且打印交易凭单完成收购工作。在配送环节，通过系统可以根据配送单位的供货要求(品种及重量)，自动匹配发货的蔬菜周转筐，打印配送发货单(带每个配送单位的周转筐编号)。当蔬菜通过物流系统送达每个连锁超市时，工作人员通过无线手持终端，根据配送发货单，扫描每个蔬菜周转筐，由系统自动地将蔬菜的产地、品种、重量、追溯批次等信息上传到连锁超市追溯子系统备案，并且发送至超市可追溯电子秤。

④ 使用管理：标准化蔬菜周转筐由蔬菜配送中心统一管理，所有权归属配送中心。实际使用过程中，每个周转筐都有唯一的编号并且在某一阶段能与蔬菜种植户一一对应。每个蔬菜种植户申领的周转筐数量是一天使用量的一倍。种植户在配送中心送货完成交易后，拿回前一天的空筐。在配送过程中，连锁超市将前一天的空筐交给物流系统，由物流系统回收至配送中心。

⑤ 主要特点：

(a) RFID 一次性封装于标准化周转筐中。

(b) RFID 采用无源低频，投入成本较低。

(c) 通过固定式和手持式 RFID 读卡器与可追溯系统进行整合，实现蔬菜追溯信息在批发市场与本地超市大卖场、农贸市场、团体消费单位之间的高效流转。

(d) 能够提高识别与跟踪每一批蔬菜的准确性，同时方便政府相关部门进行监管。

5.3　RFID 在物流控制系统中的应用

5.3.1　RFID 在物流业中发挥的作用

从采购、存储、生产制造、包装、装卸、运输、流通加工、配送、销售到服务，是供应链上环环相扣的业务环节和流程。在供应链运作时，企业必须实时地、精确地掌握整个供应链上的商流、物流、信息流和资金流的流向和变化，使这四种流以及各个环节、各个流程都协调一致、相互配合，才能发挥其最大的经济效益和社会效益。然而，实际上各个环节都是处于运动和松散的状态，信息和方向常常随实际活动在空间和时间上变化，从而影响了信息的可获性和共享性，而 RFID 正是有效解决供应链上各项业务运作数据的输入/输出、业务过程的控制与跟踪，以及减少出错率等难题的一种新技术。

由于电子标签具有可读写能力，对于需要频繁改变数据内容的场合尤为适用。电子标签的作用是数据采集和系统指令的传达，它广泛应用于供应链上的仓库管理、运输管理、生产管理、物料跟踪、运载工具和货架识别、商店(特别是超市)中商品防盗等场合。

RFID在物流的诸多环节上发挥了重大的作用，其具体应用价值主要体现在以下几个环节：

(1) 零售环节。RFID可以改进零售商的库存管理，实现适时补货、有效跟踪运输与库存，可提高效率，减少出错。同时，智能标签能对某些时效性强的商品的有效期限进行监控；商店可以利用RFID系统在付款台实现自动扫描和计费，从而取代人工收款。

电子标签在供应链终端的销售环节，特别是在超市中，免除了跟踪过程中的人工干预，并能够生成100%准确的业务数据，因而具有巨大的吸引力。

(2) 存储环节。在仓库里，射频技术最广泛的应用是存取货物与库存盘点，它能用来实现自动化的存货和取货等操作。在整个仓库管理中，将供应链计划系统制定的收货计划、取货计划、装运计划等与RFID技术相结合，能够高效地完成各种业务操作，如指定堆放区域、上架取货与补货等。这样不仅增强了作业的准确性和快捷性，提高了服务质量，降低了成本，节省了劳动力和库存空间，同时又减少了整个物流中由于商品误置、送错、偷窃、损害和库存、出货错误等造成的损耗。

RFID技术的另一个好处是可在库存盘点时降低人力。RFID的设计就是要让商品登记自动化，盘点时不需要人工检查或扫描条形码，使商品登记更加快速准确，同时也减少了损耗。RFID解决方案可提供有关库存情况的准确信息，管理人员可由此快速识别并纠正低效率运作情况，从而实现快速供货，并最大限度地减少储存成本。

(3) 运输环节。在运输管理中，给在途运输的货物和车辆贴上电子标签，并给运输线的一些检查点上安装RFID接收转发装置。接收装置收到电子标签信息后，连同接收地的位置信息上传至通信卫星，再由卫星传送给运输调度中心，送入数据库中。

(4) 配送/分销环节。在配送环节，采用射频技术能大大加快配送的速度和提高拣选与分发过程的效率与准确率，并能减少人工、降低配送成本。

如果到达中央配送中心的所有商品都贴有电子标签，在进入中央配送中心时，通过一个读卡器读取托盘上所有货箱上的电子标签的内容。系统将这些信息与发货记录进行核对，以检测出可能的错误，然后将电子标签更新为最新的商品存放地点和状态。这样就确保了精确的库存控制，甚至可确切了解到目前有多少货箱处于转运途中、转运的始发地和目的地，以及预期的到达时间等信息。

(5) 生产环节。在生产制造环节应用RFID技术，可以完成自动化生产线运作，实现在整个生产线上对原材料、零部件、半成品和成品的识别与跟踪，减少人工识别成本和出错率，提高效率和效益。在采用准时制(Just-in-Time，JIT)生产方式的流水线上，原材料与零部件必须准时送达到工位上。采用了RFID技术之后，就能通过识别电子标签来快速从种类繁多的库存中准确地找出工位所需的原材料和零部件。RFID技术还能帮助管理人员及时根据生产进度发出补货信息，实现流水线均衡、稳步生产，同时也加强了对质量的控制与追踪。

以汽车制造业为例，目前在汽车生产厂的焊接、喷漆和装配等生产线上，都采用了RFID技术来监控生产过程。比如说，通过对电子标签读取信息，再与生产计划、排程排序相结合，对生产线上的车体等给出一个独立的识别编号，实现对车辆的跟踪；在焊接生产线上，采用耐高温、防粉尘/金属、防磁场、可重复使用的有源封装电子标签，通过自动识别作业件来监控焊接生产作业；在喷漆车间采用防水、防漆电子标签，对汽车零部件和整车进行监控，根据排程安排完成喷漆作业，同时减少污染；在装配生产线上，根据供应链计划器编排出的生产计划、生产排程与排序，通过识别电子标签中的信息，完成混流生产。

(6) 食品质量控制环节。近年来涌现出的大量食品安全问题主要集中在肉类及肉类食品上。由于牲畜的流行病时有发生，如疯牛病、口蹄疫以及禽流感等，如果防控不当，将给人们的健康带来危害。采用了 RFID 系统后，可实现食品链中的肉类食品与其动物来源之间的可靠联系，从销售环节就能够追查到它们的历史与来源，并能一直追踪到具体的养殖场和动物个体。

在对肉类食品来源识别的解决方案中，可以应用 RFID 芯片来记载每个动物的兽医史，在养殖场中对每个动物建立电子身份，并将所有信息存入计算机系统中，直到它们被屠宰。然后，所有数据被存储在出售肉类食品的电子标签中，随食品一起送到下游的销售环节。这样，通过在零售环节中的超市、餐馆等对食品标签的识别，人们在购买时就能清楚地知道食品的来源、时间、中间处理过程的情况等信息，就能放心地购买。

RFID 能有效地解决供应链上各项业务运作数据的输入/输出、业务过程的控制与跟踪，从而减少出错率。

5.3.2 RFID 在医药方面的应用

1. RFID 在医药物流中的应用意义

我国的医药物流发展尚处于起步阶段，存在的问题也较多，这不仅影响着药品质量的管理及监管，也为安全用药带来了隐患。此外，药品批发企业多而小，储存、运输中药品的质量更难以保证。

目前，全国有 12 000 家左右的医药生产及批发企业。其中年销售不足 1000 万元的小规模企业占 78.5%以上，由于物流量小，多数药品采取邮寄、铁路托运，运输周期长，运输环境、条件差，导致药品损坏、变质、污染严重。一项研究数据表明，不合格药品中 17.03%是在药品运输、搬运过程中造成的。由于批发企业过多、药品流通渠道复杂、假冒、异地调货现象频发，药品监管困难，销售假冒伪劣药品的案例时有发生，这严重影响了药品的安全使用。

药品缺乏统一标准编码、物流信息系统严重滞后，影响了药品质量的监管。目前我国药品编码尚未实现标准化，医药生产企业、商业批发企业生产、销售的药品没有一个合法的唯一的识别标志，各个领域又分别制定了自己的物流编码，其结果是不同领域之间的情报不能传递，这妨碍了系统物流管理的有效实施，造成信息处理和流通效率低下；没有统一的标识编码就无法及时查询与跟踪商品的流向，无法尽快确定某一药品的身份。在一些药店、医院经常会有买真退假的情况发生，这为假药、劣药查处带来了极大的困难，更无法满足在订单处理、药品效期管理、货物按批号跟踪等现代质量管理的要求。

目前，我国医药企业所采用的基本上是分散型物流体系，在运作上主要依靠人力，药品包装的差异往往造成很多新建的现代物流中心在入库和出库的时候还需要转换药品包装，这增加了物流的劳动力成本，降低了现代物流的效率。同时，人工搬运使得货物摔碎、挤压的概率增大，人工拣选、分拣的差错率高，信息化、自动化程度低。

2. 医药产品识别编码技术与 EPC 应用

产品的编码标准是非常基础性的工作，尤其对医药产品的生产和物流具有十分重要的意义，但具体实施需要权威性和经济实力。发达国家多年来投入大量的人力和物力，努力进行医学信息标准化的工作，取得了令人瞩目的成绩，并且许多标准已经被广泛应用，如国家药品编码(National Drug Codes，NDC)即是其中的优秀代表。NDC 是被美国联邦药品管理署要求使用的标准药品编码，它包括了药品的许多细节，包括包装要求等。

从医药产品物流本身的需求和国家对药品管理的要求来讲，首先必须选择一种先进和科学的编码体系，来对医药产品进行编码。目前采用 EPC 系统比较合适，它不但能对产品进行编码，而且能和 RFID 结合使用。EPC 系统就是产品电子代码系统，它被认为是唯一识别所有物理对象的有效方式，这些对象包括贸易产品、产品包装和物流单元等。虽然 EPC 编码本身包含有限的识别信息，但它有对应的后台数据库作为支持，将 EPC 编码对应的产品信息存储在数据库里，能迅速查询出所需要的信息。

3. RFID 技术在医药物流上的具体应用

对目前大部分医药企业已应用的 ERP(企业资源规划)和 SCM(供应链管理)系统来说，RFID 是一种革命性的突破，它的精确化管理将触角伸到了企业经营活动的每一个环节，使生产、存储、运输、分销、零售等各方面管理都将变得很便利。过去的物料编号无法实现对单一部件的跟踪，而由于采用 EPC 编码的电子标签的存储容量是 2^{96} b 以上，因此可以将世界上所有的商品都以唯一的代码表示。RFID 技术将彻底抛弃条形码技术的局限性，使所有的产品都可以享受独一无二的识别。

RFID 技术可用于医药产品的生产和流通过程，其具体操作方法为：首先在厂家、批发商、零售商之间可以使用唯一的产品编码来标识医药产品的身份，生产过程中在每样医药产品上贴上电子标签，电子标签记载唯一的产品编码号，产品编码在生产该批产品前已确定；在生产完成后再向电子标签写入该批产品的批号，完成医药产品完整的电子编码号，以作为今后流通、销售和回收的唯一编码，物流商、批发商、零售商用生产厂家提供的读卡器就可以严格检验产品的合法性。这样通过 RFID 技术建立对药品从生产商至药房的全程中的跟踪来增进消费者所获得药品的安全性，可以有效地杜绝假冒伪劣药品带来的危害，还可以防止过期药品流入市场。同样在药品供应链管理方面，采用 RFID 技术在每样产品上装入电子标签，记载唯一的产品编码号，将解决许多生产环节和销售方面的问题。医药产品生产者可以准确地掌握产品现状、提高生产效率、减少人力成本、缩短产品质量的检验时间、实时监控产品制造过程的所有情况，从而快速应对市场，减少过期产品的数量。使用 RFID 技术后还能提高配送分拣等作业的效率，降低差错、降低配送成本。

4. RFID 技术在医药物流应用中的改进

1) 建立基于 RFID 技术的国家药品安全监控管理中心

促进和完善 RFID 技术在药品安全管理领域的应用，研发核心技术(自主 RFID 设计、天线设计、编码技术等)，集中攻关，在规定的期限内务必完成形成拥有自主知识产权的医药产品生产物流等方面管理的全面解决方案。国家从政策和财政上加大支持力度，促进各种相关技术及产品的研发和生产，尤其加强教育和科研领域的投入。

2) 建成一个基于具有自主知识产权的全国药品生产流通安全追溯管理服务平台

通过 RFID 和网络技术对医药产品的生产、流通、消费等环节进行信息采集，实现全程监控。同时建立管理服务平台，实现用户对药品信息的追溯和查询；建立“国家—省(市)—地区”三级药品安全管理体系，为国家医药产品的生产、流通以及宏观经济调控提供决策服务。

5.4 RFID 在定位系统中的应用

5.4.1 RFID 在学校学生定位管理系统中的应用

对于全国各院校，管理一直是重中之重，尤其是寄宿式学校，对于学生的管理更为复杂。对于学生宿舍，为保护学生的生命和财产安全，必须控制进入学生宿舍的人员。全国众多院校多采取由宿舍管理站的管理员控制进出人员，这样做一方面给管理员带来了大量的工作；另一方面管理员需要执行检查学生证件等方法控制进出人员，这样就带来了工作效率低、工作效果差的负面影响。

如何应用信息化对现有宿舍学生实现安全管理一直困惑着各院校。安全的管理系统只有建立在完善、准确的登记系统之上，才能实时、准确地管理进入宿舍的人员，才能在紧急情况下采取相应的预警措施和行动；另一方面，还有很多外来人员(包括领导和其他合法登记进入的人员)，因此，对外来人员的考勤管理也成为安全管理的一个重要工作。

目前，有些人员管理系统已经开始采用掌纹、指纹和脸部识别等生物识别技术，但这些生物识别方式并不非常适合在学校管理中使用；也有的管理系统采用刷卡、打卡等方式管理，这种卡是近距离接触式的，需要每人拿卡刷一次才能通过，但这种方式在学生上课和放学等人流高峰期会出现堵塞或者遗漏等问题，造成时间上的浪费和管理上的混乱。

针对上述诸多问题，我们凭借多年来信息化管理系统集成的成功实施经验和专业化技术，并依托国内外知名科研机构，在外地实例观摩、市场调研的基础上，对各种方案进行认真对比和筛选，结合成熟的 RFID 人员管理系统在管理方面的突出优点，提出了一套完整的人员管理信息系统方案，可以有效地解决上述学生宿舍管理中存在的问题，能够对人员实时安全监控，如遇紧急情况，能够准确、及时地获取人员信息，从而达到强化人员到岗、安全生产管理、应对突发事件的目的。

由于宿舍里学生较多，若采用近距离接触式刷卡，当学生进出宿舍时需要每人拿卡刷一次才能进入，在早、中、晚学生集中进出的时候会造成人员排队等待刷卡，造成时间上的浪费和管理上的混乱。采用 RFID 识别技术，可以远距离自动识别学生的电子识别卡，可以同时记录、识别多人同时通过，完成对进出宿舍区的学生进行身份识别，从而实现远距离身份自动识别，同时记录人员进出宿舍的时间，后台系统进行记录、报警、查询、信息统计等管理。

同时，多个宿舍之间的系统可以实现信息的传递，可以将信息传到学校管理部门，实现管理部门对学校宿舍的全监控。

1．总体设计方案

人员管理信息系统主要由学生身份识别卡(电子标签)、临时卡(电子标签)、读卡器、数据库服务器、学校局域以太网络以及管理终端软件等组成。

本系统方案遵循“总体规划，分步实施”的基本原则，总体分为系统的硬件设计和软件设计，并为今后扩展预留软件、硬件接口。根据总体规划设计要求，拟在所有宿舍门卫处设置 RFID 身份识别读卡器，对宿舍区域里的所有人员进行信息化管理，完成对进出宿舍区的人员进行身份识别、记录进出时间，并对人员在出入口的进出信息进行实时采集，实现远距离身份自动识别、后台系统记录、报警、查询、信息统计等管理，学校范围内通过各个管理站之间信息互联对人员实时监测，及时掌控人员分布情况，实现校区内人员安全定位管理。管理站终端以及管理 PC 可以通过学校内部的局域网络进行 Web 访问，对监测数据进行查询，并参与全校人员的信息化管理。

2. 系统的硬件设计方案

人员管理信息系统的硬件设计主要是数据采集部分的设计，数据采集部分主要涉及电子标签的读卡器，选用的读卡器具有以下特点：

(1) 可共享并支持于广泛领域。可在几大重要 RFID 平台下使用，如 Microsoft BizTalk RFID、IBM WebSphere 6.0、Oat Systems、Oracle、GlobeRanger、BEA 等。当有第三方中间设备的支持时，也可以在 SAP 下使用。读卡器接口拥有良好的 SDK 特性，当需要时可在.NET 和 Java 数据库中轻松识别及管理。

(2) 简易。读卡器要确保高速的读取质量，应具有电源及网络保护装置以避免数据丢失，在电源突然断电时不会导致数据丢失；并且在自治操作模式下，当网络连接被阻止时，读卡器依旧能收集电子标签数据。

(3) 冲突管理。读卡器具有多种处理方法以有力地对抗外界干扰。

(4) 高性能、易拆装、易管理。读卡器可以由用户自行配置管理，拥有软件支持的、灵活的 API，以及高性能无线电通信装置、数据保护系统、灵敏的干扰管理模式。读卡器类型如图 5-25 所示。

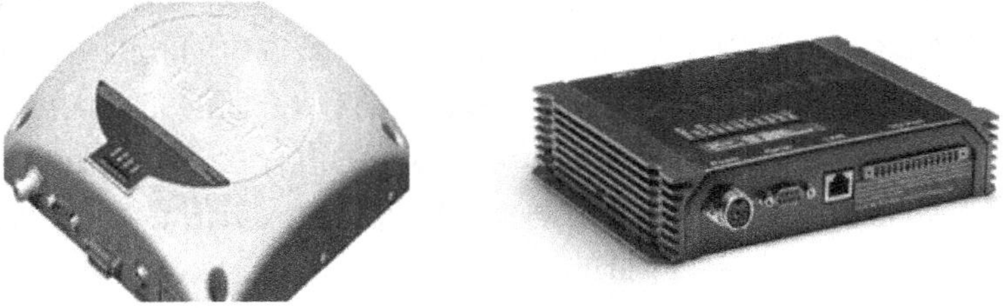

图 5-25　读卡器

用于人员身上的电子标签具体的设计配置方案如下：

电子标签通过 PVC 进行尺寸定制并封装，将封装好的卡片放置于人员身份卡内，人员可将身份卡置于胸口位置。电子标签如图 5-26 所示，具体可根据学校要求进行特殊定制。

ALN9562 电子标签　　PVC 封装的电子标签　　员工卡件(示例)

图 5-26　电子标签制作与塑封

具体的设计配置方案如下：宿舍管理站大门作为人员出入的主要通道，平时主要考虑对学校人员进出进行管理。

在门附近安装一台读卡器和高性能接近传感器，考虑供电、网络通信等措施，进行防水、防浪涌、防雷击等保护，在门的正上方位置(门顶)设置两只顶置天线并加装保护罩，天线分别对宿舍内和宿舍外方向布置，如图 5-27 所示。当门在正常关闭状态时，门接近传感器控制读卡器进入休眠待机状态；当门处于开启工作状态时，门接近传感器控制读卡器处于正常工作状态，人员进出校门时，读卡器识别到胸前佩戴封装好电子标签的人员；人员从小门通过时，其相应的信息会及时传输至后台管理信息系统。小门通道硬件设置示意图如图 5-27 所示。

图 5-27　小门通道硬件设置示意图

发卡办卡终端具体设计配置方案如下：系统终端硬件由一台发卡终端计算机、一台读卡器、天线、电源开关以及网络等组成，主要用于对人员信息进行管理。发卡办卡终端的功能包括：发卡办卡、人员查询、新建人员信息、修改人员信息、删除人员信息、标识卡管理。当人员使用的标识卡卡号发生改变时，可使用终端进行替换操作。该发卡办卡终端还具有处理丢失、损坏卡的信息替换等功能，其硬件设置示意图如图 5-28 所示。

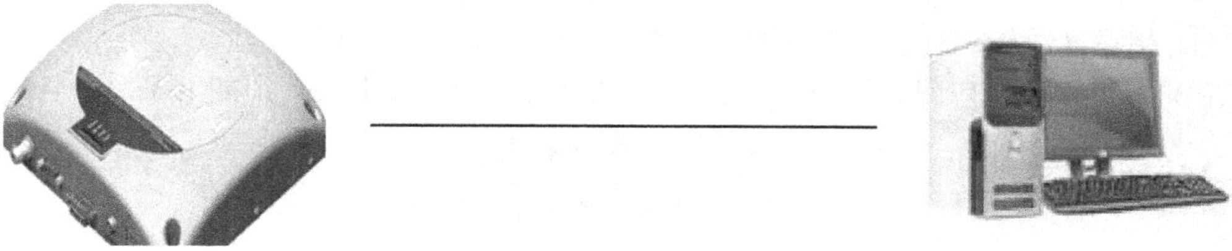

图 5-28　发卡办卡终端硬件设置示意图

后台管理数据服务器具体的设计配置方案如下：系统由一台服务器(含人事考勤数据库)组成，主要完成人员的管理、日志记录、数据存储与备份等工作。

3. 系统的软件设计方案

人员管理信息系统终端以浏览器/服务器(B/S)的结构进行搭建，B/S 结构是现在市场上最先进的一种结构之一。将系统在服务器上发布以后，只要将服务器接入网络，就可以在网络内具有权限的任何终端上通过 Web 浏览。B/S 结构支持跨平台管理，不论是什么平台，只要装有 Web 浏览器即可，且客户端无须安装和维护软件。

人员管理信息系统终端主要分为以下几个部分。

(1) 系统管理，如图 5-29 所示。修改数据的操作人员管理信息系统都作了相关的日志记录，通过系统管理下的操作日志管理功能可以对各个历史操作进行查询等。

系统管理
操作日志管理

图 5-29　系统管理

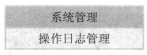

(2) 管理员管理，如图 5-30 所示。管理员管理是对系统管理员进行管理，管理员是用来登录终端系统的，进入系统时必须使用合法的用户名和密码才能够进行登录。管理员管理下有四个子功能，介绍如下。

管理员管理
管理员信息
增加管理员
修改管理员
删除管理员

图 5-30　管理员管理

① 管理员信息：显示所有管理员的列表，如图 5-31 所示。

管理员账号	管理员姓名	管理权限	登录次数	最后登录地址
admin	管理员	所有栏目	9	192.168.1.12
zhangsan	张三	管理员管理、员工管理	2	192.168.1.52

图 5-31　管理员信息

② 增加管理员：用于增加管理员的相关信息(账号、姓名、初始密码、管理权限等)。

③ 修改管理员：用户修改管理员的相关信息，本系统中约定管理员账号不允许修改。

④ 删除管理员：对于一些不用管理的管理员账号，可以直接删除。

(3) 人员管理，如图 5-32 所示。人员管理下有六个子功能，介绍如下。

人员管理
人员信息查询
增加人员信息
修改人员信息
删除人员信息
信息导入/导出
标识卡管理

图 5-32　人员管理

① 人员信息查询：可以按指定条件查询符合条件的所有人员信息，其显示结果列表如图 5-33 所示。

人员学号	人员姓名	性别	院系	…
1008	胡二	男	信息学院	…

图 5-33　人员信息查询结果

② 增加人员信息：用于增加人员时，填充该人员信息。

③ 修改人员信息：用于修改人员的相关信息，系统中约定人员学号不允许修改。

④ 删除人员信息：对于毕业学生的信息，管理员可以删除，删除后的资料将无法恢复。

⑤ 信息导入/导出：本系统支持将人员信息导成指定格式的 Excel 文件和从指定的 Excel 文件中导入相关信息。

⑥ 标识卡管理：主要用于人员标识卡出现损坏后的更换。

修改密码：通过此功能管理员可以修改自己的管理密码，本功能为必选项不列入管理员权限管理中。

注销登录：通过此功能用户可以退出管理系统，本功能为必选项，不列入管理员权限管理中。

4．系统的网络设计方案

由于以太网已经成为当前所有商用级计算的网络选择，因此采用以太网能更方便地实现数据采集、控制、学校内部互联网一体化。

该人员管理系统中，方案网络将自成一套网络系统，与学校已有的内部局域网的网络最终联网；介质采用可直埋敷设多模光缆或 RJ45 计算机通信电缆；网上节点采用 TCP/IP 协议传输数据，允许网上任意节点随时进网和退网，进退时，不影响网络正常工作，通信速率可达 100 Mb/s；上位机采用标准以太网卡，由于以太网的通用性，方便了以后的功能扩展。采用的读卡器通过以太网通信模块联结网络，可用作对人员识别及适时监控、数据参数报表打印等功能，各从站可自动从网上脱离，以便维修工作，也可自动重新进入网络系统，再次投入使用。

考虑在宿舍管理站各增设一台交换机设备集线器，将读卡器统一纳入本套系统局域网络中，最终将与学校管理成为一体，同时为后期联网进行预留。

另外，该人员管理系统为了对监控管理系统进行保护，防止因雷击或线路过压产生的浪涌过电压和浪涌过电流而导致对内部设备的损坏，主要采取以下措施防雷：敷设线路时，电源线尽可能远离信号线；尽可能采用屏蔽电缆；将所有防雷器的接地线全接到公共主地线上；PLC 电源进线电源加装防雷及过压保护器。此外，还可为系统设计一套完善的防雨、防高温系统，可有效地防止雨水或温度过高对电子设备的侵害。

5.4.2　RFID 在养老院老人看护系统中的应用

我国即将进入人口老龄化快速发展时期，高龄老人和失能老人数量大幅增加，家庭空巢化现象日益突出，人口老龄化已经成为关系我国经济发展、社会和谐稳定的重大问题。因此，我国迫切需要抓住战略机遇期，发展老年福祉科技，加强老龄科学研究，为老龄决策提供技术支持。

在民政部全国民政科技中长期发展规划纲要(2009—2020 年)中指出，优先重点研究应用信息产业及现代服务业领域相结合的无线网络、智能传感器和信息处理技术，建立老年人长期照料护理体系的信息化支撑平台；重点开发老年人移动健康管理智能集成终端产品，研究老年人健康指标监测技术，以及与相关卫生保健服务网络系统的互联互通技术。

RFID 技术在全球较早地运用于工业、医疗、能源、农业、矿山、环保、市政、地质、水利、司法、交通和军队等行业，形成了以无线技术为核心的行业物联网解决方案，同时为各行各业在末端范围内的无线传感网络的建立和数字化管理应用，提供了一个全新的物联网应用平台。RFID 技术已经形成了标准无线模块、工业无线产品、行业应用软件系统，具备了为多个行业提供整体物联网解决方案的能力；RFID 技术已经成功地实施了一批具有领先性的无线物联网应用行业项目，形成了具备行业推广价值的解决方案及案例。

老人看护系统是采用了目前最先进的 RFID 技术，是结合智能腕带识别、传感器网络及嵌入式系统技术，针对多种行业对射频识别系统的应用需求，设计开发的一套软硬件结合的实用系统，可广泛用于人员/车辆/物资的识别管理、人员及机车区域的定位、智能门禁考勤管理等。

后台监控软件集 GIS(地理信息系统)、数据库、图形界面等多种技术应用，采用模块化设计，其功能模块可根据客户要求增减。老人看护系统包括无线老人定位子系统、无线床位监护子系统、无线报警系统(无线紧急呼叫子系统、摔倒报警系统)和信息管理子系统(护士台管理计算机)，如图 5-34 所示。

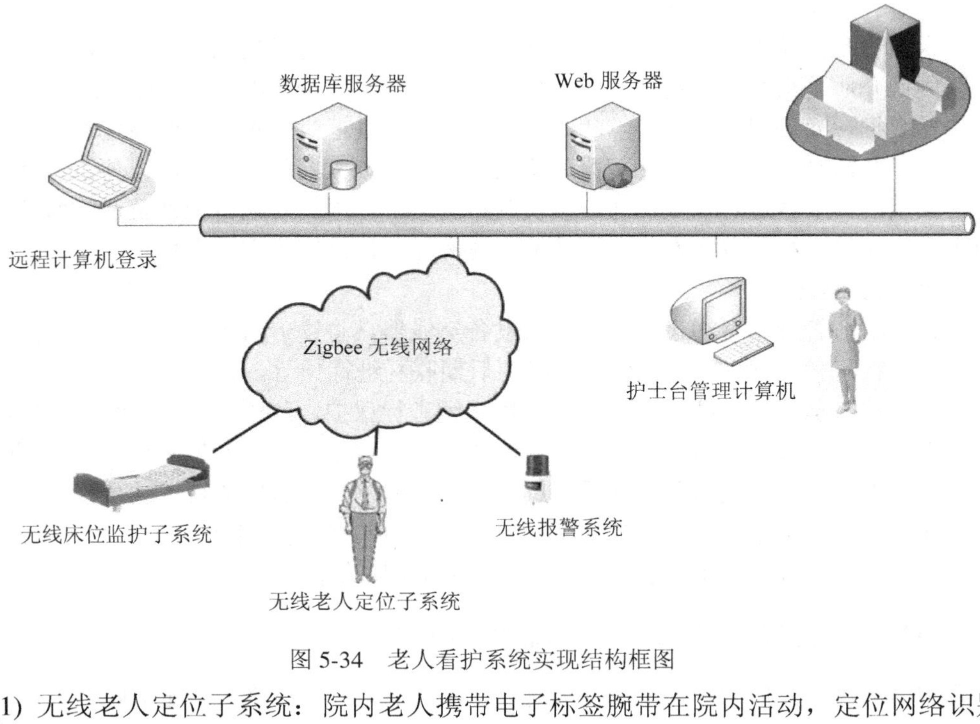

图 5-34 老人看护系统实现结构框图

(1) 无线老人定位子系统：院内老人携带电子标签腕带在院内活动，定位网络识别到老人标签，并通过定位算法引擎计算老人的位置信息，并将其与数据库内的老人信息比对显示到 Web 界面，如图 5-35 所示。

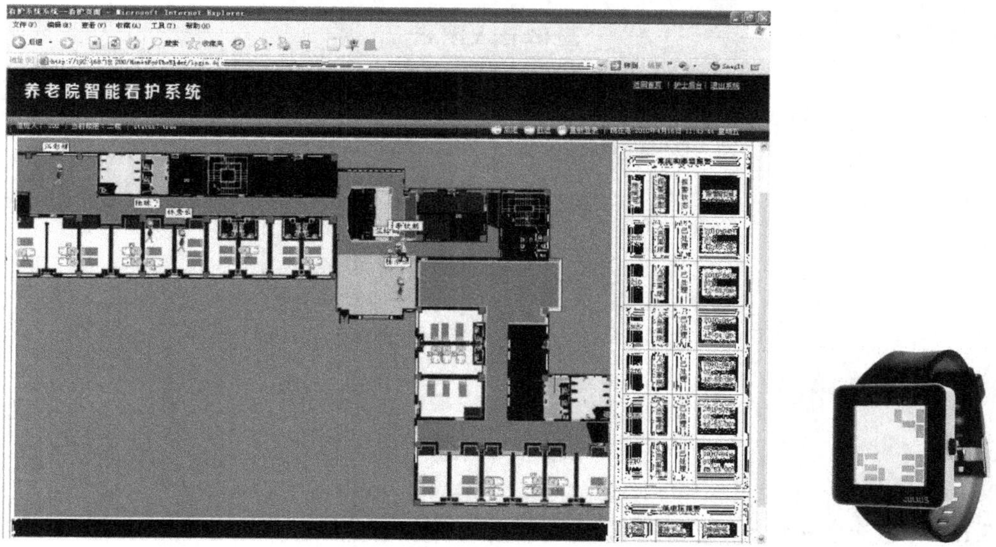

图 5-35　监控主界面和电子标签腕带

(2) 无线床位监护子系统：院内老人床位安装 RFID 读卡器，通过读卡器数据判断老人在哪个床台或者是否在自己的床位，并在数据库保持更新。

(3) 无线紧急呼叫子系统：老人腕带加装紧急报警按键，遇到突发状况，可按动报警按键，管理中心计算机和护士站计算机将弹出报警信息，提示看护人员及时处理。无线紧急呼叫系统通信结构图如图 5-36 所示。

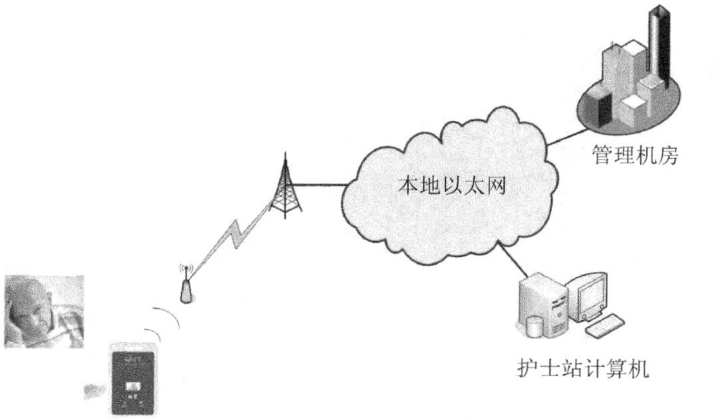

图 5-36　无线紧急呼叫子系统通信结构图

(4) 摔倒报警系统：在腕带中加入加速度传感器，集合软件算法，判断老人是否摔倒。为了给老人提供安全保障，最大程度地降低意外摔倒给老人健康带来的威胁。该老人看护系统采用加速度传感器区分人的正常生活与摔倒，通过数据处理以及无线传输发出警报，最大程度地减少老年人摔倒带来的伤害。

(5) 信息管理子系统：在护士管理计算机中登录系统可查询老人的位置信息(该系统也可集成老人的档案信息)，如图 5-37 所示。

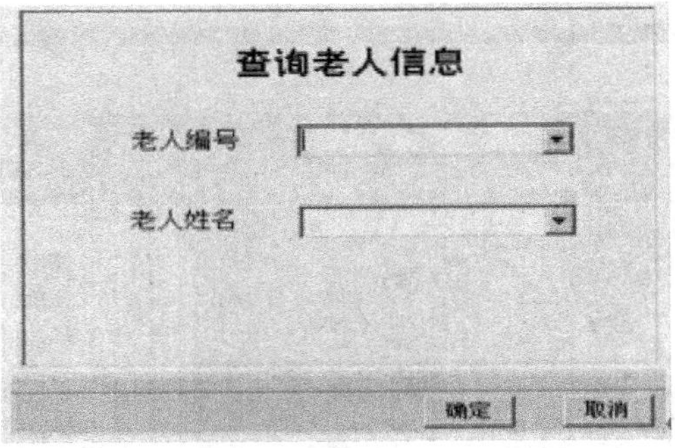

图 5-37　信息管理子系统查询界面

习　题

5.1　简述一个完整的 RFID 系统的组成和设计过程。

5.2　举例说明 RFID 在生活中的一个整体解决方案和应用。

第 6 章　射频识别教学实验

6.1　硬件开发平台预备知识

射频识别教学实验将帮助读者学习、评估低频、高频、超高频和微波(2.4 GHz)RFID 的性能；帮助读者对 RFID 开发有进一步的了解；使读者迅速进入 RFID 开发领域。该射频识别教学实验适用于大中专及高等院校学生、科研机构研究人员及在职电子工程师等相关人员，其特征为：

(1) 支持多频段(125 kHz、13.56 MHz、900 MHz、2.4 GHz)、多协议(ID、ISO 15693、ISO 14443A、ISO 14443B、Tag-it、ISO/IEC 18000-6C)的 RFID 读卡器扩展板。

(2) 串口转 USB，通过标准 USB 电缆与计算机主机软件 GUI 通信。

(3) 协议 LED 指示灯及 LCD 液晶模块，显示电子标签卡片协议及编码内容。

(4) 通过拨码开关选择 RFID 类别，简单方便。

(5) 支持 5 V 电源供电和 USB 供电。

通过本实验能够快速帮助读者学习当今最流行的非接触式射频卡技术，并应用到相应的设计产品中，以提高产品的竞争力。

6.1.1　系统控制主板

系统控制主板如图 6-1 所示。

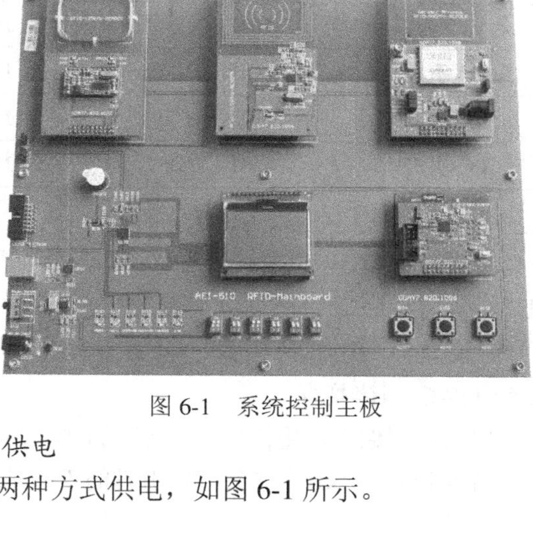

图 6-1　系统控制主板

1) 系统控制主板的供电

系统控制主板可由两种方式供电，如图 6-1 所示。

(1) 5 V DC 电源接口供电：可使用 5 V 稳压电源连接到 DC 电源接口(内正外负)，将电源切换开关 Power Switch 拨到 DC-5 V 电源插座一侧，此时电源指示灯 D102(红色)被点亮。

(2) USB 接口供电：当使用 USB 电缆连接系统控制主板到用户 PC 时，可使用 USB 接口由 PC 给主板供电。将电源选择开关 Power Switch 拨到 USB 插座一侧，此时电源指示灯 D102(红色)被点亮。

2) 系统控制主板上的各种连接座

系统控制主板上一共有五个连接座，用来安装 128 × 64 LCD 液晶显示模块、125 kHz RFID 模块(RFID-125 kHz-Reader)、13.56 MHz RFID 模块(RFID-13.56MHz-Reader)、900 MHz RFID 模块(RFID-900 MHz-Reader)和 2.4 GHz RFID 模块(RFID-2.4GHz-Reader)。用户务必按照图 6-1 所示安装，注意连接座和模块的对应关系，安装时用力应均匀并注意力度。

注意：强烈建议用户尽量避免频繁插拔各种模块。

3) 系统控制主板上的 RFID 选择拨码开关

系统控制主板上安装了低频、高频、超高频和微波四种频段的 RFID 模块，并提供了六组两位拨码开关 J101～J106，通过六组两位拨码开关的不同组合来选择使用不同的 RFID 模块，出厂默认值为 J101 和 J103 的拨码开关拨到 ON 位置，其他四组都是在 OFF 位置(使用 MSP430 控制 RFID-13.56 MHz-Reader)。当用户需要使用其他类型的 RFID 模块时，可通过拨码开关的组合选择使用相应的 RFID 类型。

注意：低频 125 kHz RFID 模块、超高频 900 MHz RFID 模块和微波 2.4 GHz RFID 模块既可以由 MSP430 对其进行控制，也可以直接由 PC 端的串口对其进行控制。高频 13.56 MHz 模块不能单独工作，必须由 MSP430 对其进行控制，上位机软件也是通过 MSP430 对其进行控制的。各个 RFID 模块的具体设置参考表 6-1。

表 6-1　各个 RFID 模块拨码开关具体设置

选择的 RFID 模块	控制主体	需要拨到 ON 挡的拨码开关	需要拨到 OFF 挡的拨码开关
RFID-125 kHz-Reader	MSP430	J102，J105	J101，J103，J104，J106
	PC 串口	J101，J105	J102，J103，J104，J106
RFID-13.56 MHz-Reader	MSP430	J101，J103	J102，J104，J105，J106
RFID-900 MHz-Reader	MSP430	J102，J104	J101，J103，J105，J106
	PC 串口	J101，J104	J102，J103，J105，J106
RFID-2.4 GHz-Reader	MSP430	J102，J106	J101，J103，J104，J105
	PC 串口	J101，J106	J102，J103，J104，J105

4) 系统控制主板上的按键

系统控制主板上一共为用户提供了三个按键：

(1) 复位按键 RESET，烧写程序后用来复位重启。

(2) 用户按键 KEY1 和 KEY2，在 LCD 上显示的字多于一屏时，用来切换上下页。

5) 系统控制主板上的 JTAG 调试接口

系统控制主板上的 JTAG 调试接口是用来连接仿真器的接口，以便用户对 MSP430F2370 进行在线调试、Flash 烧写等操作。JTAG 调试接口各引脚的连接情况如表 6-2 所示。

表 6-2　JTAG 调试接口各引脚连接情况

JTAG 引脚	MSP430F2370	JTAG 引脚	MSP430F2370
1	TDO	2	+3.3 V
3	TDI	4	NC
5	TMS	6	NC
7	TCK	8	NC
9	GND	10	NC
11	RST	12	NC
13	NC	14	NC

6) 系统控制主板上的 USB 接口

系统控制主板上的 USB 接口既可以用于对主板进行供电，又方便主板与用户 PC 之间进行串口通信。由于目前大多数 PC 主板及笔记本都已取消了串口，为了解决用户 PC 上没有串口的问题，系统控制主板上使用了 CP2102 芯片，用于 MSP430F2370 芯片 UART 接口到 USB 接口之间的转换。当用户首次通过 USB 电缆连接到 PC 时，用户计算机将提示发现新硬件，此时用户应该首先安装 CP2102 芯片的驱动程序，具体步骤参考软件开发平台部分。CP2102 与 MSP430F2370 的连接关系如表 6-3 所示。

表 6-3　CP2102 与 MSP430F2370 的连接关系

CP2102	MSP430F2370
TXD	P3.5
RXD	P3.4
GND	GND

7) 系统控制主板上的其他人机接口

主板上使用了一个 128 × 64 点阵图形液晶模块作为显示接口，它与用户按键和 LED 指示灯共同构成了系统控制主板的人机接口。在系统检测到电子标签卡片后，对应不同的协议标签 LED 指示灯会被点亮，同时蜂鸣器输出响声提示。液晶模块更加具体形象地显示了相关信息。

各人机接口与 MSP430F2370 的连接关系如表 6-4 所示。

表 6-4　各人机接口与 MSP430F2370 的连接关系

128 × 64 液晶	MSP430F2370	协议指示灯	MSP430F2370
SCL	P1.6	ISO 15693(绿色)	P1.4
SI	P1.7	ISO 14443A(绿色)	P1.3
CS	P2.4	ISO 14443B(绿色)	P1.2
A0	P3.6	Tag-it(绿色)	P1.1
RST	P2.5	2.4G(黄色)	P3.7
蜂鸣器	P1.5		

6.1.2 仿真器

1．MSP430 仿真器

MSP430 仿真器如图 6-2 所示，它可以对 MSP430 Flash 全系列单片机进行编程和在线仿真。

图 6-2　MSP430 仿真器

MSP430 仿真器支持 IAR430、AQ430、HI-TECH、GCC 以及 TI 一些第三方编译器集成开发环境下的实时仿真、调试、单步执行、断点设置、存储器内容查看、修改等；支持程序烧写读取和熔丝烧断功能；支持 JTAG、SBW(2 Wire JTAG)接口；支持固件在线升级。

JTAG 调试接口各引脚的描述如表 6-5 所示。

表 6-5　JTAG 调试接口各引脚的描述

JTAG 引脚	描 述	JTAG 引脚	描 述
1	TDO	2	+3.3 V
3	TDI	4	NC
5	TMS	6	NC
7	TCK	8	NC
9	GND	10	NC
11	RST	12	NC
13	NC	14	NC

MSP430 仿真器的特点为：

(1) USB 接口的 JTAG 仿真器。由 USB 口取电，不需要外接电源，并能给目标板或用户板提供 3.3 V(300 mA)电源。

(2) 对 MSP430 Flash 全系列单片机进行编程和在线仿真。

(3) 采用标准的 2 × 7 PIN(IDC-14)标准连接器。

(4) 支持 IAR430 以及 TI 一些第三方编译器集成开发环境下的实时仿真、调试、单步执行、断点设置、存储器内容查看、修改等。

(5) 支持程序烧写读取。

(6) 支持固件自动升级。

2．CC Debugger 多功能仿真器

CC Debugger 多功能仿真器如图 6-3 所示，它支持内核为 51 的 TI ZigBee 芯片 CC111X、CC243X、CC253X、CC251X，进行实时在线仿真、编程和调试。

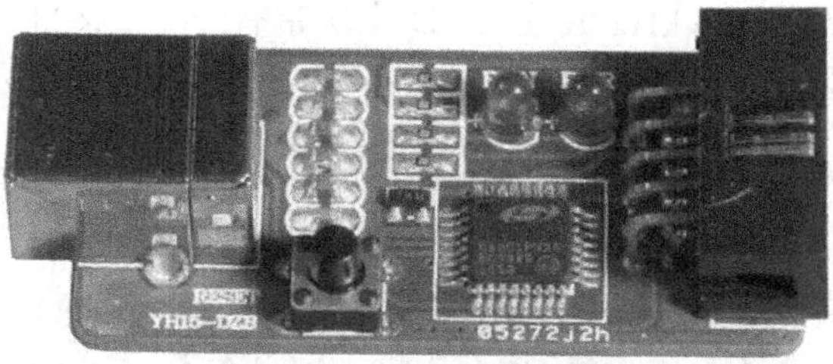

图 6-3　CC Debugger 多功能仿真器

CC Debugger 多功能仿真器与 IAR For 8051 集成开发环境实现无缝连接，具有代码高速下载、在线调试、断点、单步、变量观察和寄存器观察等功能；支持 TI 公司的 SmartRF Flash Programmer 软件对片上系统(SoC)进行编程；支持 SmartRF Studio 软件对片上系统(SoC)进行控制和测试；支持 Packet Sniffer 软件构建最新的 IEEE802.15.4/ZigBee、ZigBee2007/PRO 协议分析仪。JTAG 调试接口的各引脚连接情况如表 6-6 所示。

表 6-6　CC Debugger 多功能仿真器 JTAG 调试接口各引脚描述

JTAG 引脚	描 述	JTAG 引脚	描 述
1	GND	2	VDD
3	DC	4	DD
5	CSN	6	CLK
7	RESET	8	MOSI
9	NC	10	MISO

CC Debugger 多功能仿真器的特点为：

(1) 与 IAR for 8051 集成开发环境无缝连接。

(2) 支持内核为 51 的 TI-ZigBee 芯片 CC111X/CC243X/CC253X/CC251X。

(3) 下载速度高达 150 Kb/s。

(4) 可通过 TI 相关软件更新最新版本固件。

(5) 支持仿真下载和协议分析。

(6) 可对目标板供电 3.3 V/50 mA。

(7) 支持最新版的 SmartRF Flash Programmer、SmartRF Studio、IEEE Address Programmer、Packet Sniffer 软件。

(8) 支持多种版本的 IAR 软件，如用于 2430 的 IAR730B，用于 25xx 的 IAR751A、IAR760 等，并与 IAR 软件实现无缝集成。

6.1.3　RFID-125 kHz-Reader 125 kHz 低频 RFID 模块

125 kHz 低频非接触 ID 卡射频读卡模块采用 125 kHz 射频基站，以 UART 接口输出 ID 卡卡号，完全支持 EM、TK 及 125 kHz 兼容 ID 卡片的操作；自带看门狗，读卡距离 6 cm～8 cm，可广泛应用于门禁考勤、汽车电子感应锁配套、办公、商场及洗浴中心储物箱的安全控制、各种防伪系统及生产过程控制中。

125 kHz 低频 RFID 模块上有一个红色电源指示灯(D201)和一个绿色读卡指示灯(D202)，当卡片位于读卡范围内时，读卡指示灯会闪烁一次。

RFID-125 kHz-Reader 125 kHz 低频 RFID 模块带有一个 2 × 11 的排座 P201，方便用户将其直接连接到系统控制主板或用户自己的目标板上，如图 6-4 所示。

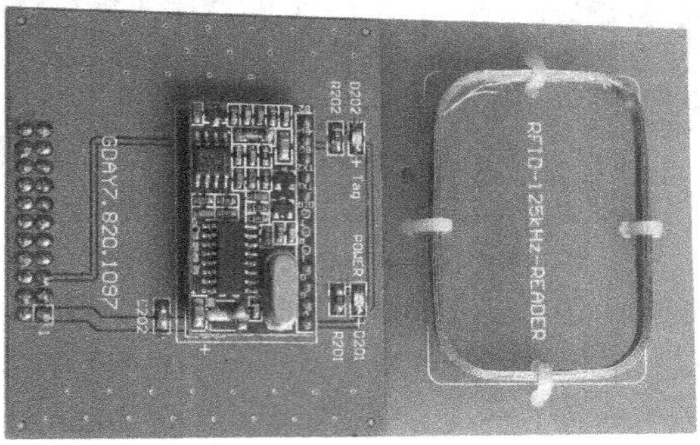

图 6-4　RFID-125 kHz-Reader 模块

用户接口 P201 的定义如表 6-7 所示。

表 6-7　RFID-125 kHz-Reader 125 kHz 低频 RFID 模块用户接口 P201 定义

NC	NC	NC	NC	NC	NC	NC	NC	NC	NC	NC
2	4	6	8	10	12	14	16	18	20	22
1	3	5	7	9	11	13	15	17	19	21
VCC	NC	NC	TXD	RX	NC	NC	NC	NC	NC	GND

125 kHz 低频 RFID 模块有两种控制方式：

(1) 直接由 MSP430F2370 控制 125 kHz 低频 RFID 模块，将读取到的卡号信息在 LCD 液晶屏上显示。如果采用 MSP430F2370 对 125 kHz 低频 RFID 模块进行控制，RFID 选择拨码开关须做如表 6-8 所示设置。

表 6-8　125 kHz 低频 RFID 模块控制方式一

需要拨到 ON 挡的拨码开关	需要拨到 OFF 挡的拨码开关
J102，J105	J101，J103，J104，J106

125 kHz 低频 RFID 模块与 MSP430F2370 的连接关系如表 6-9 所示。

表 6-9　125 kHz 低频 RFID 模块与 MSP430F2370 的连接关系

125 kHz 低频 RFID 模块	MSP430F2370
TXD	P3.5
STATUS	P4.7

(2) 由 PC 端的串口来控制 125 kHz 低频 RFID 模块，将读取到的卡号信息在 PC 端的 GUI 软件上进行显示。如果采用 PC 端通过串口对 125 kHz 低频 RFID 模块进行控制，需要用 USB 电缆将控制主板和 PC 端连接，并将 RFID 选择拨码开关做如表 6-10 所示设置。

表 6-10　125 kHz 低频 RFID 模块控制方式二

需要拨到 ON 挡的拨码开关	需要拨到 OFF 挡的拨码开关
J101，J105	J102，J103，J104，J106

6.1.4　RFID-13.56 MHz-Reader 13.56 MHz 高频 RFID 模块

13.56 MHz 高频 RFID 模块的主芯片采用 TI 公司最新推出的高频 RFID 读卡器芯片 TRF7960，它是支持 ISO/IEC 15693、ISO 14443A、ISO 14443B 以及 Tag-it 协议的标准卡片和电子标签。TRF7960 芯片具有高集成度、多标准模拟前端及数据帧系统，内置可编程选项，它广泛应用于 13.56 MHz 高频非接触式电子标签读写识别系统中。

RFID-13.56 MHz-Reader 模块用于快速评估和开发 13.56 MHz 高频 RFID，该模块的尺寸为 60 mm × 98 mm，带有两个 2 × 10 的排针，方便用户将该模块直接连接到系统主板或用户自己的目标板上以便工程实践。13.56 MHz 高频 RFID 模块采用 SPI 方式与 MSP430F2370 进行通信，如图 6-5 所示。

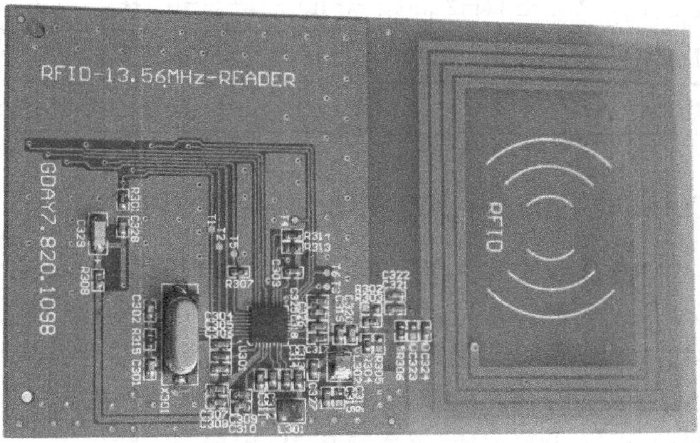

图 6-5　13.56 MHz 高频 RFID 模块

P301 座用户接口定义如表 6-11 所示。

表 6-11　13.56 MHz 高频 RFID 模块 P301 座用户接口定义

NC	NC	NC	NC	EN	EN2	CS	DATA_CLK	MOSI	MISO
2	4	6	8	10	12	14	16	18	20
1	3	5	7	9	11	13	15	17	19
GND	MOD	NC	IRQ	SYS_CLK	NC	NC	NC	NC	GND

P302 座用户接口定义如表 6-12 所示。

表 6-12　13.56 MHz 高频 RFID 模块 P302 座用户接口定义

NC	NC	NC	NC	NC	NC	NC	NC	ASK/OOK	NC
2	4	6	8	10	12	14	16	18	20
1	3	5	7	9	11	13	15	17	19
NC	NC	NC	VCC	VCC	NC	NC	NC	NC	NC

TRF7960 与 MSP430F2370 的连接关系如表 6-13 所示。

表 6-13　13.56 MHz 高频 RFID 模块 TRF7960 与 MSP430F2370 的连接关系

TRF7960	MSP430F2370	TRF7960	MSP430F2370	TRF7960	MSP430F2370
MOD	P2.0	IRQ	P2.1	CS	P3.0
EN	P1.0	SYS_CLK	P2.6	MISO	P3.2
ASK/OOK	P2.2	DATA_CLK	P3.3	MOSI	P3.1

由 MSP430F2370 对 TRF7960 进行控制，当 TRF7960 读取到天线场区内的卡片后，既可以直接在 128 × 64 的 LCD 液晶屏上显示读取到的卡片信息，也可以通过 PC 端的 GUI 软件来对卡片进行操作。如果使用 PC 端的 GUI 软件进行操作，应用 USB 电缆将控制主板和 PC 连接，并将 RFID 选择拨码开关做如表 6-14 所示设置。

表 6-14　13.56 MHz 高频 RFID 模块 RFID 拨码开关选择

需要拨到 ON 挡的拨码开关	需要拨到 OFF 挡的拨码开关
J101，J103	J102，J104，J105，J106

6.1.5　RFID-900 MHz-Reader 900 MHz 超高频 RFID 模块

900 MHz 超高频 RFID 模块的工作频率为 920 MHz～925 MHz，它支持 EPC C1 GEN2/ISO 18000-6C 协议，最大输出功率为 27 dBm；它采用 UART 接口，最大读卡距离为 80 cm；它的工作电压为 +3.3 V，非常适合用户在手持机开发中应用。

1) RFID-900 MHz-Reader 900 MHz 超高频 RFID 模块的供电

RFID-900 MHz-Reader 900 MHz 超高频 RFID 模块的工作电压为 +3.3 V，可以通过两种方式来对该模块进行供电，一种直接使用 5 V 电源适配器给模块进行供电；一种是直接由系统控制主板来对其进行供电，如图 6-6 所示。

注意：当使用 5 V 电源适配器给模块进行供电时，应将超高频 RFID 模块上的 P401-2(VCC)与 P401-3(3V3)用短路帽短接；当由系统控制主板来对其进行供电时，应将模块上的 P401-2(VCC)与 P401-1(05EB_3V3)用短路帽短接。

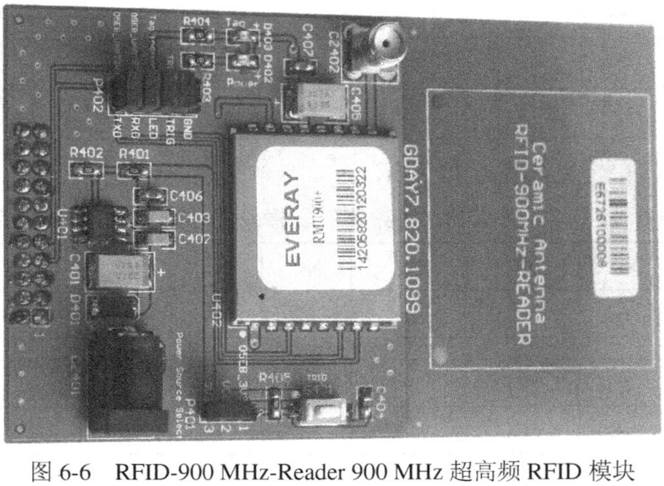

图 6-6　RFID-900 MHz-Reader 900 MHz 超高频 RFID 模块

2) RFID-900 MHz-Reader 900 MHz 超高频 RFID 模块的用户接口

RFID-900 MHz-Reader 900 MHz 超高频 RFID 模块上有一个通信接口选择跳线 P402、一个按键 S401、一个红色电源指示灯 D402 和一个绿色读卡指示灯 D403。当成功读取到卡片的信息时，绿色读卡指示灯会闪烁一次。为了方便用户将 900 MHz 超高频模块连接到用户自己的 MCU，特将 TXD 和 RXD 信号线引到了 P402 插座上。

RFID-900 MHz-Reader 900 MHz 超高频 RFID 模块带有一个 2×11 的排座 P403，方便用户直接连接到系统控制主板或用户自己的目标板上。

用户接口 P403 定义如表 6-15 所示。

表 6-15　RFID-900 MHz-Reader 900 MHz 超高频 RFID 模块用户接口 P403 定义

NC	NC	NC	NC	NC	NC	NC	NC	NC	NC	NC
2	4	6	8	10	12	14	16	18	20	22
1	3	5	7	9	11	13	15	17	19	21
VCC	NC	NC	TXD	RXD	NC	NC	NC	NC	NC	GND

900 MHz 超高频 RFID 模块有两种控制方式：

(1) 直接由 MSP430F2370 控制 900 MHz 超高频 RFID 模块，将读取到的卡号信息在 LCD 液晶屏上显示。如果采用 MSP430F2370 对 900 MHz 超高频 RFID 模块进行控制，应将 RFID 选择拨码开关做如表 6-16 所示设置。

表 6-16　900 MHz 超高频 RFID 模块控制方式一

需要拨到 ON 挡的拨码开关	需要拨到 OFF 挡的拨码开关
J102，J104	J101，J103，J105，J106

900 MHz 超高频 RFID 模块与 MSP430F2370 的连接关系如表 6-17 所示。

表 6-17　900 MHz 超高频 RFID 模块与 MSP430F2370 的连接关系

900 MHz 超高频 RFID 模块	MSP430F2370
TXD	P3.5
RXD	P3.4

(2) 由 PC 端的串口来控制 900 MHz 超高频 RFID 模块，将相关信息在 PC 端的 GUI 软件上进行显示。如果采用 PC 端通过串口对 900 MHz 超高频 RFID 模块进行控制，需要用 USB 电缆将控制主板和 PC 端连接，并将 RFID 选择拨码开关做如表 6-18 所示设置。

表 6-18　900 MHz 超高频 RFID 模块控制方式二

需要拨到 ON 挡的拨码开关	需要拨到 OFF 挡的拨码开关
J101，J104	J102，J103，J105，J106

6.1.6　RFID-ZigBee-Reader 2.4 GHz 微波 RFID 模块

2.4 GHz 微波 RFID 模块的工作频段为 2.4 GHz，采用 CC2530 ZigBee 芯片，板载高增

益天线，有效通信距离可达数十米；该模块预留了一个编程接口和一个用户按键，方便用户根据自己的应用进行编程；2.4 GHz 频段的 RFID 模块适合在资产追踪管理系统中应用。

RFID-ZigBee-Reader 2.4 GHz 微波 RFID 模块带有一个 2 × 11 的排座 P502，方便用户直接连接到系统控制主板或用户自己的目标板上，如图 6-7 所示。

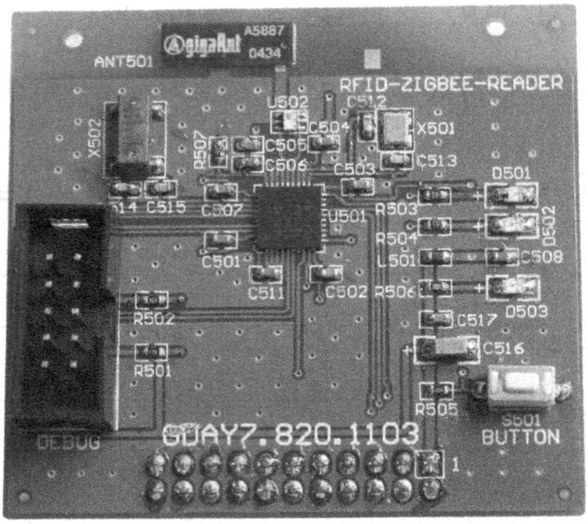

图 6-7 RFID-ZigPee-Reader 2.4 GHz 微波 RFID 模块

用户接口 P502 定义如表 6-19 所示。

表 6-19 RFID-ZigBee-Reader 2.4 GHz 微波 RFID 模块用户接口 P502 定义

NC	NC	NC	NC	NC	NC	NC	NC	NC	NC	NC
2	4	6	8	10	12	14	16	18	20	22
1	3	5	7	9	11	13	15	17	19	21
VCC	NC	NC	TXD	RXD	NC	NC	NC	NC	NC	GND

JTAG 接口 P501 定义如表 6-20 所示。

表 6-20 RFID-ZigBee-Reader 2.4 GHz 微波 RFID 模块 JTAG 接口 P501 定义

序 号	描 述	序 号	描 述
1	GND	2	VDD
3	DC(P2.2)	4	DD(P2.1)
5	CSN(P1.4)	6	CLK(P1.5)
7	RESET(RST)	8	MOSI(P1.6)
9	NC	10	MISO(P1.7)

2.4 GHz 微波 RFID 模块有两种控制方式：

(1) 直接由 MSP430F2370 控制 2.4 GHz 微波 RFID 模块，将读取到的卡号信息在 LCD 液晶屏上显示。如果采用 MSP430F2370 对 2.4 GHz 微波 RFID 模块进行控制，应将 RFID 选择拨码开关做如表 6-21 所示设置。

表 6-21　2.4 GHz 微波 RFID 模块控制方式一

需要拨到 ON 挡的拨码开关	需要拨到 OFF 挡的拨码开关
J102，J106	J101，J103，J104，J105

2.4 GHz 微波 RFID 模块与 MSP430F2370 的连接关系如表 6-22 所示。

表 6-22　2.4 GHz 微波 RFID 模块与 MSP 430F2370 的连接关系

2.4 GHz 微波 RFID 模块	MSP430F2370
TXD	P3.5
RXD	P3.4

(2) 由 PC 端的串口来控制 2.4 GHz 微波 RFID 模块，将相关信息在 PC 端的 GUI 软件上进行显示。如果采用 PC 端通过串口对 2.4 GHz 微波 RFID 模块进行控制，需要用 USB 电缆将控制主板和 PC 端连接，并将 RFID 选择拨码开关做如表 6-22 所示设置。

表 6-23　2.4 GHz 微波 RFID 模块控制方式二

需要拨到 ON 挡的拨码开关	需要拨到 OFF 挡的拨码开关
J101，J106	J102，J103，J104，J105

6.1.7　RFID-ZigBee-Tag 2.4 GHz 微波 RFID 标签模块

RFID-ZigBee-Tag 2.4 GHz 微波电子标签模块采用 CC2530 ZigBee 芯片，板载温湿度、三轴加速度及光照度传感器，集成高增益天线，采用可充电锂聚合物电池供电，具有智慧型超低能耗管理系统，工作寿命可达数年。

2.4 GHz 微波 RFID 模块的工作频段为 2.4 GHz，采用 TI ZigBee 芯片 CC2530，传输距离可达数十米，适合在资产追踪系统中应用，如图 6-8 所示。

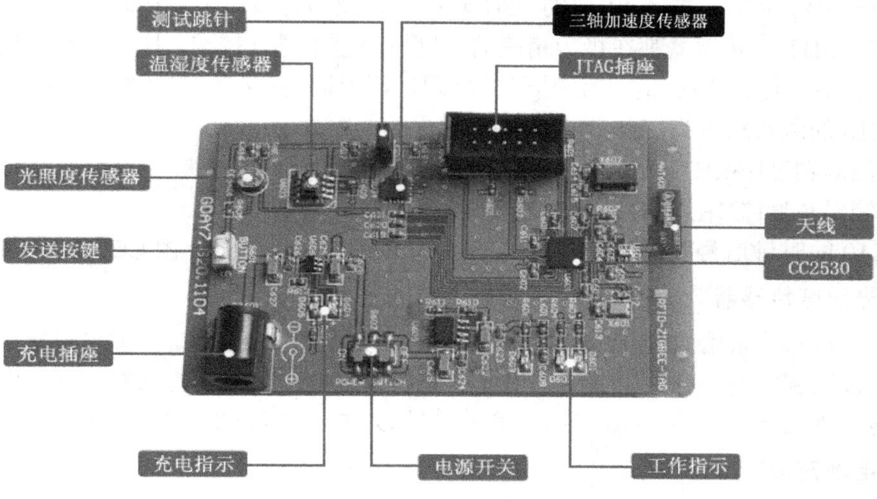

图 6-8　TI ZigBee 芯片 CC2530

JTAG 接口 P601 定义如表 6-24 所示。

表 6-24　2.4 GHz 微波 RFID 模块 JTAG 接口 P601 定义

序 号	描 述	序 号	描 述
1	GND	2	VDD
3	DC(P2.2)	4	DD(P2.1)
5	CSN(P1.4)	6	CLK(P1.5)
7	RESET(RST)	8	MOSI(P1.6)
9	NC	10	MISO(P1.7)

1. 三轴加速度传感器

三轴加速度传感器采用 AD 公司的 ADXL325 芯片，它是一个小型低功耗的三轴加速度计，测量范围为±5 g；它可应用于倾斜感应应用中静态加速度的测量，也可应用于运动、冲击或振动产生的动态加速度的测量。

ADXL325 X 轴的输出信号 X_{out} 连接到 CC2530 的 P0.4，Y 轴的输出信号 Y_{out} 连接到 CC2530 的 P0.5，Z 轴的输出信号 Z_{out} 连接到 CC2530 的 P0.6。

J601 为 ADXL325 测试跳针，当用短接帽短路 J601 时，ADXL325 处于自测试状态。当供电电压为 3.6 V 时，X 轴输出信号的变化量约为 −328 mV，Y 轴输出信号的变化量约为 +328 mV，Z 轴输出信号的变化量约为 +553 mV；当供电电压为 2 V 时，X 轴输出信号的变化量约为 −56 mV，Y 轴输出信号的变化量约为 +56 mV，Z 轴输出信号的变化量约为 +95 mV。

2. 温湿度传感器

温湿度传感器采用瑞士盛世瑞恩公司的 SHT10 单芯片传感器，该传感器是一款含有已校准数字信号输出的温湿度复合传感器；它应用专业的工业 CMOS 过程微加工技术，确保产品具有极高的可靠性与长期的稳定性。温湿度传感器包括一个电容式聚合体测湿元件和一个能隙式测温元件，并与 14 位的 A/D 转换器以及串行接口电路在同一芯片上实现无缝连接。每个 SHT10 传感器都在极为精确的湿度校验室中进行校准，校准系数以程序的形式储存在内存中，传感器内部在检测信号的处理过程中调用这些校准系数进行精确校准。

SHT10 的测量精度为：

(1) 测湿精度[%RH]：±4.5。

(2) 测温精度[℃]在 25℃：±0.5。

SHT10 的时钟信号引脚 SCK 由 CC2530 的 P0.0 控制，DATA 由 CC2530 的 P0.7 控制。

3. 光照度传感器

光照度传感器采用 CDS 光敏电阻 GL5516 对光照度进行测量。光敏电阻器是利用半导体的光电效应制成的一种电阻值随入射光的强弱而改变的电阻器；入射光强，电阻减小，入射光弱，电阻增大。GL5516 光照度输出信号 OUT 连接到 CC2530 的 P0.1。

4. 电池充电

2.4 GHz 微波 RFID 主动式电子标签采用标称电压为 3.7 V 的锂聚合物充电电池，当电池电压低于 3 V 时，需要对电池进行充电。

连接 5 V 电源适配器至充电插座 CZ601，此时充电器指示灯 D604 点亮，开始对电池充电；当电池充满电后 D605 点亮，同时 D604 熄灭。

建议：在对电池进行充电时，应将电源开关 S602 置于 OFF 位，以便加快电池充电进度。

6.2　软件开发平台预备知识

基于 MSP430 的 RFID 应用开发，需要在用户 PC 端安装相应的软件开发环境和软件工具，其中必须安装的有 Z-Stack V2.2.0 协议栈、软件开发环境 IAR Embedded Workbench Evaluation for MCS-51 和 AEI-510 研发平台的相关驱动程序。同时建议用户安装一些其他相关的软件工具，这样更有助于用户的应用开发。

6.2.1　软件开发环境 IAR Embedded Workbench Evaluation for MSP430 V4.21 的安装

双击“配套光盘：\工具软件\IAR Embedded Workbench Evaluation for MSP430 V4.21.2\ew430-ev- web-4212.exe”安装文件进行安装，安装步骤如图 6-9 所示。

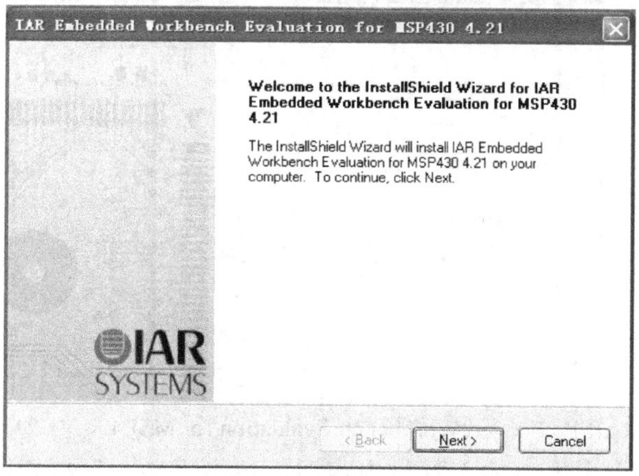

图 6-9　IAR Embedded Workbench Evaluation for MSP 430 V4.21 安装界面

单击“Next”按钮，出现如图 6-10 所示界面。

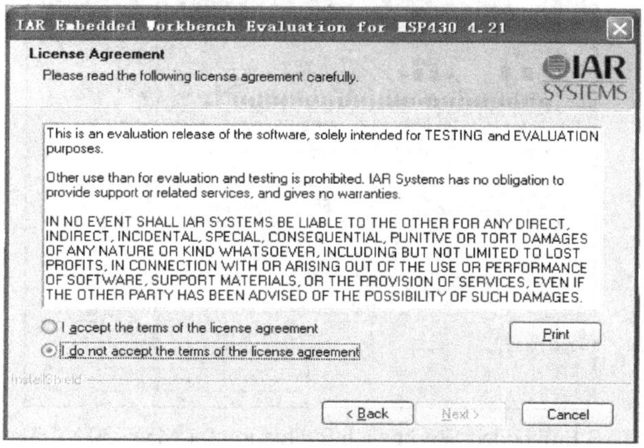

图 6-10　IAR Embedded Workbench Evaluation for MSP430 V4.21 安装界面二(a)

选择“I accept the terms of the license agreement”单选按钮，出现如图 6-11 所示界面。

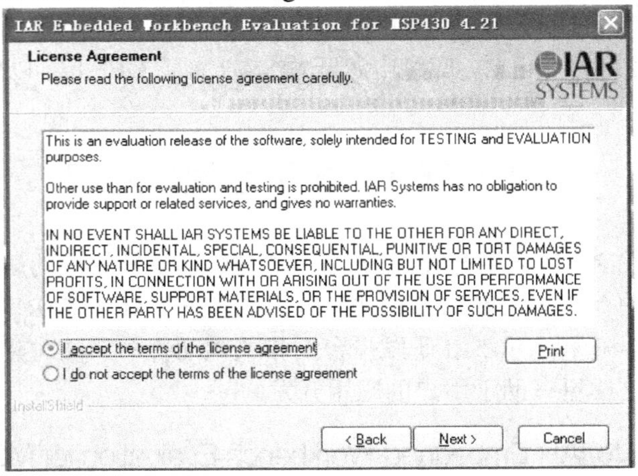

图 6-11　IAR Embedded Workbench Evaluation for MSP430 V4.21 安装界面二(b)

单击“Next”按钮，出现如图 6-12 所示界面。

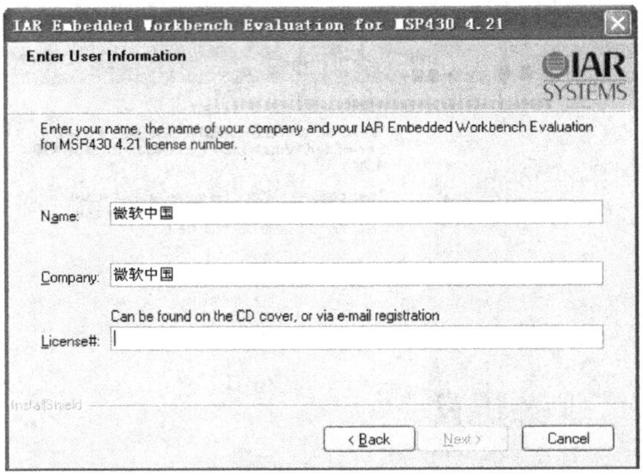

图 6-12　IAR Embedded Workbench Evaluation for MSP430 V4.21 安装界面三

在“License#”文本框中输入具体内容后，单击“Next”按钮，出现如图 6-13 所示界面。

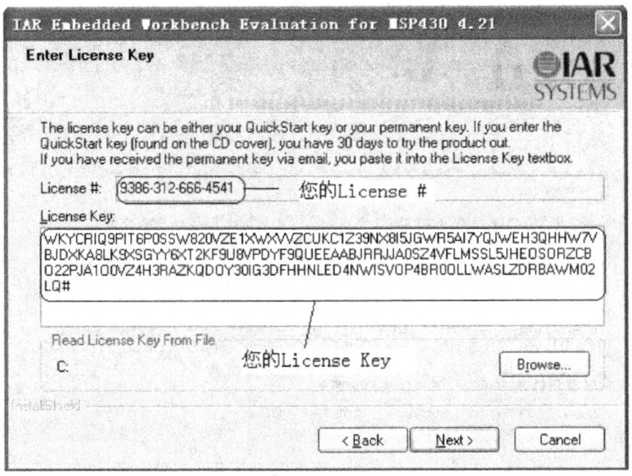

图 6-13　IAR Embedded Workbench Evaluation for MSP430 V4.21 安装界面四

在“License#”文本框中会自动出现刚才输入的 License，在“License Key”文本框中输入相应的 License Key，然后单击“Next”按钮，出现如图 6-14 所示界面。

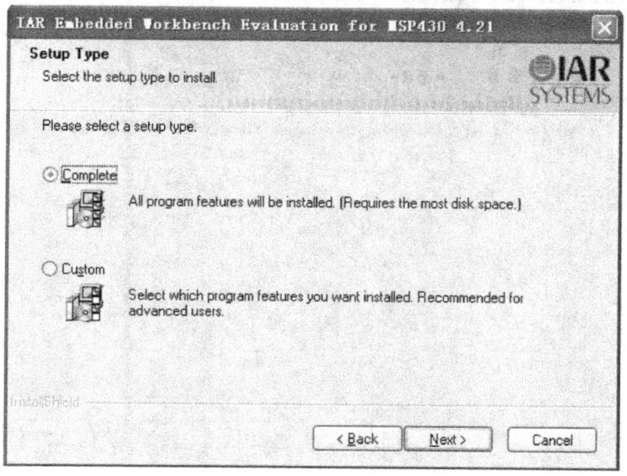

图 6-14　IAR Embedded Workbench Evaluation for MSP430 V4.21 安装界面五

单击“Next”按钮，出现如图 6-15 所示界面。

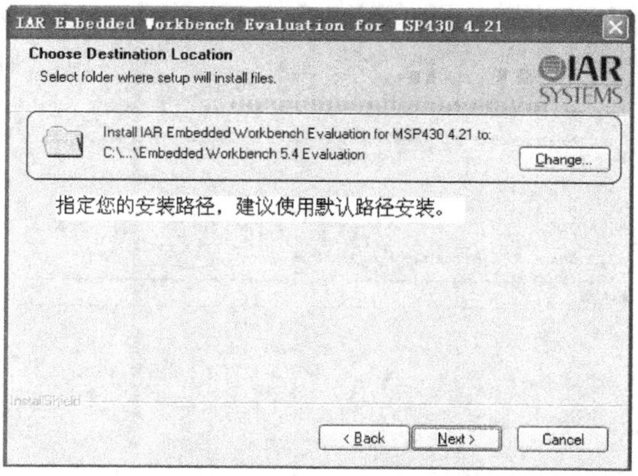

图 6-15　IAR Embedded Workbench Evaluation for MSP430 V4.21 安装界面六

可以指定安装路径，也可以使用默认的安装路径，建议使用默认的路径安装。默认的安装路径为“C:\Program Files\IAR Systems\Embedded Workbench Evaluation”。

单击“Next”按钮，出现如图 6-16 所示界面。

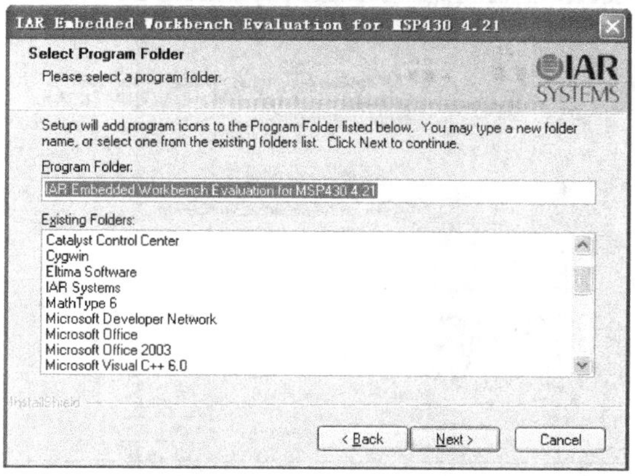

图 6-16　IAR Embedded Workbench Evaluation for MSP430 V4.21 安装界面七

单击“Next”按钮，出现如图 6-17 所示界面。

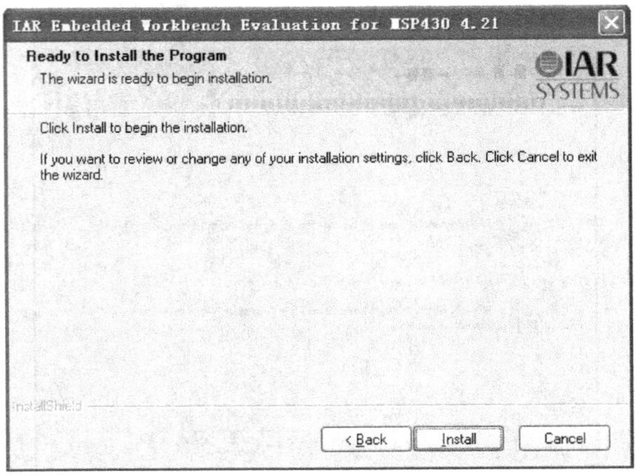

图 6-17　IAR Embedded Workbench Evaluation for MSP430 V4.21 安装界面八

单击“Install”按钮，出现如图 6-18 所示界面。

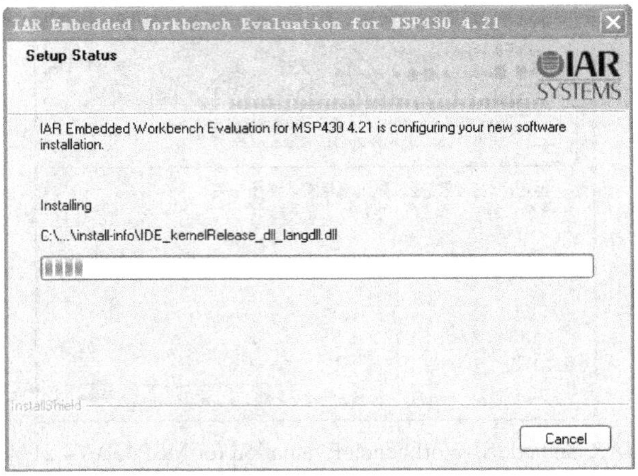

图 6-18　IAR Embedded Workbench Evaluation for MSP430 V4.21 安装界面九

等待 IAR 开发环境安装完成。安装完成后，会出现如图 6-19 所示界面。

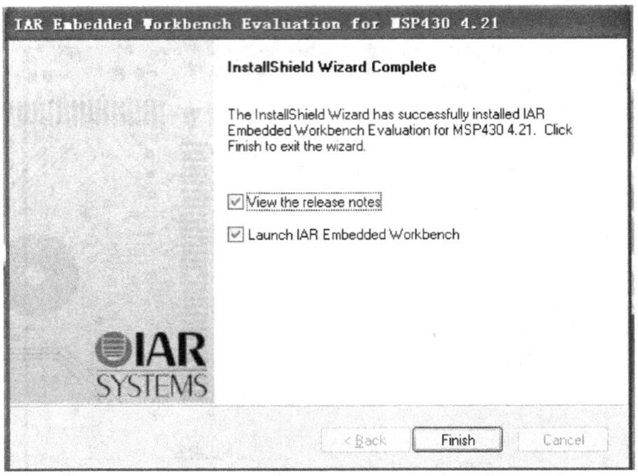

图 6-19　IAR Embedded Workbench Evaluation for MSP430 V4.21 安装界面十

单击“Finish”按钮结束安装。

6.2.2 软件开发环境 IAR Embedded Workbench for MCS-51 的安装

IAR Embedded Workbench 是一套集成的开发环境，用于对汇编、C 或 C++ 编写的嵌入式应用程序进行编译和调试，该集成开发环境包含了 IAR 的 C/C++ 编译器、汇编器、链接器、文件管理器、文本编辑器、工程管理器和 C-SPY 调试器。对于 CC2530 基于 Z-Stack 的 ZigBee2007/Pro 无线传感器网络应用开发，均使用 IAR Embedded Workbench for MCS-51 软件。

AEI-510 平台中的 RFID-ZigBee-Reader 模块和 RFID-ZigBee-Tag 标签的实验程序是使用软件开发环境 IAR Embedded Workbench for MCS-51 建立的。用户可以到 IAR 的官方网站(http://www.iar.com)的相关网页去下载 30 天评估版本。IAR Embedded Workbench 的安装过程比较简单，采用默认安装方式，在安装过程中按提示输入注册申请序列号即可，可参照 IAR Embedded Workbench Evaluation for MSP430 的安装过程。

6.2.3 Z-Stack V2.2.0 协议栈的安装

Z-Stack V2.2.0 是 TI 公司免费的 ZigBee2007/Pro 兼容协议栈。该协议栈经过了 ZigBee 联盟的认证，用户可以到 TI 的官方网站(http://www.ti.com)的相关页面去下载该协议栈。

Z-Stack 安装文件支持在 Windows 2000 或 Windows XP 操作系统下安装，而且安装 Z-Stack 需要用到 Microsoft .NET Framework 工具。如要正常使用 Z-stack 中提供的 Z-Tool 2.0 工具，还必须安装 Microsoft .NET Framework 2.0，用户可以到微软公司官方网站上下载。

注意：强烈建议用户按照如图 6-20 所示的默认路径存放 Z-Stack V2.2.0 协议栈。

Z-Stack V2.2.0 的安装过程非常简单，采用默认的安装方式即可。安装完成后，可以看到如图 6-20 所示的目录和文件结构。

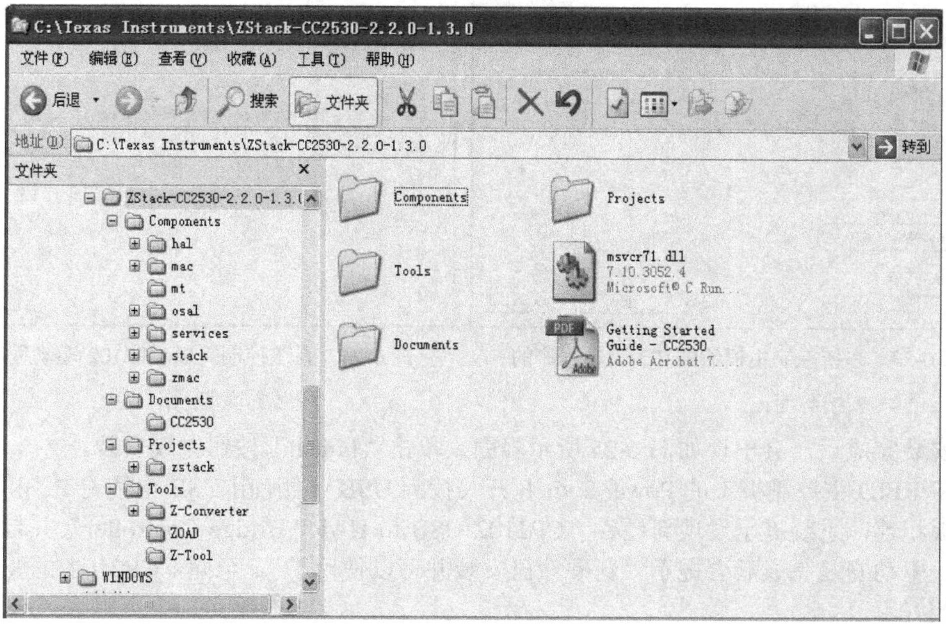

图 6-20 Z-Stach V2.2.0 协议栈安装的默认路径

6.2.4 系统控制主板(CP2102)驱动程序的安装

双击“配套光盘：\驱动程序\cp210x_Drivers.exe”安装文件进行安装。

安装步骤如图 6-21 所示。

单击“Next”按钮，出现如图 6-22 所示界面。

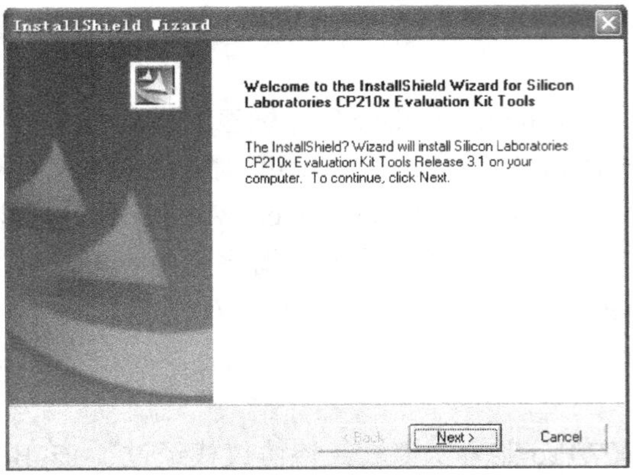

图 6-21 系统控制主板(CP2102)驱动程序的安装界面一

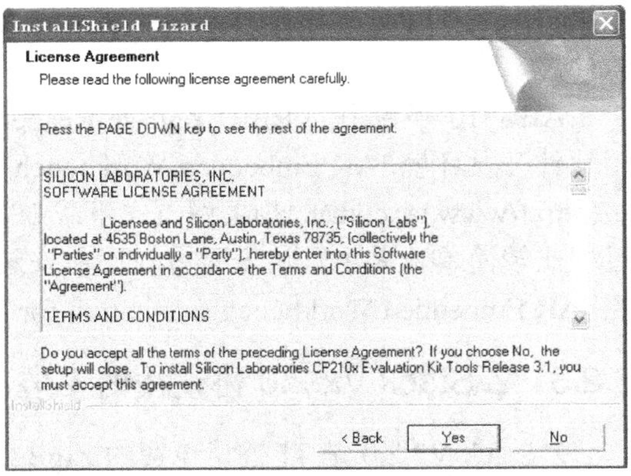

图 6-22 系统控制主板(CP2102)驱动程序的安装界面二

单击“Yes”按钮，出现如图 6-23 所示界面。

可以指定安装路径，也可以使用默认的安装路径，建议使用默认的路径安装。

单击“Next”按钮，出现如图 6-24 所示界面。

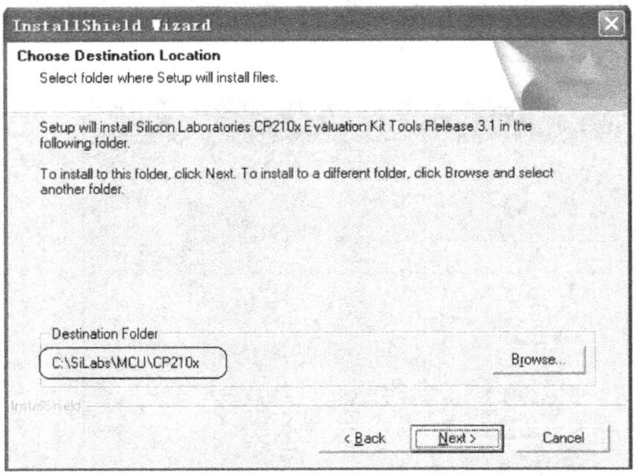

图 6-23 系统控制主板(CP2102)驱动程序的安装界面三

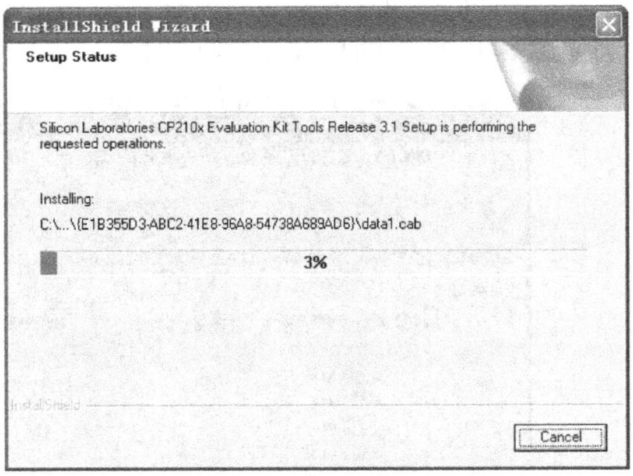

图 6-24 系统控制主板(CP2102)驱动程序的安装界面四

安装完成后，会出现如图 6-25 所示界面。单击“Finish”按钮完成安装。

将 RFID 主控制板上的 Power Switch 开关拨到 USB 一侧，用 USB 电缆将 PC 和系统控制主板相连，系统提示发现新硬件“CP2102 USB to UART Bridge Controller”并自动安装驱动，驱动安装完成后会提示“新硬件已安装并可以使用了”。至此，CP2102 的驱动就完全安装好了。

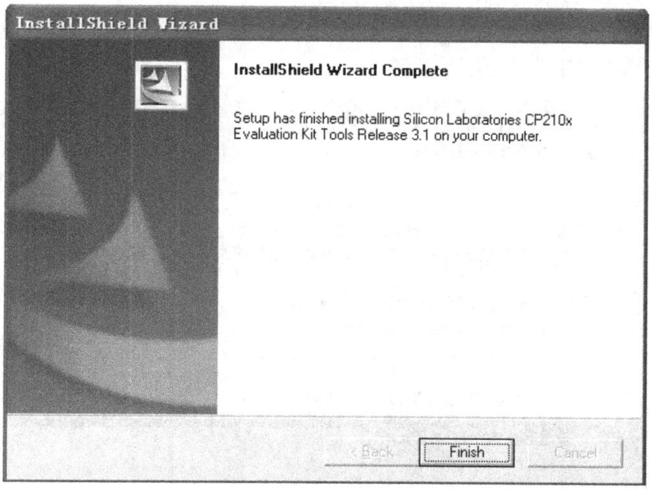

图 6-25　系统控制主板(CP2102)驱动程序的安装界面五

6.2.5　MSP430 仿真器驱动程序的安装

将仿真器用 USB 电缆与 PC 连接。仿真器的驱动程序安装分为两步：第一步安装 MSP-FET430UIF JATG Tool 驱动；第二步安装 MSP-FET430UIF Serial Port 驱动。

1) 安装 MSP-FET430UIF JATG Tool 驱动

根据用户系统的不同，当用户首次将仿真器连接到用户 PC 时，会有以下两种情况发生。

(1) Windows 操作系统将弹出“找到新的硬件向导”界面，如图 6-26 所示。

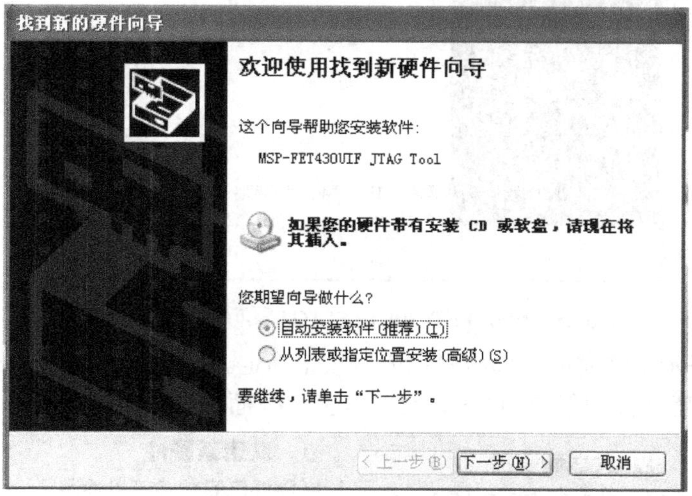

图 6-26　安装 MSP-FET430UIF JTAG Tool 驱动方法一界面一

选择“从列表或指定位置安装(高级)(S)”单选按钮，然后单击“下一步”按钮，进入如图 6-27 所示界面。

找到驱动存放的位置，此时应确认已经安装了 IAR for MSP430 4.21 的开发环境，单击“浏览(R)”按钮找到 TIUSBFET 的位置。如果安装 IAR 时采用的是默认的安装方式，则

TIUSBFET 的位置在“C:\Program Files\IAR Systems\Embedded Workbench Evaluation\430\drivers\TIUSBFET\WinXP”目录下。

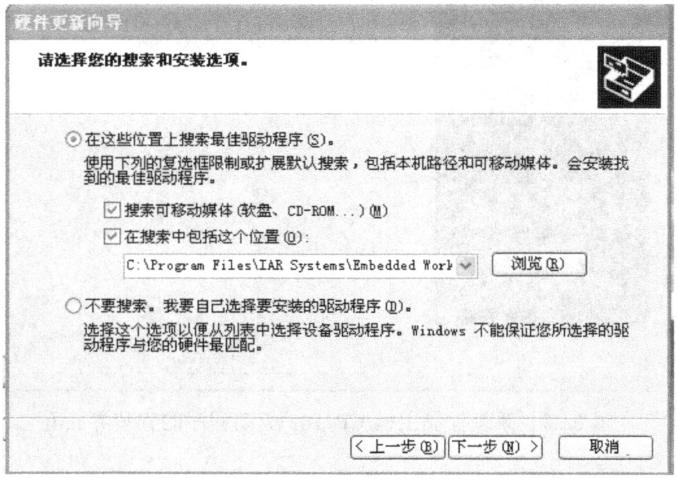

图 6-27　安装 MSP-FET430UIF JTAG Tool 驱动方法一界面二

单击“下一步”按钮，硬件向导会提示找到合适的驱动程序，如图 6-28 所示。

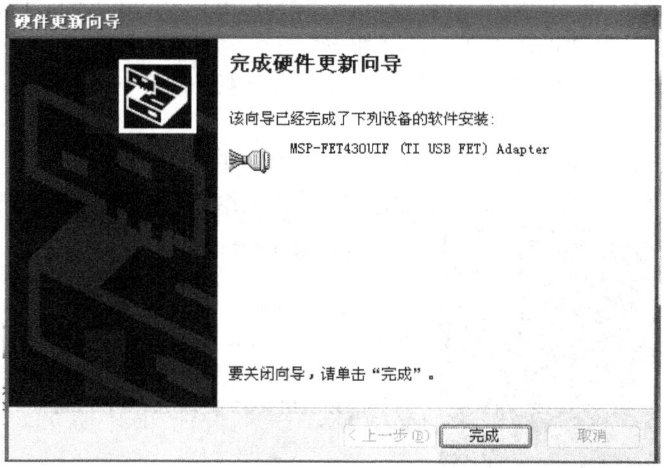

图 6-28　MSP-FET430UIF JTAG Tool 驱动方法一界面三

安装向导提示安装完成，单击“完成”按钮确定。

(2) 将仿真器连接到用户 PC 时，会依次弹出下面两个界面，如图 6-29 所示。

图 6-29　MSP-FET430UIF JTAG Tool 驱动方法二界面一

在这种情况下，用右键单击“我的电脑”图标，在弹出的菜单中选中“属性”—“设备管理器”菜单项，弹出设备管理器窗口，如图 6-30 所示。

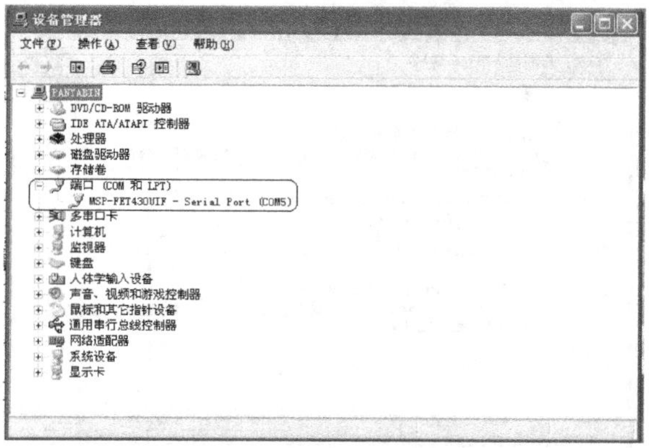

图 6-30　安装 MSP-FET430UIF JTAG Tool 驱动方法二界面二

选中系统自动安装的驱动，单击右键，在弹出的菜单中选中“更新驱动程序”菜单项，如图 6-31 所示。

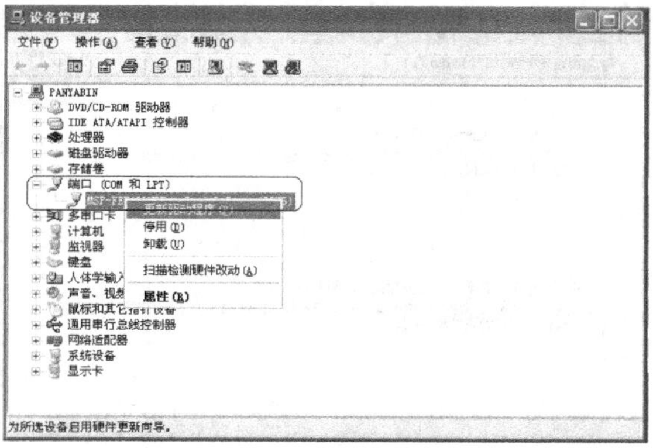

图 6-31　安装 MSP-FET430UIF JTAG Tool 驱动方法二界面三

会弹出如图 6-32 所示界面。

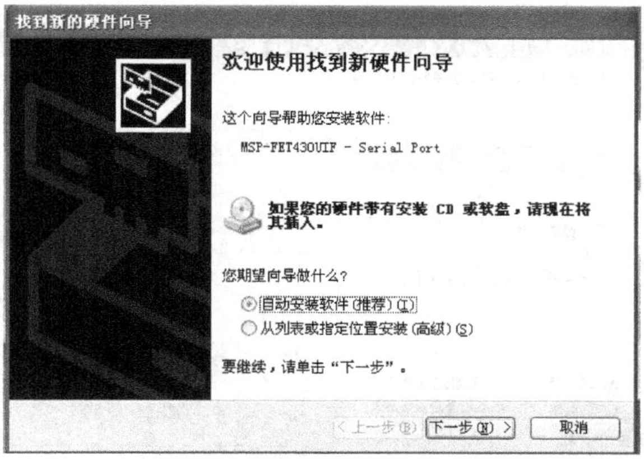

图 6-32　安装 MSP-FET430UIF JTAG Tool 驱动方法二界面四

选择“从列表或指定位置安装(高级)(S)”单选按钮，然后单击“下一步”按钮，进入如图 6-33 所示对话框。

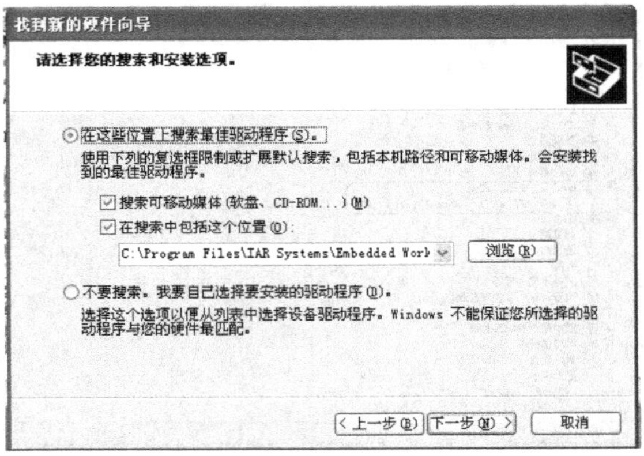

图 6-33　安装 MSP-FET430UIF JTAG Tool 驱动方法二界面五

选择“不要搜索。我要自己选择要安装的驱动程序(0)”单选按钮，进入图 6-34 所示界面。

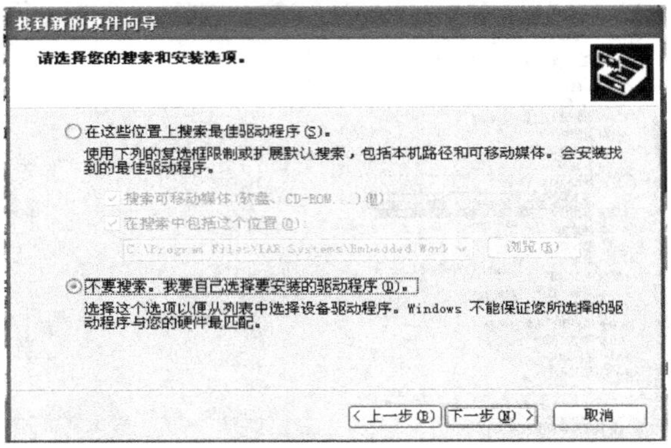

图 6-34　安装 MSP-FET430UIF JTAG Tool 驱动方法二界面六

然后单击“下一步”按钮，进入如图 6-35 所示对话框。

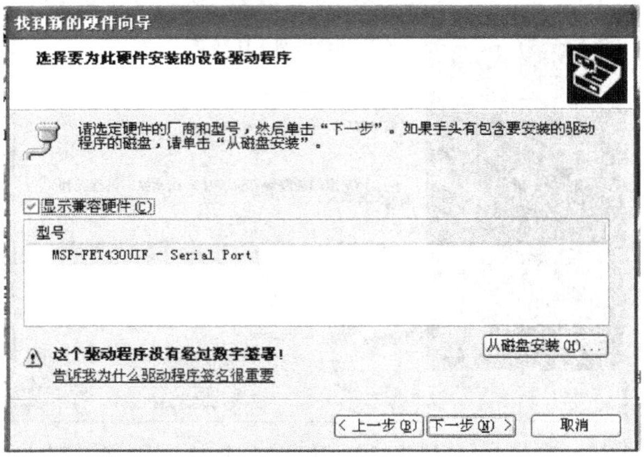

图 6-35　安装 MSP-FET430UIF JTAG Tool 驱动方法二界面七

单击“从磁盘安装”按钮，弹出如图 6-36 所示界面。

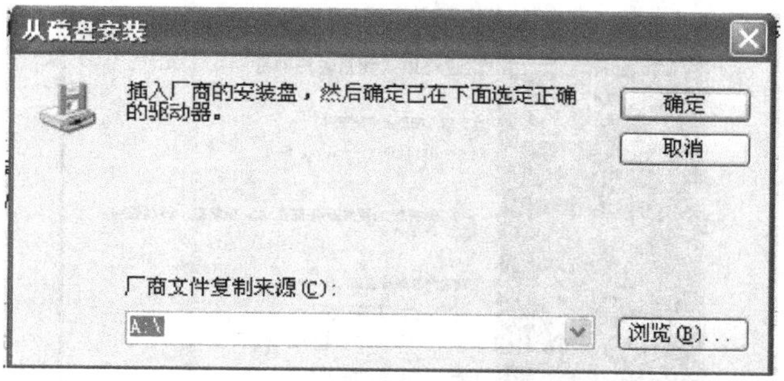

图 6-36 安装 MSP-FET 430 UIF JTAG Tool 驱动方法二界面八

单击“浏览”按钮，指定驱动位置，如果安装 IAR 时采用的是默认的安装方式，则指定驱动文件为“C:\Program Files\IAR Systems\Embedded Workbench Evaluation\430\drivers\TIUSBFET\WinXP\umpusbXP.inf”。单击“确定”按钮，再单击“下一步”按钮进行安装。

安装完成后，弹出如图 6-37 所示界面。

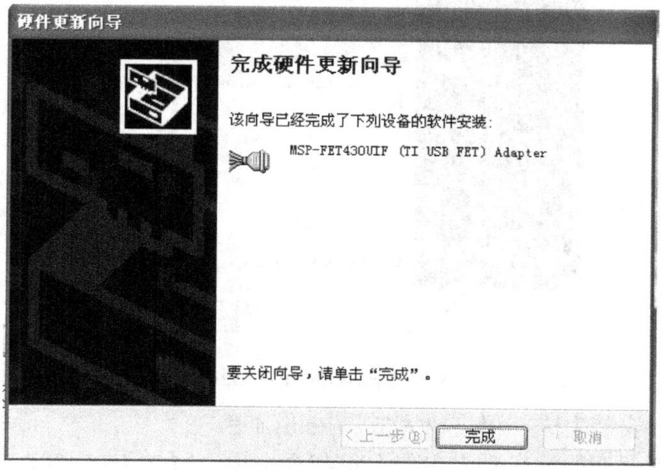

图 6-37 安装 MSP-FET430UIF JTAG Tool 驱动方法二界面九

安装向导提示安装完成，单击“完成”按钮确定。

2) 安装 MSP-FET430UIF-Serial Port 驱动

在 MSP-FET430UIF JATG Tool 驱动程序安装完成后，Windows 会自动识别另一个硬件“MSP-FET430UIF-Serial Port”，即为 MSP-FET430UIF JATG，如图 6-38 所示。

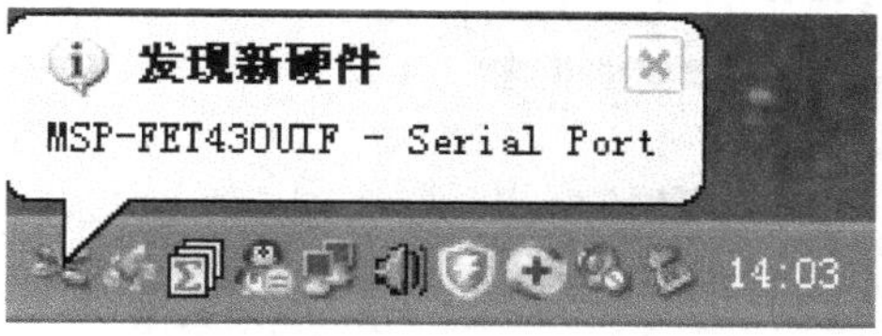

图 6-38 安装 MSP-FET430UIF-Serial Port 驱动界面一

同时，还会弹出“找到新的硬件向导”界面，如图 6-39 所示。

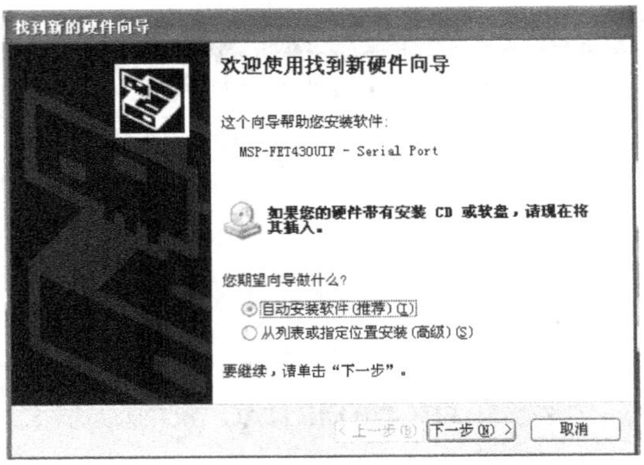

图 6-39　安装 MSP-FET430UIF-Serial Port 驱动界面二

选择“自动安装软件(推荐)(I)”单选按钮，并单击“下一步”按钮，进入如图 6-40 所示界面。

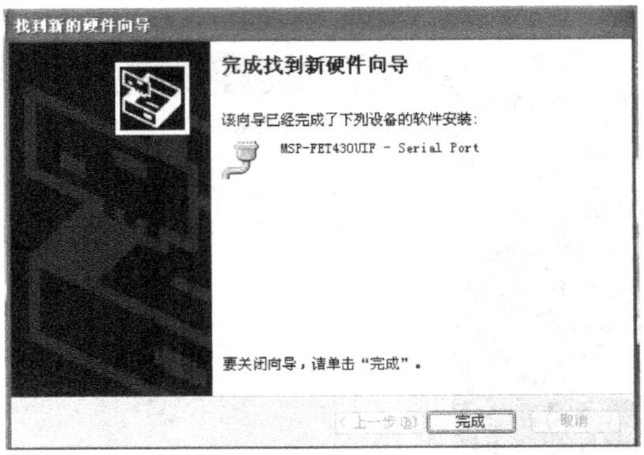

图 6-40　安装 MSP-FET430UIF-Serial Port 驱动界面三

安装向导提示安装完成，单击“完成”按钮确定。

这时在设备管理器的端口和多串口卡里都会出现“MSP-FET430UIF-xxxxxx”，且前面没有感叹号，表示驱动安装成功，仿真器可以使用了，如图 6-41 所示。

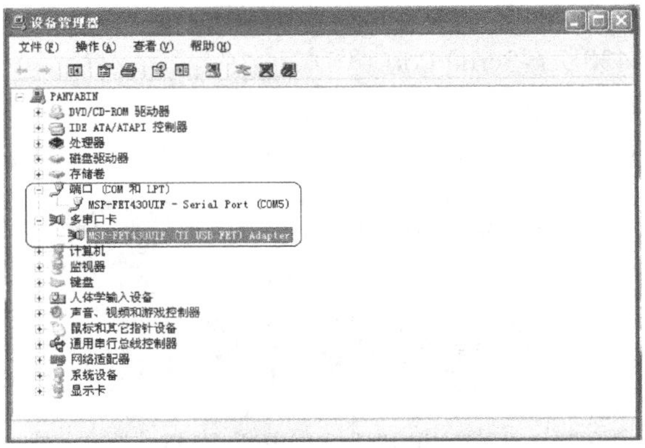

图 6-41　安装 MSP-FET430UIF-Serial Port 驱动界面四

6.2.6　CC Debugger 多功能仿真器驱动程序的安装

在软件开发环境 IAR Embedded Workbench for MCS-51 中对目标板上的 CC2530 芯片进行程序的下载、调试等操作必须通过 CC Debugger 多功能仿真器进行。

当用户首次将 CC Debugger 多功能仿真器连接到用户 PC 时，Windows 操作系统将弹出“找到新的硬件向导”界面，如图 6-42 所示。

选择“从列表或指定位置安装(高级)(S)”单选按钮，然后再单击“下一步”按钮。

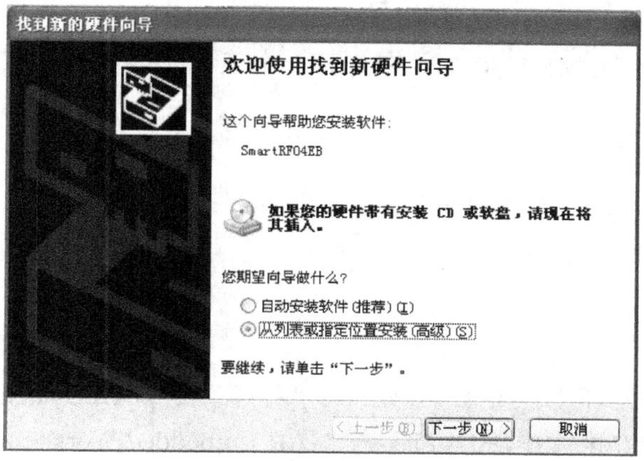

图 6-42　CC Debugger 多功能仿真器驱动程序的安装界面一

如果用户先前安装了 IAR Embedded Workbench for MCS-51 软件开发环境，那么 CC Debugger 多功能仿真器的驱动程序已经包含在了 IAR Embedded Workbench for MCS-51 软件开发环境的安装目录中，例如“C：\Program File\IAR Systems\ Embedded Workbench 5.3\8051\drivers\Texas Instruments”。单击“浏览(R)”按钮，然后指定该位置。

若用户先前没有安装 IAR Embedded Workbench for MCS-51 软件开发环境，可以将驱动程序的位置指定到“配套光盘\驱动程序\CC Debugger 多功能仿真器驱动\”。

在指定好驱动程序的位置后，单击“下一步(N)”按钮，系统将完成驱动程序的安装过程，如图 6-43 所示。单击“完成”按钮以结束安装。

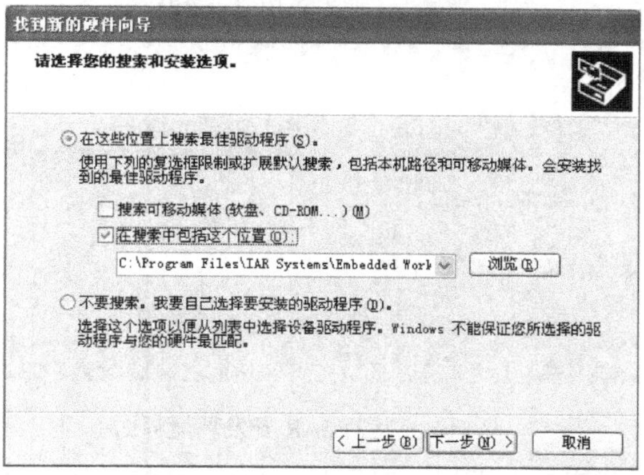

图 6-43　CC Debugger 多功能仿真器驱动程序的安装界面二

6.3 125 kHz 低频 RFID 实验

6.3.1 在 IAR 开发环境下对 MSP430 进行程序仿真和固化

1. 实验目的

本实验以 125 kHz 低频 RFID 为例，使用户熟悉如何使用软件开发环境 IAR Embedded Workbench Evaluation for MSP430 4.21 来打开一个工程，并将程序下载固化到系统控制底板上的 MSP430F2370 中。

2. 实验条件

(1) AEI-510 系统主板 1 个。

(2) MSP430 仿真器 1 个。

(3) USB 电缆 2 条。

3. 实验步骤

(1) 运行 IAR 开发环境。选择“开始”—“程序”—“IAR Systems”—“IAR Embedded Workbench Evaluation for MSP430 4.21”—“IAR Embedded Workbench”菜单项，打开 IAR 开发环境，如图 6-44 所示。

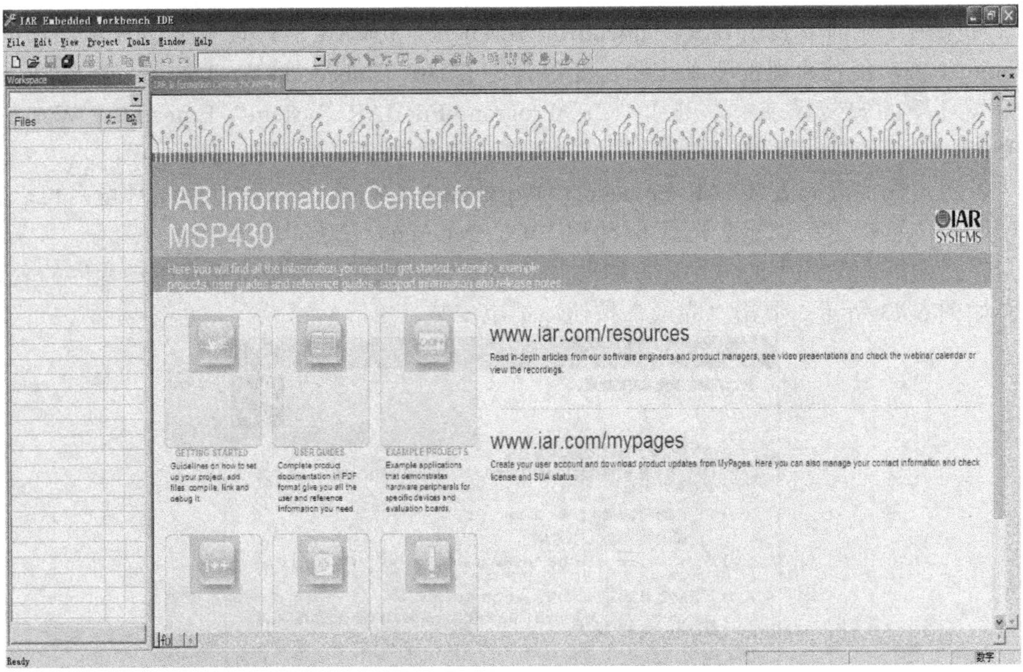

图 6-44 运行 IAR 开发环境界面

(2) 打开一个已经建立好的工程。要打开一个已经建立好的工程，有以下两种方法：

① 选择“File”—“Open”—“Workspace”菜单项，如图 6-45 所示。

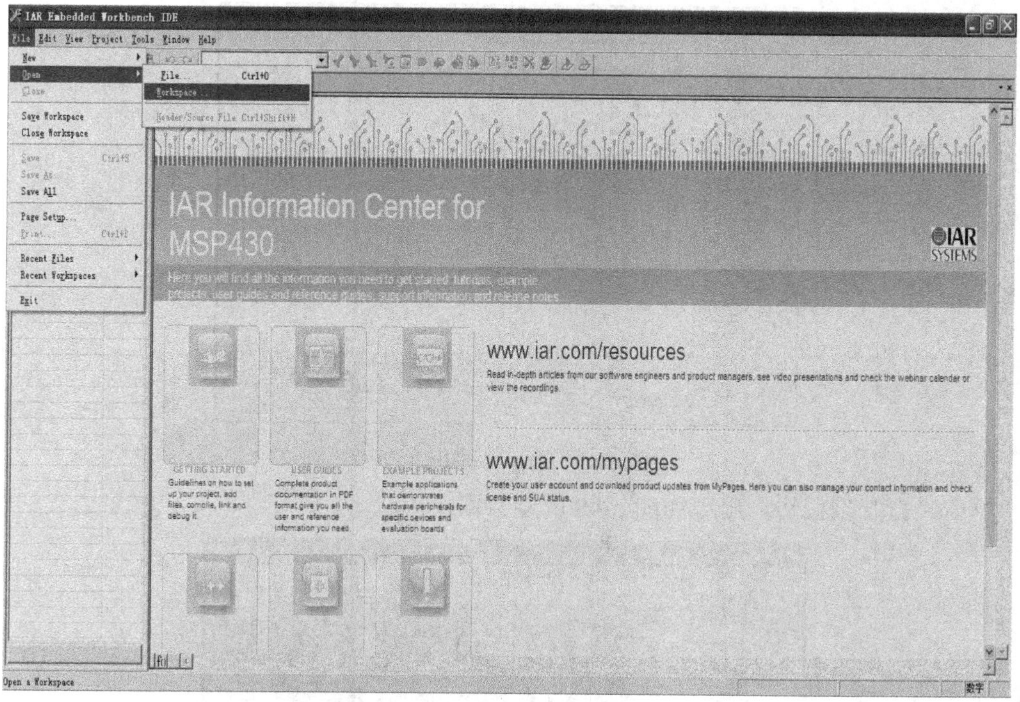

图 6-45　打开已经建立好的工程方法一界面一

弹出如图 6-46 所示界面。

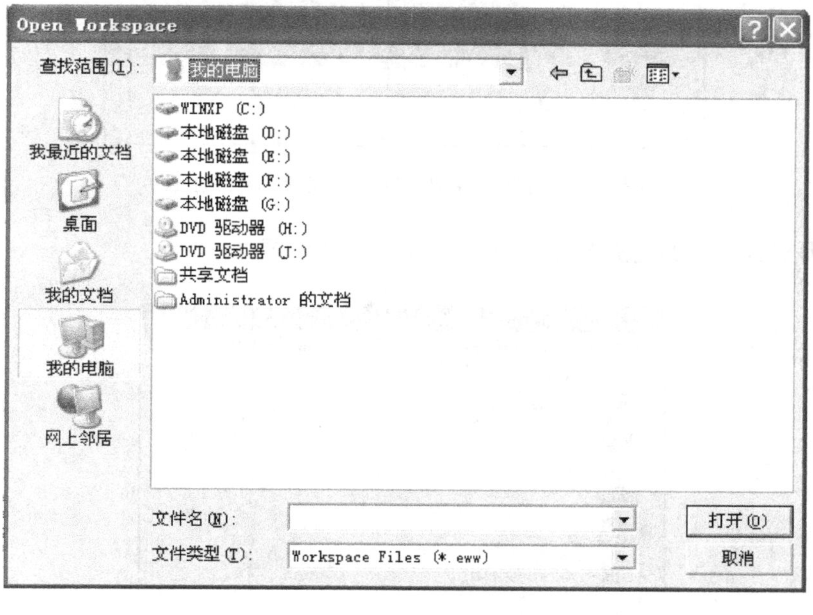

图 6-46　打开已经建立好的工程方法一界面二

选择要打开的工程，例如“RFID-125 kHz-Demo.eww”，该工程位于“配套光盘\下位机代码\RFID-125 kHz-Demo”文件夹里，如图 6-47 所示。

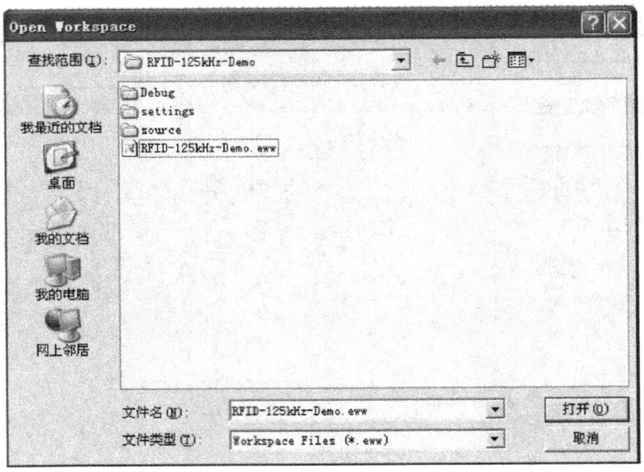

图 6-47　选择要打开的工程

单击“打开”按钮，出现如图 6-48 所示界面。

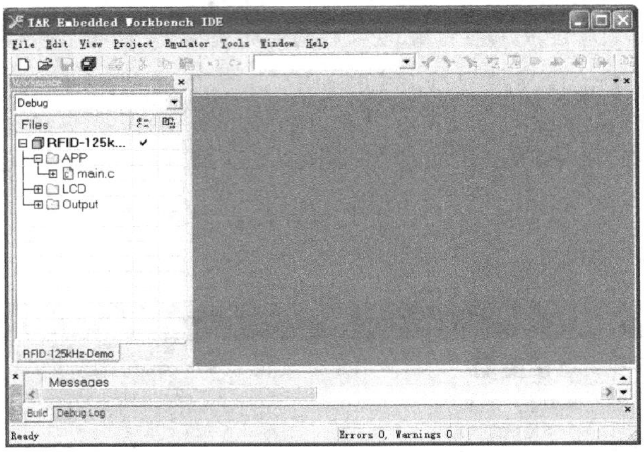

图 6-48　打开已经建立好的工程方法一界面三

② 单击工具栏上的  图标，弹出如图 6-49 所示界面。

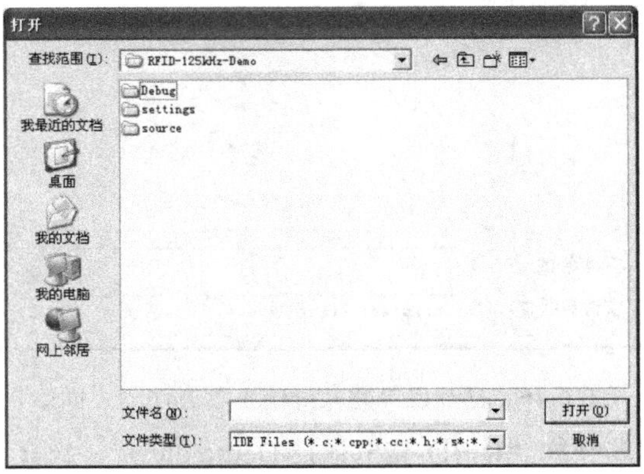

图 6-49　打开已经建立好的工程方法二界面一

在文件的下拉列表框中，选择“Workspace Files(*.eww)”选项，如图 6-50 所示。

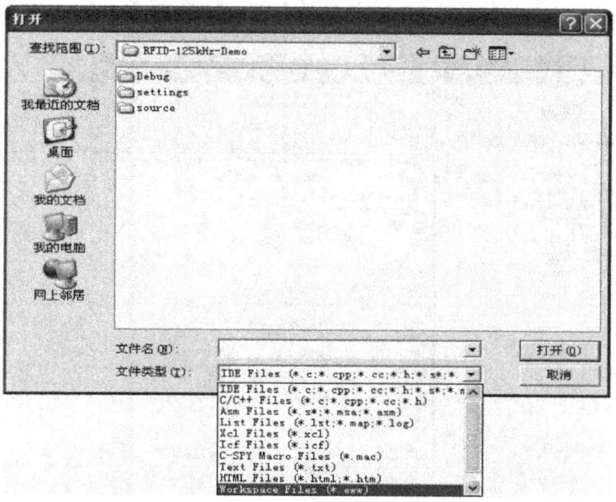

图 6-50　打开已经建立好的工程方法二界面二

选择好要打开的文件类型后，会发现文件列表框里多出了“RFID-125 kHz-Demo.eww”工程文件，选择该工程，并单击“打开”按钮，如图 6-51 所示。

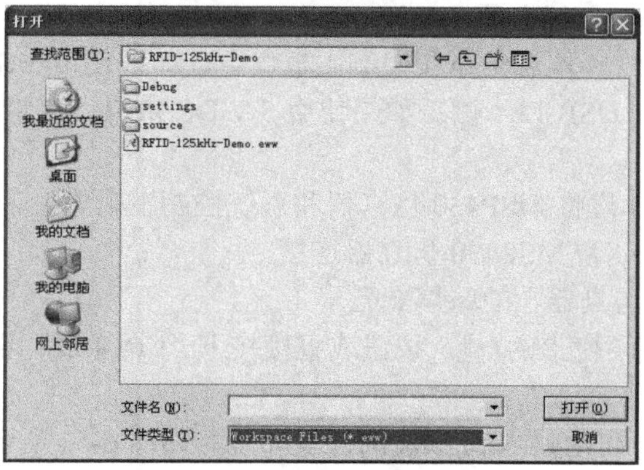

图 6-51　打开已经建立的工程方法二界面三

出现如图 6-52 所示界面。

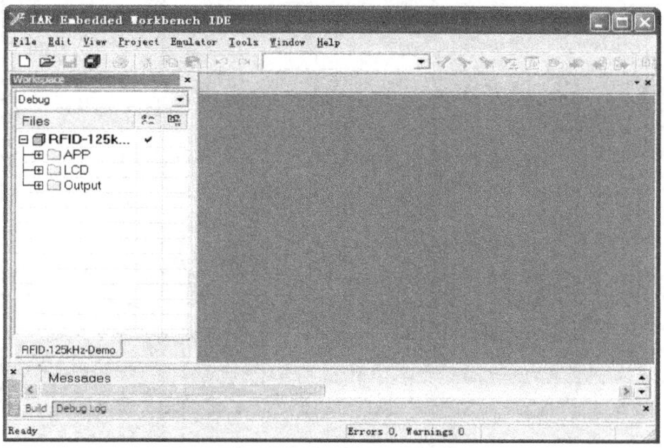

图 6-52　打开已经建立的工程方法二界面四

(3) 查看主程序代码。单击工程文件列表里 APP 前面的 ⊞ 号，展开 APP 下的文件，双击 APP 文件夹下的 main.c 文件，即可查看 main.c 的主程序源代码，如图 6-53 所示。

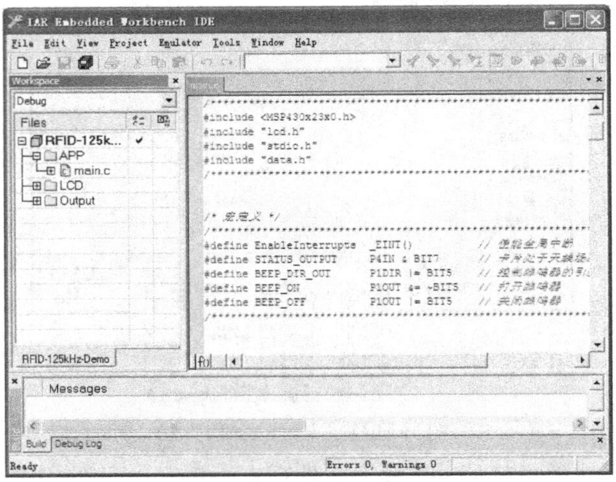

图 6-53　打开主程序代码

(4) 下载程序到控制主板上的 MSP430F2370 中。

① 用 USB 线或 5 V 电源给系统控制主板供电。如果使用 USB 线供电，应将 Power Switch 的拨码开关拨到 USB 口一侧；如果使用 5 V DC 供电，应将 Power Switch 的拨码开关拨到 DC 口一侧。

② 用 14PIN JTAG 线将 MSP430 仿真器和系统控制主板连接。

③ 用 USB 线将 PC 和 MSP430 仿真器连接。

④ 等待 MSP430 仿真器上的绿灯点亮。

⑤ 单击 IAR 开发环境上的 按钮或直接按下“Ctrl + D”组合键，将程序下载固化到 MSP430F2370 芯片中。

程序下载完成后，自动跳入到 IAR 的开发环境，如图 6-54 所示。

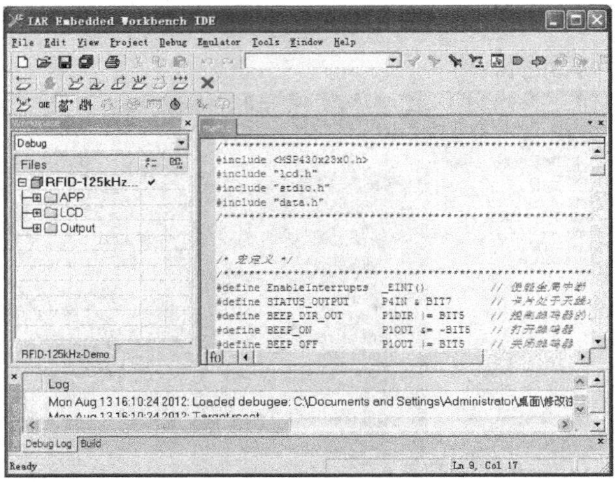

图 6-54　IAR 开发环境

可以发现，在 IAR 环境里多了如下工具按钮，使用这些按钮可以对程序进行多种方式的调试。

：复位。

：每步执行一个函数调用。

：进入内部函数或子程序。

：从内部函数或子程序跳出。

：每次执行一个语句。

：运行到光标处。

：全速运行。

：停止调试。

(5) 运行程序。单击 IAR 开发环境里的按钮或直接按下系统控制主板上的复位键(RESET)，即可运行刚才下载到系统控制主板上的程序。

6.3.2　由 MSP430F2370 控制的寻卡实验

1. 实验目的

通过 MSP430F2370 对 RFID-125 kHz-Reader 进行控制，读取在读卡区域内的 ID 卡。

2. 实验条件

(1) AEI-510 系统控制主板 1 个。

(2) RFID-125 kHz-Reader 模块 1 个。

(3) 125 kHz 卡片 2 张。

(4) MSP430 仿真器 1 个。

(5) USB 电缆 2 条。

3. 实验步骤

(1) 将 RFID-125 kHz-Reader 模块正确安装在系统控制主板的 PI 插座上。

(2) 将系统控制主板上的拨码开关座 J102 和 J105 全部拨到 ON 挡，其他四个拨码开关座全部拨到 OFF 挡。

(3) 给系统控制主板供电(USB 供电或者 5 V DC 供电)。

(4) 用 MSP430 仿真器将系统控制主板和 PC 连接，按照 6.3.1 节所述方法和步骤用 IAR 开发环境打开位于“配套光盘\下位机代码\RFID-125 kHz-Demo”文件夹下的“RFID-125 kHz-Demo.eww”工程，并将该工程下载到系统控制主板上。

(5) 按下系统控制主板上的复位键，可以观察到系统控制主板的LCD上显示如图6-55所示。

RFID-125 kHz-Demo

Card ID:
Count:

Put card in the field
Of antenna radiancy!

图 6-55　125 kHz 低频 RFID 实验复位之后系统控制主板的 LCD 显示

(6) 将一张 125 kHz ID 卡放在 125 kHz RFID 天线范围内，当 RFID-125 kHz-Reader 读取到卡片时，RFID-125 kHz-Reader 上的绿灯会点亮，系统控制主板上的蜂鸣器会蜂鸣，液晶上显示所读取的 125 kHz ID 卡的卡号和累计读卡次数，显示如图 6-56 所示。

```
        RFID-125 kHz-Demo

Card ID:000393408
Count:0000000001

Detect Card Success!
```

图 6-56　读卡时系统控制主板的 LCD 显示

(7) 将卡片从 125 kHz RFID 天线区域内拿开，RFID-125 kHz-Reader 上的绿灯熄灭，蜂鸣器停止蜂鸣，系统控制主板上的液晶显示如图 6-57 所示。

```
        RFID-125 kHz-Demo
Card ID:
Count:0000000001

Put card in the field
Of antenna radiancy!
```

图 6-57　取卡后系统控制主板的 LCD 显示

(8) 多次读取卡片，会发现液晶上的 Count 计数会依次加 1，如果按下系统控制主板上的复位键，Count 计数又会从 0 开始。

6.3.3　由 PC 控制的寻卡实验

1. 实验目的

通过 PC 的串口对 RFID-125 kHz-Reader 进行控制，读取在读卡区域内 ID 卡的卡号。

2. 实验条件

(1) AEI-510 系统控制主板 1 个。

(2) RFID-125 kHz-Reader 模块 1 个。

(3) 125 kHz ID 卡片 2 张。

(4) USB 电缆 1 条。

3. 实验步骤

(1) 将 RFID-125 kHz-Reader 模块正确安装在系统控制主板的 PI 插座上。

(2) 将系统控制主板上的拨码开关座 J101 和 J105 全部拨到 ON 挡，其他四个拨码开关座全部拨到 OFF 挡。

(3) 给系统控制主板供电(USB 供电或者 5 V DC 供电)，用 USB 线连接系统控制主板和 PC。

(4) 运行“AEI-510 RFID(125 kHz).exe”软件，如图 6-58 所示。

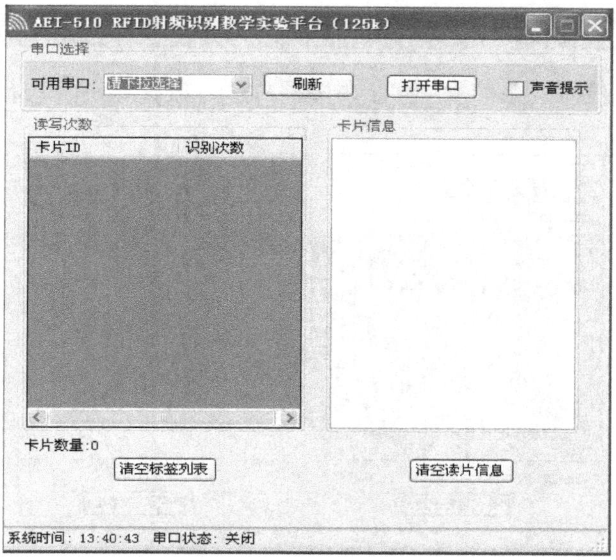

图 6-58　运行 AEI-510 RFID(125 kHz).exe 软件

(5) 选择系统控制主板上的串口所占用的串口号，单击“打开串口”按钮，如图 6-59 所示。

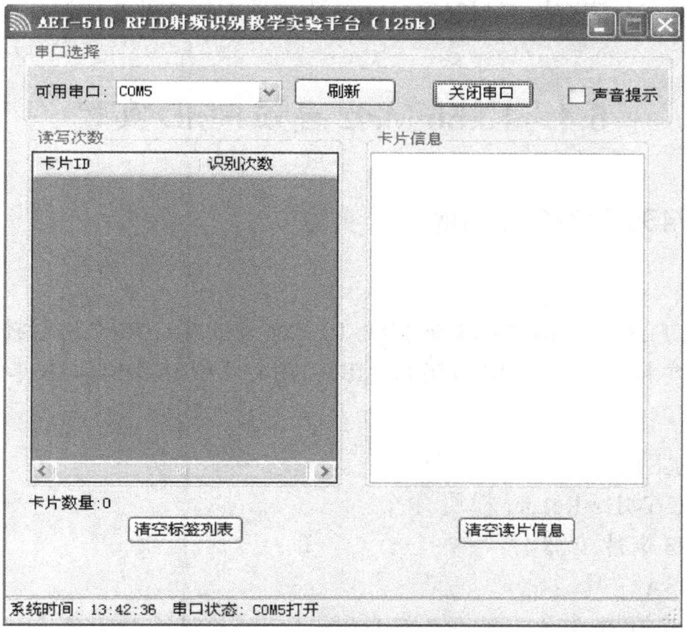

图 6-59　选择串口号并打开

(6) 将一张 125 kHz ID 卡放在 125 kHz RFID 天线范围内，当 RFID-125 kHz-Reader 读取到卡片时，RFID-125 kHz-Reader 上的绿灯会点亮，PC 会发出系统声音(注意：如果软件上的声音提示选项选中了则会有读卡声音，如果没有选或者用户 PC 上没有音频设备，则无读卡声音)，软件上会显示卡片信息和读卡信息，如图 6-60 所示。

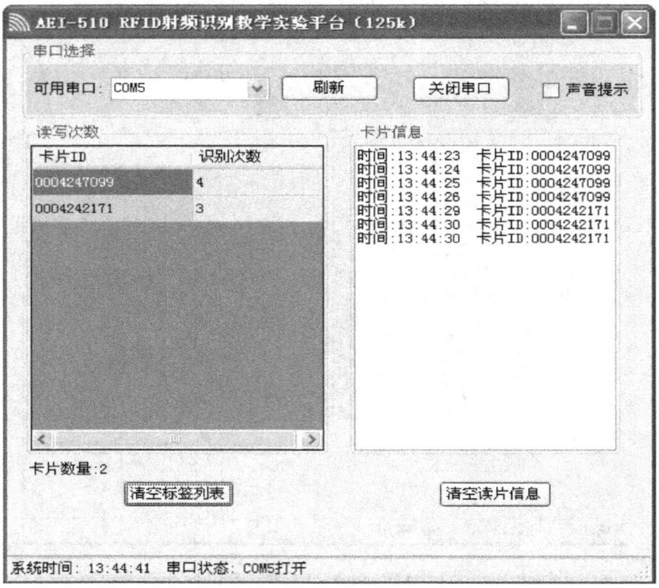

图 6-60 读取卡片后显示信息

(7) 可以通过单击“清空标签列表”按钮和单击“清空读片信息”按钮将标签列表和信息框里的内容清空，清空标签列表后，标签数量重新从 0 开始计数。

6.4 13.56 MHz 高频 RFID 实验

6.4.1 由 MSP430F2370 控制的寻卡实验

1．实验目的

通过 MSP430F2370 对 RFID-13.56 MHz-Reader 上的 TRF7960 进行控制，读取在 13.56 MHz RFID 模块读卡区域内的 ISO 15693、ISO 14443A 或 ISO 14443B 卡片。

2．实验条件

(1) 系统控制主板 1 个。

(2) RFID-13.56MHz-Reader 模块 1 个。

(3) ISO 15693 卡片 2 张。

(4) ISO 14443A 卡片 2 张。

(5) MSP430 仿真器 1 个。

(6) USB 电缆 2 条。

3．实验步骤

(1) 将 RFID-13.56 MHz-Reader 模块正确安装到系统控制主板的插座上。

(2) 将系统控制主板上的拨码开关座 J101 和 J103 全部拨到 ON 挡，其他四个拨码开关座全部拨到 OFF 挡。

(3) 给系统控制主板供电(USB 供电或者 5 V DC 供电)。

(4) 用 MSP430 仿真器将系统控制主板和 PC 连接，按照 6.3.1 节所述方法和步骤用 IAR 开发环境打开位于“配套光盘\下位机代码\RFID-13.56 MHz-Demo”文件夹下的“RFID-13.56 MHz-Demo.eww”工程，并将工程下载到系统控制主板上。

(5) 将 MSP430 仿真器从系统控制主板上拔掉，按下系统控制主板上的复位键，可以观察到系统控制主板的 LCD 上显示如图 6-61 所示。

RFID-13.65 MHz-Demo

图 6-61　13.56 MHz 高频 RFID 实验复位后 LCD 显示

(6) 将一张 ISO 15693 协议卡片放在 13.56 MHz RFID 天线范围内，当 13.56 MHz 读卡器读取到卡片时，系统控制主板上的 ISO 15693 协议指示灯蓝色 LED 灯(D105)会点亮，系统控制主板上的蜂鸣器会蜂鸣，液晶上显示找到 ISO 15693 协议卡片和该卡片的 UID 卡号，显示如图 6-62 所示。

RFID-13.65 MHz-Demo

ISO15693 Found
UID:E00700002FCFB889

图 6-62　13.56 MHz 高频 RFID 实验读 ISO 15693 卡片时 LCD 显示

(7) 将 ISO15693 协议卡片从 13.56 MHz 读卡器天线区域内拿开，系统控制主板上的蓝色 LED 灯(D105)熄灭，蜂鸣器停止蜂鸣，系统控制主板上的液晶恢复显示，如图 6-61 所示。

(8) 将一张 ISO 14443A 协议卡片放在 13.56 MHz 读卡器天线范围内，当 13.56 MHz 读卡器读取到卡片时，系统控制主板上的 ISO 14443A 协议指示灯绿色 LED 灯(D106)会点亮，系统控制主板上的蜂鸣器会蜂鸣，液晶上显示找到 ISO 14443A 协议卡片，显示如图 6-63 所示。

RFID-13.65 MHz-Demo

ISO14443A Found

图 6-63　13.56 MHz 高频 RFID 实验读 ISO 14443A 卡片时 LCD 显示

(9) 将 ISO 14443A 协议卡片从 13.56 MHz 读卡器天线区域内拿开，系统控制主板上的绿色 LED 灯(D106)熄灭，蜂鸣器停止蜂鸣，控制主板上的液晶恢复显示如图 6-61 所示。

(10) 将一张ISO 14443B协议卡片(中华人民共和国第二代身份证就是ISO 14443B协议)放在13.56 MHz RFID天线范围内，当13.56 MHz读卡器读取到卡片时，系统控制主板上的ISO 14443B协议指示灯红色LED灯(D107)会点亮，系统控制主板上的蜂鸣器会蜂鸣，液晶上显示找到ISO 14443B协议卡片，显示如图6-64所示。

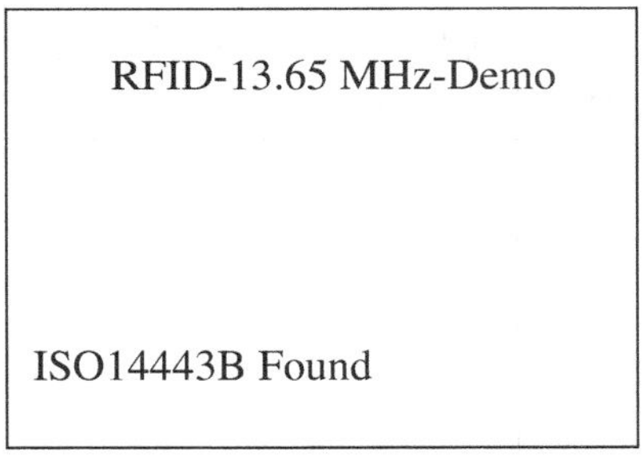

图6-64　13.56 MHz高频RFID实验读ISO 14443B卡片时LCD显示

(11) 将ISO 14443B协议卡片从13.56 MHz读卡器天线区域内拿开，系统控制主板上的红色LED灯(D107)熄灭，蜂鸣器停止蜂鸣，控制主板上的液晶恢复显示如图6-61所示。

6.4.2　联机通信实验

1. 实验目的

通过PC串口和MSP430串口进行通信，利用上位机软件来控制13.56 MHz高频RFID读卡器。

2. 实验条件

(1) AEI-510系统控制主板　1个。

(2) RFID-13.56 MHz-Reader模块　1个。

(3) ISO 15693卡片　2张。

(4) ISO 14443A卡片　2张。

(5) MSP430仿真器　1个。

(6) USB电缆　2条。

3. 实验步骤

(1) 将RFID-13.56 MHz-Reader模块正确安装在系统控制主板的插座上。

(2) 将系统控制主板上的拨码开关座J101和J103全部拨到ON挡，其他四个拨码开关座全部拨到OFF挡。

(3) 给系统控制主板供电(USB供电或者5 V DC供电)。

(4) 用MSP430仿真器将系统控制主板和PC连接，按照6.3.1节所述方法和步骤用IAR开发环境打开位于“配套光盘\下位机代码\RFID-13.56 MHz-Demo”文件夹下的“RFID-13.56 MHz-Demo.eww”工程，并将工程下载到系统控制主板上(如果在前面已经做了13.56 MHz高频RFID脱机实验，并且已经烧写了该程序，则不需要再次烧写该程序)。

(5) 将MSP430仿真器从系统控制主板上拔掉，按下系统控制主板上的复位键可以观察到系统控制主板的LCD显示如图6-61所示。

(6) 用USB线将系统控制主板和PC相连(如果是采用5 V DC供电，用一条USB线将

PC 和系统控制主板相连；如果是采用 USB 供电则可直接通信)。

(7) 运行“AEI-510 RFID(13.56 MHz).exe”软件，如图 6-65 所示。

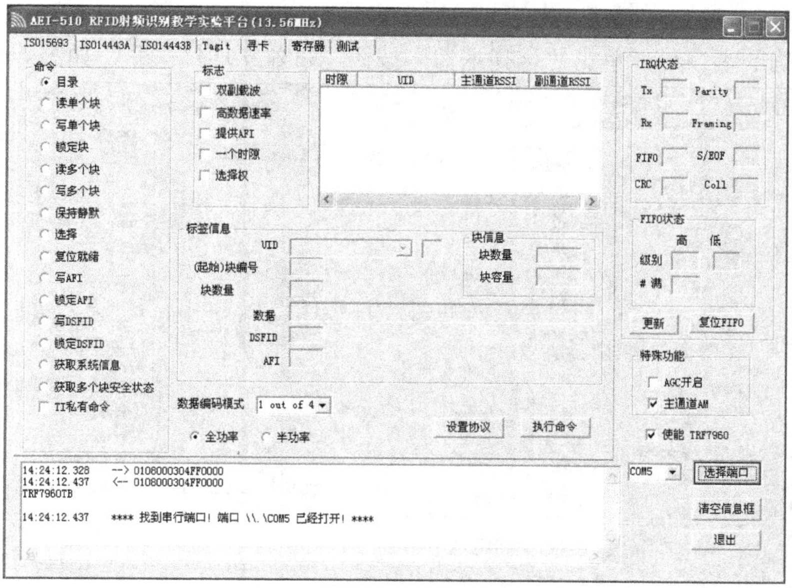

图 6-65　联机通信实验运行控制软件

(8) 系统控制主板上的液晶显示此时如图 6-66 所示，表示系统控制主板已经和 PC 联机进行通信，此时的 13.56 MHz RFID 读卡器不再由 MSP430F2370 对其进行控制，而是由 PC 对其进行控制。

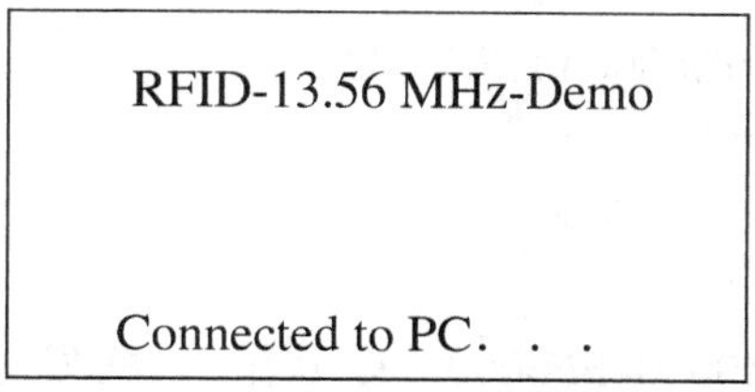

图 6-66　系统控制主板上的 LCD 显示

(9) 此时，就可以进行后续的各种联机通信实验了。

6.4.3　ISO 15693 协议联机通信实验

1．实验目的

通过 PC 串口对 MSP430F2370 进行控制，进而对 TRF7960 13.56 MHz RFID 进行控制，从而对 ISO 15693 协议卡片进行读写等相关操作。

2．实验条件

(1) AEI-510 系统控制主板 1 个。

(2) RFID-13.56MHz-Reader 模块 1 个。

(3) ISO 15693 卡片 2 张。

(4) USB 电缆 2 条。

3. 实验原理及步骤

ISO 15693 协议联机通信实验在 13.56 MHz 高频 RFID 脱机实验的基础上进行，应保证 PC 和系统控制主板已经成功连接。

选择正确的端口号，单击“选择端口”按钮，以建立连接关系，如图 6-67 所示。

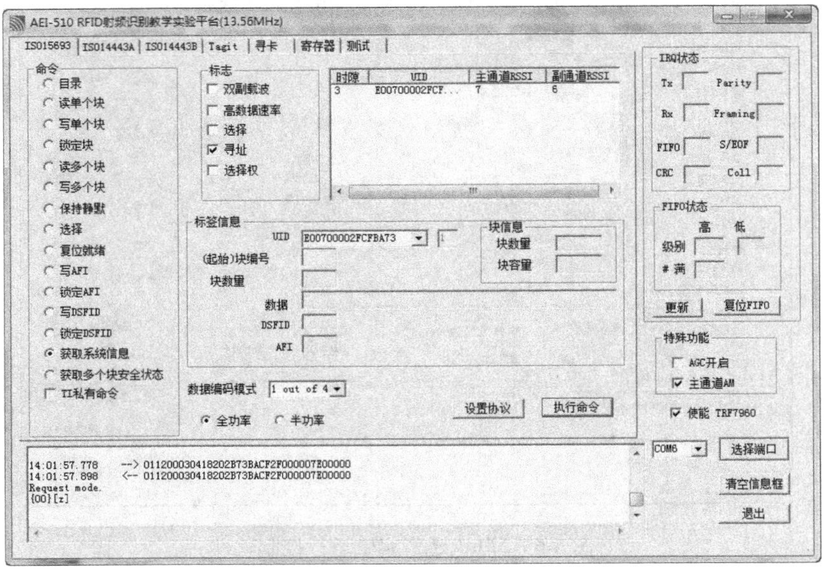

图 6-67 ISO 15693 协议联机通信实验建立连接

在左下角的日志信息文本框中，出现以下信息：

13:10:04.468-->0108000304FF0000

13:10:04.640<--0108000304FF0000

TRF7960TB

13:10:04.640 **** 找到串行端口！****

说明如下：

13:10:04.468-->0108000304FF0000 表示由主机发送至系统控制主板的数据为 0108000304ff0000，通信时间为 13:10:04.468。

13:10:04.640<--0108000304FF0000 表示由系统控制主板发送给主机的回应数据为 0108000304FF0000，通信时间为 13:10:04.640。

TRF7960TB 为 RFID 读卡器的板类型。

成功联机后(信息文本框显示找到串行端口！)，在标志静态文本框中选择“高数据速率”复选框，“数据编码模式”选择“1 out of 4”，并选择“全功率”单选按钮。单击“设置协议”按钮，进行 ISO 15693 协议设置。ISO 15693 协议设置命令实际上发送了三条命令(寄存器写、设置 AGC、设置接收器模式(AM/PM))。

(1) 寄存器写命令，其格式如下：

01 0C 00 03 04 10 00 21 01 02 00 00

寄存器写命令指令是连续的，为了区别，每两位中间加了空格，下同。

寄存器写命令中字段的内容及含义如表 6-25 所示。

表 6-25　寄存器写命令字段的内容及含义

字　段	内　容	含　　义
SOF	01	帧起始
数据包长度	0C	数据包长度 = 12 Byte
常量	00	
起始数据载荷	03 04	起始数据载荷
固件命令	10	寄存器写
寄存器 00	00 21	对寄存器 00(芯片状态控制寄存器)写入 21(RF 输出有效，+5 V DC)
寄存器 01	01 02	对寄存器 01(ISO 控制寄存器)写入 02(设置 ISO 15693 协议的高位比特率，26.48 kb/s，单载波，1 out of 4)
EOF	00 00	帧结束

(2) 设置 AGC 命令，其格式如下：

01 09 00 03 04 F0 00 00 00

设置 AGC 命令中各字段的内容及含义如表 6-26 所示。

表 6-26　设置 AGC 命令中各字段的内容及含义

字　段	内　容	含　　义
SOF	01	帧起始
数据包长度	09	数据包长度 = 9 Byte
常量	00	
起始数据载荷	03 04	起始数据载荷
固件命令	F0	AGC 切换
AGC 关闭	00	AGC 打开 = FF
EOF	00 00	帧结束

(3) 设置接收器模式命令，其格式如下：

01 09 00 03 04 F1 FF 00 00

设置接收器模式命令中各字段的内容及含义如表 6-27 所示。

表 6-27　设置接收器模式中各字段的内容及含义

字　段	内　容	含　　义
SOF	01	帧起始
数据包长度	09	数据包长度 = 9 Byte
常量	00	
起始数据载荷	03 04	起始数据载荷
固件命令	F1	AM/PM 切换
AGC 关闭	FF	FF = AM，00 = PM
EOF	00 00	帧结束

单击“设置协议”按钮后，PC 向系统控制主板发送上述三条命令，系统控制主板接收并正确返回下面三条命令，表示 ISO 15693 协议通信参数设置成功。

13:42:22.890-->010C00030410002101020000

13:42:23.015<--010C00030410002101020000

Register write request.

13:42:23.015-->0109000304F0000000

13:42:23.125<--0109000304F0000000

13:42:23.125-->0109000304F1FF0000

13:42:23.235<--0109000304F1FF0000

目录命令用来获取在读卡区域内的ISO 15693卡片的唯一ID号(UID)。ISO 15693卡片的寻卡方式有两种：16时隙寻卡和一个时隙寻卡。一个时隙寻卡请求允许在读卡区域内的所有应答器对寻卡请求进行响应，如果在读卡区域内有多张卡存在，对一个时隙寻卡请求就会导致数据碰撞；而采用16时隙寻卡序列就可以减少数据碰撞的可能性，16时隙寻卡序列强制在读卡区域内UID号部分一致的应答器响应16时隙中的一个。要执行16时隙寻卡序列，时隙标记/帧结束请求需要与该命令一起使用。在一个时隙序列内出现的任何碰撞都可以通过使用与ISO 15693标准中规定的防碰撞码算法来进行仲裁。

1) 寻找单张卡片

寻找单张卡片的方法有两种：16时隙寻卡和一个时隙寻卡，推荐使用16时隙寻卡方法。

(1) 使用16时隙寻卡。用户应当按照以下步骤进行：

① 在图6-67中的“命令”静态文本框中选择“目录”单选按钮。

② 在图6-67中的“标志”静态文本框中选择“高数据速率”复选框，“数据编码模式”选择“1 out of 4”，并选择“全功率”单选按钮。

③ 单击“设置协议”按钮(如果在6.4.3节的ISO 15693协议设置中已经设置，则不需要再设置协议)。

④ 将一张ISO 15693协议卡片放置在13.56 MHz RFID读卡范围内。

⑤ 单击“执行命令”按钮。

16时隙寻卡请求数据包格式如下：

01 0B 00 03 04 14 06 01 00 00 00

16时隙寻卡，请求数据包中各字段的内容及含义如表6-28所示。

表6-28　16时隙寻卡请求数据包中各字段的内容及含义

字　段	内　容	含　义
SOF	01	帧起始
数据包长度	0B	数据包长度 = 11 Byte
常量	00	
起始数据载荷	03 04	起始数据载荷
固件命令	14	目录(寻卡)请求
标志	06	高数据速率 = 1
防碰撞命令	01	
掩码长度	00	
EOF	00 00	帧结束

GUI 软件日志信息文本框里标签对目录(寻卡)命令的响应

读卡器/标签(0～15 时隙)的响应如下：

[<存在的标签响应>，RSSI 寄存器值]

例如：

14:01:20.859-->010B000304140601000000

14:01:21.015<--010B000304140601000000

ISO 15693 Inventory request

[,40]　　0#时隙，无标签响应

[,40]　　1#时隙，无标签响应

[,40]　　2#时隙，无标签响应

[89B8CF2F000007E0，7F]　　3#时隙，UID：E00700002FCFBA73(此处为反相的标签 UID)，RSSI 寄存器状态为 7F

[,40]　　4#时隙，无标签响应

[,40]　　5#时隙，无标签响应

[,40]　　6#时隙，无标签响应

[,40]　　7#时隙，无标签响应

[,40]　　8#时隙，无标签响应

[,40]　　9#时隙，无标签响应

[,40]　　10#时隙，无标签响应

[,40]　　11#时隙，无标签响应

[,40]　　12#时隙，无标签响应

[,40]　　13#时隙，无标签响应

[,40]　　14#时隙，无标签响应

[,40]　　15#时隙，无标签响应

可以观察到 GUI 上位机软件上显示如图 6-68 所示。

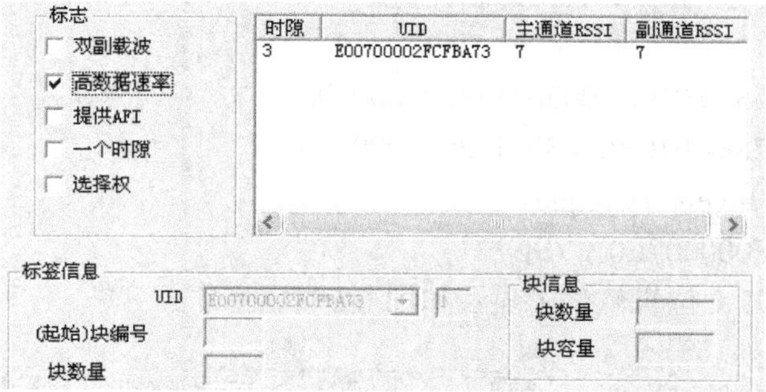

图 6-68　寻找单张卡片 GUI 上位机软件显示

在日志信息文本框中显示的 RSSI 值是(0x7F)，而在 M.A(主通道.副通道)的 RSSI 值是 77 的原因如下：

7F = 01111111，主通道的 RSSI 值是将 01111111 向右移 3 位，得到 00001111，再取右边 3 位，得到 111，即也为 7。

(2) 使用一个时隙寻卡。用户应按照以下步骤进行：

① 在图 6-67 中的“命令”静态文本框中选择“目录”单选按钮。

② 在图 6-67 中的“标志”静态文本框中选择“高数据速率”复选框和“一个时隙”标志，“数据编码模式”选择“1 out of 4”，并选择“全功率”单选按钮。

③ 单击“设置协议”按钮(如果在 6.4.3 节的 ISO 15693 协议设置中已经设置，则不需要再设置协议)。

④ 将一张 ISO 15693 协议卡片放置在 13.56 MHz RFID 读卡范围内。

⑤ 单击“执行命令”按钮。

一个时隙寻卡请求数据包格式如下：

01 0B 00 03 04 14 26 01 00 00 00

一个时隙寻卡请求数据包中各字段的内容及含义如表 6-29 所示。

表 6-29　一个时隙寻卡请求数据包中各字段的内容及含义

字　段	内　容	含　　义
SOF	01	帧起始
数据包长度	0B	数据包长度 = 11 Byte
常量	00	
起始数据载荷	03 04	起始数据载荷
固件命令	14	目录(寻卡)请求
标志	26	高数据速率 = 1，一个时隙 = 1
防碰撞命令	01	
掩码长度	00	
EOF	00 00	帧结束

GUI 软件日志信息文本框里标签对目录(寻卡)命令的响应

读卡器/标签(0～15 时隙)的响应如下：

[<存在的标签响应>，RSSI 寄存器值]

例如：

10:26:17.453-->010B000304142601000000

10:26:17.578<--010B000304142601000000

ISO 15693 Inventory request

[89B8CF2F000007E0，7F]

可以观察到 GUI 上位机软件上显示如图 6-69 所示。

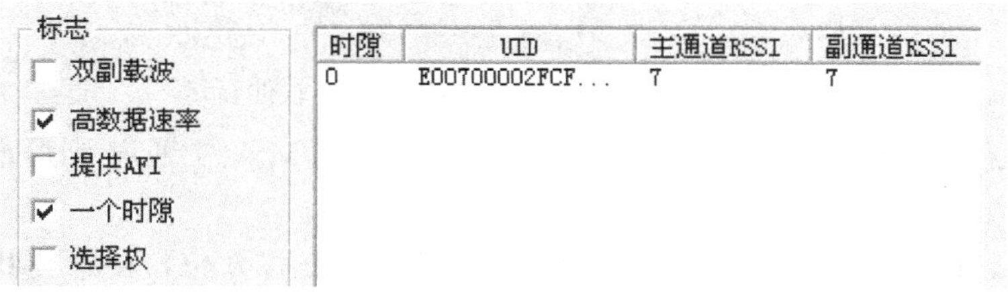

图 6-69　一个时隙寻卡 GUI 上位机软件显示

2) 寻找多张卡片

寻找多张卡片应当按照以下步骤进行：

(1) 在图 6-67 中的“命令”静态文本框中选择“目录”单选按钮。

(2) 在图 6-67 中的“标志”静态文本框中选择“高数据速率”复选框，“数据编码模式”选择“1 out of 4”，并选择“全功率”单选按钮。

(3) 单击“设置协议”按钮(如果在 6.4.3 节的 ISO 15693 协议设置中已经设置，则不需要再设置协议)。

(4) 将两张 ISO 15693 协议卡片放置在 13.56MHz RFID 读卡范围内。

(5) 单击“执行命令”按钮。

寻找多张卡片请求数据包格式如下：

01 0B 00 03 04 14 06 01 00 00 00

寻找多张卡片请求数据包各字段内容及含义如表 6-30 所示。

表 6-30　寻找多张卡片请求数据包各字段内容及含义

字　段	内　容	含　义
SOF	01	帧起始
数据包长度	0B	数据包长度 = 11 Byte
常量	00	
起始数据载荷	03 04	起始数据载荷
固件命令	14	目录(寻卡)请求
标志	06	高数据速率 = 1
防碰撞命令	01	
掩码长度	00	
EOF	00 00	帧结束

GUI 软件日志信息文本框里标签对目录(寻卡)命令的响应

读卡器/标签(0～15 时隙)的响应如下：

[<存在的标签响应>，RSSI 寄存器值]

例如：

10:35:28.406-->010B000304140601000000

10:35:28.609<--010B000304140601000000

ISO 15693 Inventory request

[47B2CF2F000007E0，7C]

0# 时隙，UID：E00700002FCFB620(此处为反相的标签 UID)，RSSI 寄存器状态为 7C

[,40]　　　　1# 时隙，无标签响应

[,40]　　　　2# 时隙，无标签响应

[47B2CF2F000007E0，7F]

3#时隙，UID：E00700002FCFBA73(此处为反相的标签 UID)，RSSI 寄存器状态为 7F

[,40]　　4# 时隙，无标签响应
[,40]　　5# 时隙，无标签响应
[,40]　　6# 时隙，无标签响应
[,40]　　7# 时隙，无标签响应
[,40]　　8# 时隙，无标签响应
[,40]　　9# 时隙，无标签响应
[,40]　　10# 时隙，无标签响应
[,40]　　11# 时隙，无标签响应
[,40]　　12# 时隙，无标签响应
[,40]　　13# 时隙，无标签响应
[,40]　　14# 时隙，无标签响应
[,40]　　15# 时隙，无标签响应

可以观察到 GUI 上位机软件上显示如图 6-70 所示。

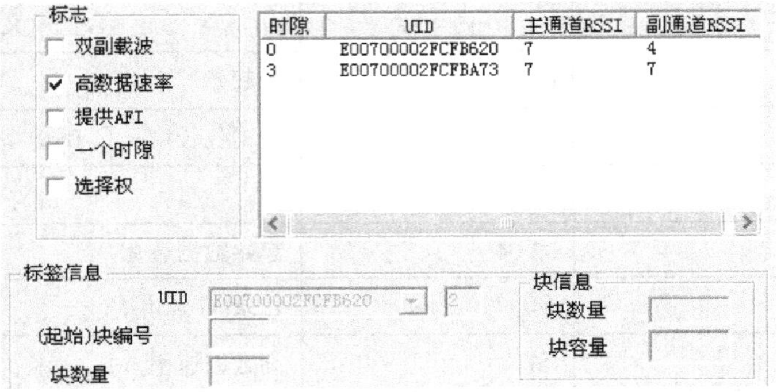

图 6-70　寻找多张卡片 GUI 上位机软件显示

从图 6-70 可以看出，在标签列表文本框里显示了被检测到的两张 ISO 15693 协议卡片的 UID 值及对应的时隙号和 RSSI 值。“标签信息”静态文本框中显示的卡片数量为 2。

3) 读单个块

读单个块命令可以从响应的标签中获得一个存储块的数据。除了块数据，还可以得到块安全状态字节，该字节表示指定块的写保护状态(例如未锁定、(用户/工厂)锁定等)。

(1) 单张卡片读单个块。要执行单张卡片读单个块操作，用户应当按照以下步骤进行：

① 按照 6.4.3 节中 1)的描述寻找到单张卡片。

② 在图 6-67 中的“命令”静态文本框中选择“读单个块”单选按钮，可以看到，此时“标签信息”静态文本框中的“UID”和“(起始)块编号”这两个文本框都显示为白色，表示这两个项目可指定。

③ 在“标签信息”静态文本框中的“(起始)块编号”文本框中输入两位十六进制数。

④ 单击“执行命令”按钮。

读单个块的请求数据包格式如下：

01 0B 00 03 04 18 00 20 01 00 00

读单个块的请求数据包中各字段的内容及含义如表 6-31 所示。

表 6-31 读单个块的请求数据包中各字段的内容及含义

字 段	内 容	含 义
SOF	01	帧起始
数据包长度	0B	数据包长度 = 11 Byte
常量	00	
起始数据载荷	03 04	起始数据载荷
固件命令	18	目录(寻卡)请求
标志	00	高数据速率 = 1，一个时隙 = 1
读单个块命令	20	
选择要读取的块号	01	读取块号 01，实际是#2 块
EOF	00 00	帧结束

GUI 软件日志信息文本框里标签对读单个块命令的响应格式为：

请求模式

[0011111111]

例如：

11:09:16.625-->010B000304180020010000

11:09:16.796<--010B000304180020010000

Request mode

[0011111111] 00 表示无标签错误，11111111 为卡片#2 的数据，32 位。

可以观察到 GUI 上位机软件上显示如图 6-71 所示。

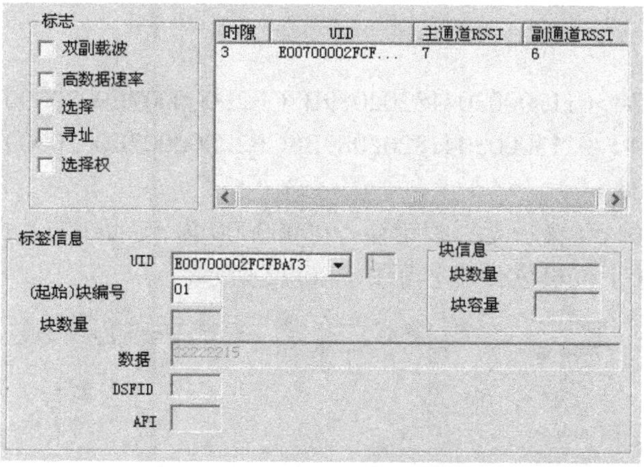

图 6-71 单张卡片读单个块 GUI 上位机软件显示

(2) 多张卡片读单个块。要执行多张卡片读单个块操作，用户应当按照以下步骤进行：

① 按照 6.4.3 节中 2)的描述寻找到多张卡片。

② 在图 6-67 中的“命令”静态文本框中选择“读单个块”单选按钮，可以看到，此时“标签信息”静态文本框中的“UID”和“(起始)块编号”这两个文本框都显示为白色，表示这两个项目可指定。

③ 在“UID”下拉列表框中选择需要读取数据的卡片。

④ 在“标签信息”静态文本框的“(起始)块编号”文本框中输入两位十六进制数。

⑤ 在图 6-67 中的“标志”静态文本框中选择“寻址”复选框。

⑥ 单击“执行命令”按钮。

读单个块的请求数据包格式如下：

01 13 00 03 04 18 20 20 89B8CF2F000007E0 02 00 00

多张卡片读单个块的请求数据包中各字段的内容及含义如表 6-32 所示。

表 6-32　多张卡片读单个块的请求数据包中各字段的内容及含义

字　段	内　容	含　　义
SOF	01	帧起始
数据包长度	13	数据包长度 = 19 Byte
常量	00	
起始数据载荷	03 04	起始数据载荷
固件命令	18	目录(寻卡)请求
标志	20	寻址标志 = 1；高数据速率标志 = 0
读单个块命令	20	
UID 号	89B8CF2F000007E0	要读取的 ISO 15693 协议卡片的 UID 号
选择要读取的块号	02	读取块号 02，实际是#3 块
EOF	00 00	帧结束

其中，89B8CF2F000007E0 为反向的标签 UID。

GUI 软件日志信息文本框里标签对读单个块命令的响应格式为：

请求模式

[00000000000]

例如：

11:39:07.937-->0113000304182020 89B8CF2F000007E0020000

11:39:08.109<--0113000304182020 89B8CF2F000007E0020000

Request mode

[0000000000] 00 表示无标签错误，00000000 为卡片#3 的数据，32 位。

可以观察到 GUI 上位机软件上显示如图 6-72 所示。

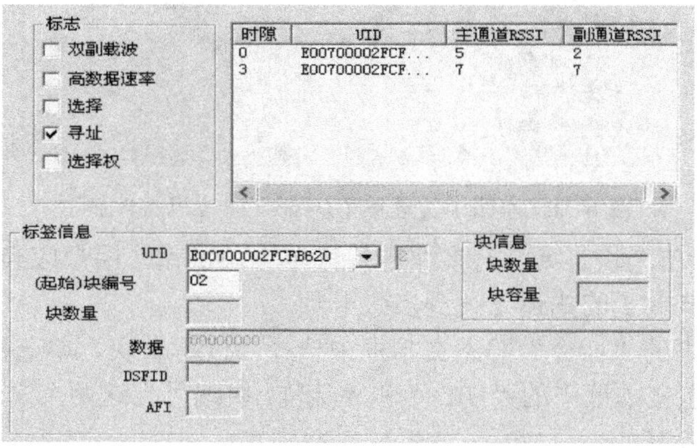

图 6-72　多张卡片读单个块 GUI 上位机软件显示

4) 写单个块

写单个块请求可以将数据写入寻址标签的存储块。为了成功写入数据，主机必须知道标签存储块的大小。如果标签支持，可以通过发送获取系统信息请求来获取存储块的大小。来自 TRF7960 的损坏或不足的响应并不一定表示执行写操作失败。此外，多个转换器可以处理一个非寻址请求。

(1) 单张卡片写单个块。要执行单张卡片写单个块操作，用户应当按照以下步骤进行：

① 按照 6.4.3 中 1)的描述寻找到单张卡片。

② 在图 6-67 中的“命令”静态文本框中选择“写单个块”单选按钮，可以看到，此时“标签信息”静态文本框中的“UID”和“(起始)块编号”这两个文本框都显示为白色，表示这两个项目可指定。

③ 在“标签信息”静态文本框中的“(起始)块编号”文本框中输入两位十六进制数。

④ 在“标签信息”静态文本框中的“数据“文本框中输入要写入的八位十六进制数。

⑤ 在“标志”静态文本框中选择“选择权”复选框。

⑥ 单击“执行命令”按钮。

注意：ISO 15693 定义了选择权标志(位 7)必须为 1，卡片才能对写和锁定命令做出相应的反应。

写单个块的请求数据包格式如下：

01 0F 00 03 04 18 40 21 02 11 11 11 11 00 00

单张卡片写单个块的请求数据包中各字段的内容及含义如表 6-33 所示。

表 6-33　单张卡片写单个块的请求数据包中各字段的内容及含义

字　段	内　容	含　义
SOF	01	帧起始
数据包长度	0F	数据包长度 = 15 Byte
常量	00	
起始数据载荷	03 04	起始数据载荷
固件命令	18	请求模式
标志	40	选择权标志 = 1；高数据率标志 = 0
写单个块命令	21	写单个块命令
选择要读取的块号	02	读取块号 02，实际是#3 块
块数据	11 11 11 11	32 位
EOF	00 00	帧结束

GUI 软件日志信息文本框里标签对写单个块命令的响应格式为：

请求模式

[00]

例如：

11:55:31.562-->010F000304184021021111111110000

11:55:31.750<--010F000304184021021111111110000

Request mode

[00] 无标签错误

本例中，就是向 02 地址块(#3)中写入数据 11111111；系统控制主板返回 00，表示操作成功执行，可以观察到 GUI 上位机软件上显示如图 6-73 所示。

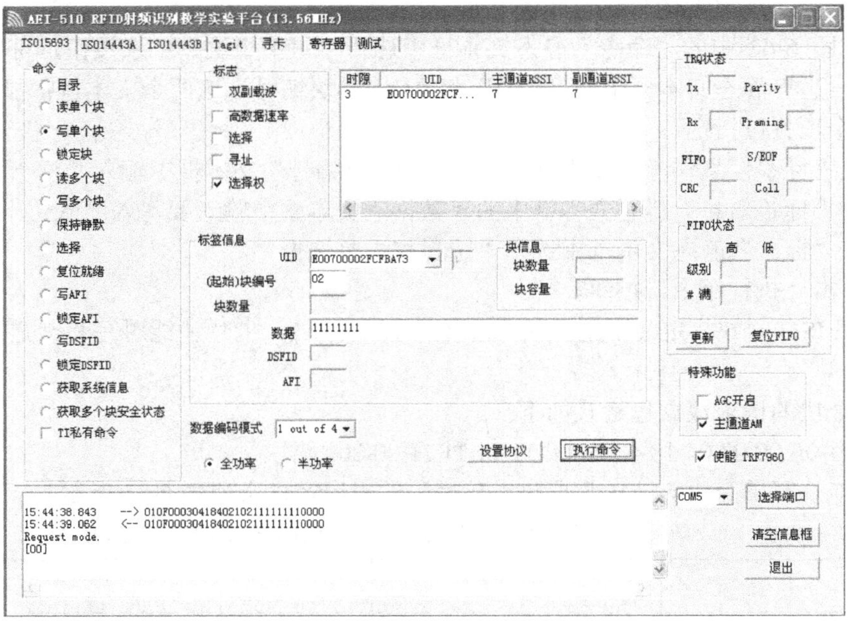

图 6-73　单张卡片写单个块 GUI 上位机软件显示

(2) 多张卡片写单个块。要执行多张卡片写单个块操作，用户应当按照以下步骤进行：

① 按照 6.4.3 节中 2)的描述寻找到多张卡片。

② 在图 6-67 中的“命令”静态文本框中选择“写单个块”单选按钮，可以看到，此时“标签信息”静态文本框中的“UID”和“(起始)块编号”这三个文本框都显示为白色，表示这三个项目可指定。

③ 在“UID”下拉列表框中选择一张卡片。

④ 在“标签信息”静态文本框中的“(起始)块编号”文本框中输入两位十六进制数。

⑤ 在“标签信息”静态文本框中的“数据”文本框中输入要写入的八位十六进制数。

⑥ 在“标志”静态文本框中选择“选择权”复选框和“寻址”复选框。

⑦ 单击“执行命令”按钮。

注意：ISO 15693 定义了选择权标志(位 7)必须为 1，卡片才能对写和锁定命令做出相应的反应。

写单个块的请求数据包格式如下：

01 17 00 03 04 18 60 21 47B2CF2F000007E0 01 11111111 00 00

多张卡片写单个块的请求数据包中各字段的内容及含义如表 6-34 所示。

表 6-34　多张卡片写单个块的请求数据包中各字段的内容及含义

字　段	内　容	含　　义
SOF	01	帧起始
数据包长度	17	数据包长度 = 23 Byte
常量	00	
起始数据载荷	03 04	起始数据载荷
固件命令	18	请求模式
标志	60	寻址标志 = 1；选择权标志 = 1；高数据速率标志 = 0
写单个块命令	21	
UID 号	47B2CF2F000007E0	要写数据的 ISO 15693 协议卡片的 UID 号
选择要读取的块号	01	读取块号 01，实际是#2 块
块数据	11 11 11 11	32 位
EOF	00 00	帧结束

GUI 软件日志信息文本框里标签对写单个块命令的响应格式为：

请求模式

[00]

例如：

13:09:06.671-->0117000304186021 47B2CF2F000007E00111111110000

13:09:06.875<--0117000304186021 47B2CF2F000007E00111111110000

Request mode

[00] 无标签错误

本例中，就是向 UID 为 47B2CF2F000007E0 的 ISO 15693 卡片的 01 地址块(#2)中写入数据 11111111；系统控制主板返回 00，表示操作成功执行，可以观察到 GUI 上位机软件上显示如图 6-74 所示。

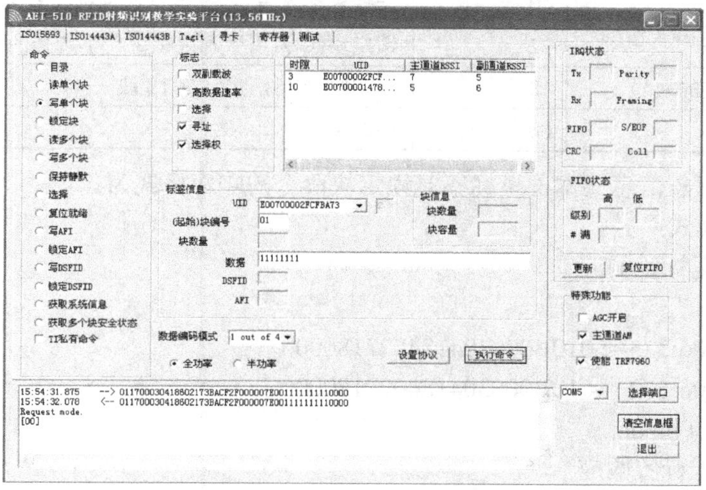

图 6-74　多张卡片写单个块 GUI 软件显示

5) 锁定块

锁定块命令对寻址的标签的一个存储块进行写保护。来自 TRF7960 的损坏或不足的响应并不一定表示执行锁定操作失败。此外，多个转换器可以处理一个非寻址请求。

注意：锁定块命令为永久性命令，用户若使用该命令锁定某个块后，该块的写入操作将永久性失效，用户应谨慎使用该命令！

(1) 单张卡片锁定块。要执行单张卡片锁定单个块操作，用户应当按照以下步骤进行：

① 按照 6.4.3 节中 1)的描述寻找到单张卡片。

② 在图 6-67 中的“命令”静态文本框中选择“锁定块”单选按钮，可以看到，此时“标签信息”静态文本框中的“UID”和“(起始)块编号”这两个文本框都显示为白色，表示这两个项目可指定。

③ 在“标签信息”静态文本框中的“(起始)块编号”文本框中输入两位十六进制数。

④ 在“标志”静态文本框中选择“选择权”复选框。

⑤ 单击“执行命令”按钮。

注意：ISO 15693 定义了选择权标志(位 7)必须为 1，卡片才能对写和锁定命令做出相应的反应。

锁定块的请求数据包格式如下：

01 0B 00 03 04 18 40 22 18 00 00

单张卡片锁定块的请求数据包中各字段的内容及含义如表 6-35 所示。

表 6-35　单张卡片锁定块的请求数据包中各字段的内容及含义

字　段	内　容	含　义
SOF	01	帧起始
数据包长度	0B	数据包长度 = 11 Byte
常量	00	
起始数据载荷	03 04	起始数据载荷
固件命令	18	请求模式
标志	40	选择权标志 = 1；高数据速率标志 = 0
锁定块命令	22	锁定块命令(用于永久锁定一个选择的块)
选择要锁定的块号	18	锁定块号 18，实际是 19 块
EOF	00 00	帧结束

GUI 软件日志信息文本框里标签对锁定块命令的响应格式为：

请求模式

[]　无标签响应

例如：

13:34:06:375-->010B000304184022180000

13:34:06:562<--010B000304184022180000

Request mode.

[]　无标签响应

可以观察到 GUI 上位机软件上显示如图 6-75 所示。

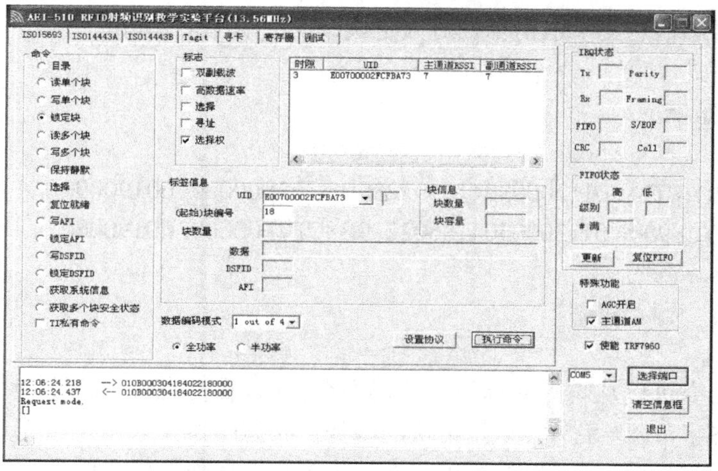

图 6-75　锁定块 GUI 上位机软件显示

(2) 多张卡片锁定块。要执行多张卡片锁定单个块操作，用户应当按照以下步骤进行：

① 按照 6.4.3 节中 2)的描述寻找到多张卡片。

② 在图 6-67 中的“命令”静态文本框中选择“锁定块”单选按钮，可以看到，此时“标签信息”静态文本框中的“UID”和“(起始)块编号”这两个文本框都显示白色，表示这两个项目可指定。

③ 在“UID”下拉列表框中选择需要一张卡片。

④ 在“标签信息”静态文本框中的“(起始)块编号”文本框中输入两位十六进制数。

⑤ 在“标志”静态文本框中选择“选择权”复选框和“寻址”复选框。

⑥ 单击“执行命令”按钮。

锁定块的请求数据包格式如下：

01 13 00 03 04 18 60 22 89B8CF2F000007E0 19 00 00

多张卡片锁定块的请求数据包中各字段的内容及含义如表 6-36 所示。

表 6-36　多张卡片锁定块的请求数据包中各字段的内容及含义

字　段	内　容	含　义
SOF	01	帧起始
数据包长度	13	数据包长度 = 19 Byte
常量	00	
起始数据载荷	03 04	起始数据载荷
固件命令	18	请求模式
标志	60	寻址地址 = 1；选择权标志 = 1；高数据速率标志 = 0
锁定块命令	22	锁定块命令(用于永久锁定一个选择的块)
UID 号	89B8CF2F000007E0	选定的 ISO 15693 协议卡号的 UID 号
选择要锁定的块号	19	锁定块号 19，实际是#20 块
EOF	00 00	帧结束

GUI 软件日志信息文本框里标签对锁定块命令的响应格式为：

请求模式

[]无标签响应

例如:

13:50:01.703-->011300030418602289B8CF2F000007E0190000

13:50:01.890<--011300030418602289B8CF2F000007E0190000

Request mode.

[]　　　无标签响应

6) 读多个块

读多个块命令可以从响应的标签中获得多个存储块的数据。除了块数据，还可以请求每个块安全状态字节，该字节标识指定块的写保护状态(例如，未锁定、(用户/工厂)锁定等)。

(1) 单张卡片读多个块。要执行单张卡片读多个块操作，用户应当按照以下步骤进行：

① 按照 6.4.3 节中 1)的描述寻找到单张卡片。

② 在图 6-67 中的“命令”静态文本框中选择“读多个块”单选按钮，可以看到，此时“标签信息”静态文本框中的“UID”、“(起始)块编号”和“块数量”这三个文本框都显示白色，表示这三个项目可指定。

③ 在“标签信息”静态文本框中的“(起始)块编号”文本框中输入两位十六进制数，块的编号为 00～FF(0～255 号块)。

④ 在“标签信息”静态文本框中的“块数量”文本框中输入要读取块的数量，请求进行读取块的数量要比标签响应读取命令块的数量少 1。

⑤ 例如，“块数量”文本框中的值为 06，那么就会读取七个块；“块数量”文本框中的值为 00，那么就会读取一个块。

⑥ 单击“执行命令”按钮。

读多个块的请求数据包格式如下：

01 0C 00 03 04 18 00 23 00 02 00 00

单张卡片读多个块的请求数据包中各字段的内容及含义如表 6-37 所示。

表 6-37　单张卡片读多个块的请求数据包中各字段的内容及含义

字　段	内　容	含　　义
SOF	01	帧起始
数据包长度	0C	数据包长度 = 12 Byte
常量	00	
起始数据载荷	03 04	起始数据载荷
固定命令	18	请求模式
标志	00	选择权模式 = 0；高数据速率标志 = 0
读多个块命令	23	读多个块命令
选择要读取的起始块号	00	读取的第一个块号为 00，实际是 #1 块
要读取的块的数量	02	读取块的块号等于设置的读取的块数量加 1，例如，设置的读取块数量为 02，实际读取三个块
EOF	00 00	帧结束

GUI 软件日志信息文本框里标签对读多个块命令的响应格式为：

请求模式

[00111111111111111111111100]

例如：

14:01:09.312-->010C00030418002300020000

14:01:09.453<--010C00030418002300020000

Request mode.

[00111111111111111111111100]　00 表示无标签错误，11111111 为卡片#1 块的数据，11111111 为卡片#2 块的数据，11111100 为卡片#3 块的数据。

可以观察到 GUI 上位机软件上显示如图 6-76 所示。

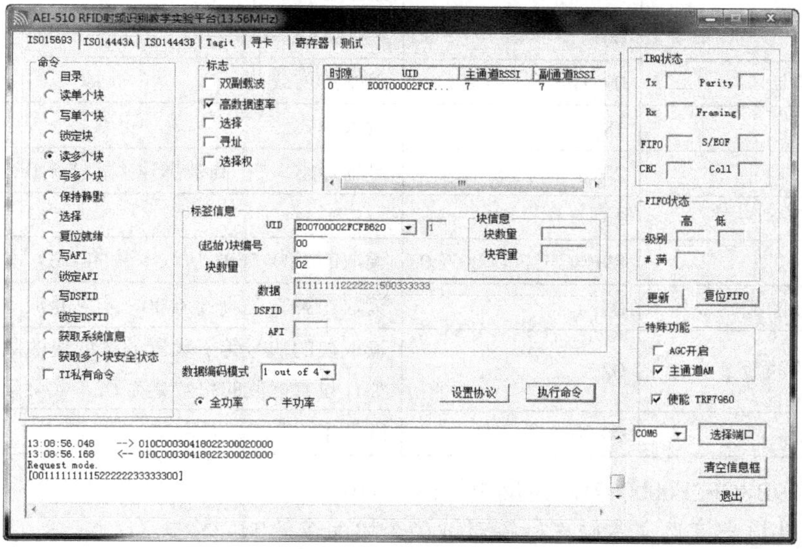

图 6-76　单张卡片读多个块 GUI 上位机软件显示

在日志信息文本框中显示的数据为 1111111115222222233333300，而“标签信息”静态文本框中“数据”文本框显示的数据为 1111111122222221500333333，这是因为 ISO 15693 协议将数据格式进行了倒序，所以日志信息窗口显示的数据为 1111111115222222233333300。

(2) 多张卡片读多个块。要执行多张卡片读多个块的操作，用户应当按照以下步骤进行：

① 按照 6.4.3 节中 2)的描述寻找到多张卡片。

② 在图 6-67 中的“命令”静态文本框中选择“读多个块”单选按钮，可以看到，此时“标签信息”静态文本框中的“UID”、“(起始)块编号”和“块数量”这三个文本框都显示白色，表示这三个项目可指定。

③ 在“UID”下拉列表框中选择需要读取块数据的卡片。

④ 在“标签信息”静态文本框中的“(起始)块编号”文本框中输入两位十六进制数。

⑤ 在“标签信息”静态文本框中的“块数量”文本框中输入要读取的块数量。请求进行读取的块的数量要比标签响应读取命令的块的数量少 1，例如，“块数量”文本框中的值

为 06，那么就会读取七个块；“块数量”文本框中的值为 00，那么就会读取一个块。

⑥ 在“标志”静态文本框中选择“寻址”复选框。

⑦ 单击“执行命令”按钮。

读多个块的请求数据包格式如下：

01 04 00 03 04 18 20 23 89B8CF2F000007E0 00 02 00 00

多张卡片读多个块的请求数据包中各字段的内容及含义如表 6-38 所示。

表 6-38 多张卡片读多个块的请求数据包中各字段的内容及含义

字 段	内 容	含 义
SOF	01	帧起始
数据包长度	14	数据包长度 = 12 Byte
常量	00	
起始数据载荷	03 04	起始数据载荷
固定命令	18	请求模式
标志	20	寻址标志 = 1；高数据速率标志 = 0
读多个块命令	23	
UID 号	89B8CF2F000007E0	读取的 ISO15693 协议卡片的 UID 号
选择要读取的起始块号	00	读取的第一个块号为 00，实际是#1 块
要读取的块的数量	02	读取块的块号等于设置的读取块的数量加 1，例如，设置读取的块数量为 02，实际读取 3 个块
EOF	00 00	帧结束

其中，89B8CF2F000007E0 为反相的标签 UID。

GUI 软件日志信息文本框里标签对读多个块命令的响应格式为：

请求模式

[000011111111111111111111111100]

例如：

14:22:54.875-->0114000304182023 89B8CF2F000007E000020000

14:22:55.062<--0114000304182023 89B8CF2F000007E000020000

Request mode.

[0011111111111111111111111100]

00 表示无标签错误，11111111 为卡片#1 块的数据，11111111 为卡片#2 块的数据，11111100 为卡片#3 块的数据。

7) 写多个块

写多个块请求可以将数据写入寻址标签的多个存储块。为了成功写入数据，主机必须知道标签存储块的大小。写多个块是一个可选命令，某些标签可能不支持写多个块。

(1) 单张卡片写多个块。要执行单张卡片写多个块的操作，用户应当按照以下步骤进行：

① 按照 6.4.3 节中 1)的描述寻找到单张卡片。

② 在图 6-67 中的“命令”静态文本框中选择“写多个块”单选按钮，可以看到，此时“标签信息”静态文本框中的“UID”、“(起始)块编号”、“块数量”和“数据”这四个文本框都显示白色，表示这四个项目可指定。

③ 在“标签信息”静态文本框中的“(起始)块编号”文本框中输入两位十六进制数，块的编号为 00～FF(0～255 号块)。

④ 在“标签信息”静态文本框中的“块数量”文本框中输入要读取的块数量。请求进行写入的块的数量要比标签响应写入命令的块的数量少 1，例如，“块数量”文本框中的值为 06，那么就会写入七个块；“块数量”文本框中的值为 00，那么就会写入一个块。

⑤ 在“标签信息”静态文本框中的“数据”文本框中输入要写入块的十六进制数据。

⑥ 在“标志”静态文本框中选择“选择权”复选框。

⑦ 单击“执行命令”按钮。

写多个块命令实际上是多次执行写单个块的请求，数据包格式如下：

01 0F 00 03 04 18 40 21 00 00 00 00 00 00 00　　写块 00(块#1)

01 0F 00 03 04 18 40 21 01 22 22 22 22 00 00　　写块 01(块#2)

01 0F 00 03 04 18 40 21 02 00 00 00 00 00 00　　写块 02(块#3)

例如，如表 6-39 所示，就是写多个块命令中最后一次写单个块。

表 6-39　写多个块命令中最后一次写单个块请求的数据包格式

字　段	内　容	含　　义
SOF	01	帧起始
数据包长度	0F	数据包长度 = 15 Byte
常量	00	
起始数据载荷	03 04	起始数据载荷
固定命令	18	请求模式
标志	40	选择权标志 = 1；高数据速率标志 = 0
写单个块命令	21	多次执行写单个块命令
选择要写的块号	02	(起始)块编号 = 00(块#1) 写块的数量等于块的数量加 1，例如，写三个块，从块 00 开始，首先写块 00，然后写块 01，最后写块 02
块数据	00 00 00 00	32 位
EOF	00 00	帧结束

GUI 软件日志信息文本框里标签对写多个块命令的响应格式为：

请求模式

[00]　无标签错误

例如：

14:44:11.984-->010F000304180210000000000000000

14:44:12.140<--010F000304180210000000000000000

Request mode.

[00]　　往地址块 00 上写入数据 00000000 无错误

14:44:11.984-->010F00030418021012222222220000

14:44:12.296-->010F00030418021012222222220000

Request mode.

[00]　　往地址块 01 上写入数据 22222222 无错误

14:44:11.296-->010F00030418021020000000000000

14:44:11.453-->010F00030418021020000000000000

Request mode.

[00]　　往地址块 02 上写入数据 00000000 无错误

可以观察到 GUI 上位机软件上显示如图 6-77 所示。

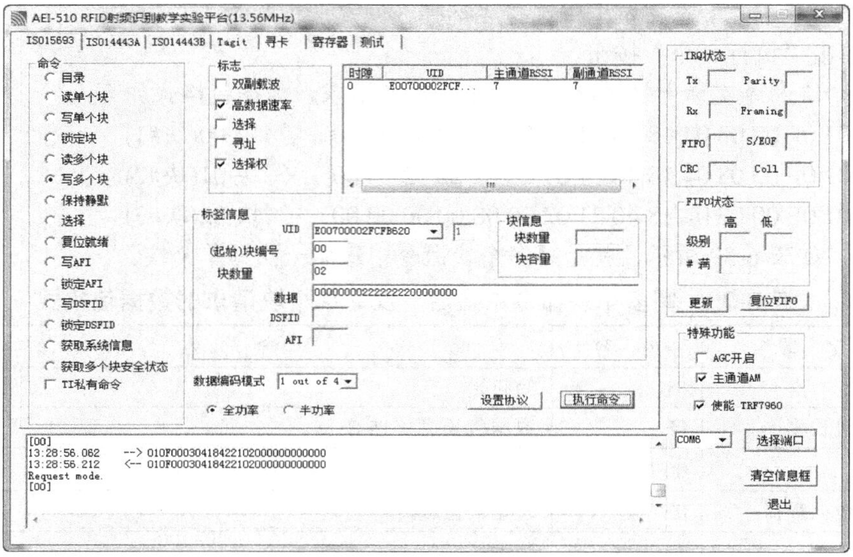

图 6-77　单张卡片写多个块 GUI 软件显示

(2) 多张卡片写多个块。要执行多张卡片写多个块的操作，用户应当按照以下步骤进行：

① 按照 6.4.3 节中 2)的描述寻找到多张卡片。

② 在图 6-67 中的“命令”静态文本框中选择“写多个块”单选按钮，可以看到，此时“标签信息”静态文本框中的“UID”、“(起始)块编号”、“块数量”和“数据”这四个文本框都显示白色，表示这四个项目可指定。

③ 在“UID”下拉列表框中选择一张卡片。

④ 在“标签信息”静态文本框中的“(起始)块编号”文本框中输入两位十六进制数，块的编号为 00～FF(0～255 号块)。

⑤ 在“标签信息”静态文本框中的“块数量”文本框中输入要写入的块数量。请求进行写入的块的数量要比标签响应写入命令的块的数量少 1，例如，“块数量”文本框中的值为 06，那么就会写入七个块；“块数量”文本框中的值为 00，那么就会写入一个块。

⑥ 在“标签信息”静态文本框中的“数据”文本框中输入要写入块的十六进制数据。

⑦ 在“标志”静态文本框中选择“选择权”复选框和“寻址”复选框。

⑧ 单击“执行命令”按钮。

写多个块命令实际上是多次执行写单个块的请求，数据包格式如下：

01 0F 00 03 04 18 40 21 89B8CF2F000007E0 00 11 11 11 11 00 00　　写块 00(块#1)

01 0F 00 03 04 18 40 21 89B8CF2F000007E0 01 22 22 22 22 00 00　　写块 01(块#2)

01 0F 00 03 04 18 40 21 89B8CF2F000007E0 02 33 33 33 33 00 00　　写块 02(块#3)

例如，如表 6-40 所示，就是写多个块命令的最后一次写单个块。

表 6-40　多张卡片写多个块命令的最后一次写单个块的请求数据包格式

字　段	内　容	含　义
SOF	01	帧起始
数据包长度	0F	数据包长度 = 15 Byte
常量	00	
起始数据载荷	03 04	起始数据载荷
固定命令	18	请求模式
标志	40	选择权标志 = 1；高数据速率标志 = 0
读多个块命令	21	多次执行写单个块命令
UID 号	89B8CF2F000007E0	ISO 15693 协议卡片的 UID 号
选择要写的块号	02	(起始)块编号 = 00(块 #1) 写块的数量等于块的数量加 1，例如，写三个块，从块 00 开始，首先写块 00，然后写块 01，最后写块 02
块数据	33 33 33 33	32 位
EOF	00 00	帧结束

其中，89B8CF2F000007E0 为反相的标签 UID。

GUI 软件日志信息文本框里标签对写多个块命令的响应格式为：

请求模式

[00]　无标签错误

例如：

15:01:36.859-->0117000304186021 89B8CF2F000007E0001111111110000

15:01:37.015<--0117000304186021 89B8CF2F000007E0001111111110000

Request mode.

[00]　往地址块 00 上写入数据 11111111 无错误

15:01:37.015-->0117000304186021 89B8CF2F000007E00012222222220000

15:01:37.171<--0117000304186021 89B8CF2F000007E00012222222220000

Request mode.

[00]　往地址块 01 上写入数据 22222222 无错误

15:01:37.171<--0117000304186021 89B8CF2F000007E00023333333330000

15:01:37.328<--0117000304186021 89B8CF2F000007E0002333333330000

Request mode.

[00]　往地址块 02 上写入数据 33333333 无错误

8) 使标签处于保持静默状态

保持静默状态命令用来使一个标签保持静默，以免标签响应任何无寻址的命令或寻卡命令，但是该命令只对 UID 匹配的请求进行响应。由于没有满足条件的请求响应，所以只报告请求状态和错误。

要使一个标签保持静默，用户应当按照以下步骤进行：

(1) 按照 6.4.3 节中 1)或 6.4.3 节中 2)的描述寻找到单张卡片或多张卡片。

(2) 在图 6-67 中的“命令”静态文本框中选择“保持静默”单选按钮。

(3) 从“UID”静态文本框的下拉列表框中选择一个标签。

(4) 在“标志”静态文本框中选择“寻址”复选框(注意：保持静默状态命令不管是对单张卡片存在还是多张卡片，都要选择“寻址”复选框)。

(5) 单击“执行命令”按钮。

保持静默状态命令不再对单张或多张卡片进行命令控制区分，不论存在单张卡片还是多张卡片，均需要选择“寻址”复选框，否则可能导致操作失败。

保持静默状态命令的请求数据包格式如下：

01 12 00 03 04 18 20 02 89B8CF2F000007E0 00 00

保持静默状态命令的请求数据包格式中各字段的内容及含义如表 6-41 所示。

表 6-41　保持静默状态命令的请求数据包格式中各字段的内容及含义

字　段	内　容	含　　义
SOF	01	帧起始
数据包长度	12	数据包长度 = 18 Byte
常量	00	
起始数据载荷	03 04	起始数据载荷
固件命令	18	请求模式
标志	20	寻址地址 = 1；高数据速率标志 = 0；选择权标志 = 0
保持静默命令	02	
UID 号	89B8CF2F000007E0	选择的 ISO 15693 协议卡号 UID 号
EOF	00 00	帧结束

GUI 软件日志信息文本框里标签对静默命令的响应格式如下：

请求模式

[]　无标签错误

可以观察到 GUI 上位机软件上显示如图 6-78 所示。操作成功后，保持卡处于天线读卡区域内，再次使用目录(寻卡)命令进行寻卡操作，系统将检测不到刚才已经指定处于静默状态的卡片，则表示该静默命令成功。

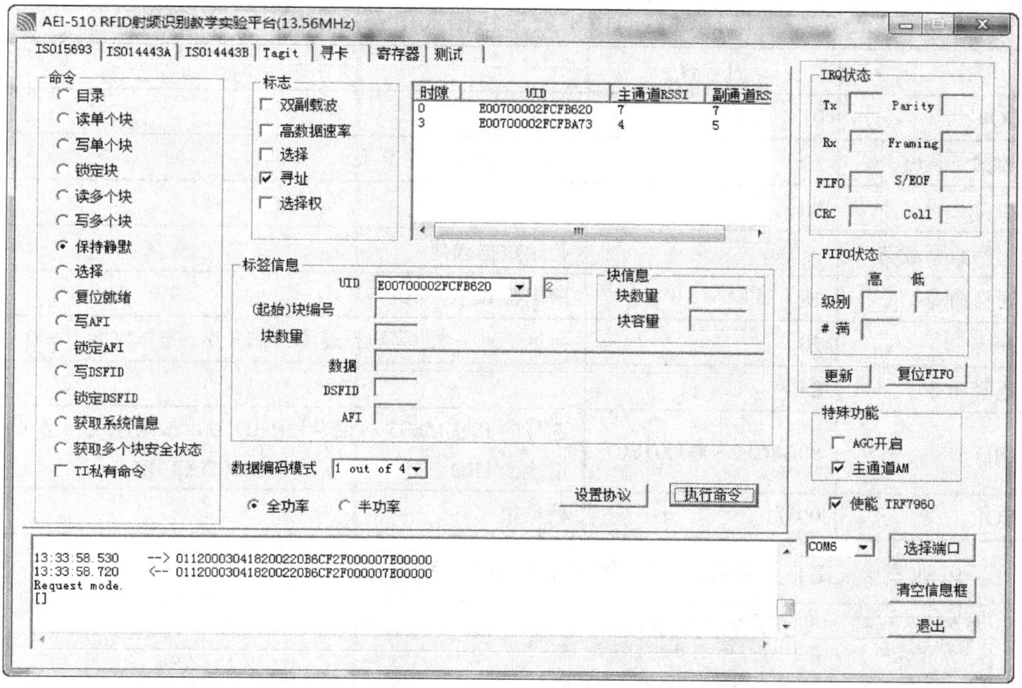

图 6-78　使标签保持静默状态 GUI 上位机软件显示

9) 使标签处于被选择状态

选择命令可以使寻址的标签处于被选择状态。标签在选择状态下，可以响应 ISO 15693 选择标志设置的请求。选择标志直接受控于 ISO 15693 库请求信息中的<IsSelectMsg>字段。当前正处于选择状态而其 UID 与请求的 UID 值不匹配的标签，会退出选择状态并且进入就绪状态，但不发送应答。

要选择一个标签，用户应当按照以下步骤进行：

(1) 按照 6.4.3 节中 1)或 6.4.3 节中 2)的描述寻找到单张卡片或多张卡片。

(2) 在图 6-67 中的“命令”静态文本框中选择“选择”单选按钮。

(3) 从“UID”下拉列表框中选择一个标签。

(4) 在“标志”静态文本框中选择“寻址”复选框(注意：选择命令不管是对单张卡片还是多张卡片，都要选择“寻址”复选框)。

(5) 单击“执行命令”按钮。

选择命令不对单张或多张卡片进行命令控制区分，不论存在单张卡片还是多张卡片，均需要选择“寻址”复选框，否则可能导致操作失败。

选择标签的请求数据包格式如下：

01 12 00 03 04 18 20 25 89B8CF2F000007E0 00 00

选择命令的请求数据包格式中各字段的内容及含义如表 6-42 所示。

GUI 软件日志信息文本框里标签对选择命令的响应格式为：

请求模式

[]　　无标签错误

表 6-42　选择命令的请求数据包格式中各字段的内容及含义

字　段	内　容	含　　义
SOF	01	帧起始
数据包长度	12	数据包长度 = 18 Byte
常量	00	
起始数据载荷	03 04	起始数据载荷
固件命令	18	请求模式
标志	20	寻址地址 = 1；高数据速率标志 = 0；选择权标志 = 0
选择命令	25	
UID 号	89B8CF2F000007E0	选择的 ISO 15693 协议卡号(UID 号，按顺序反向字节)。正确的 UID 字节顺序为 E00700002FCFB889
EOF	00 00	帧结束

可以观察到 GUI 上位机软件上显示如图 6-79 所示。

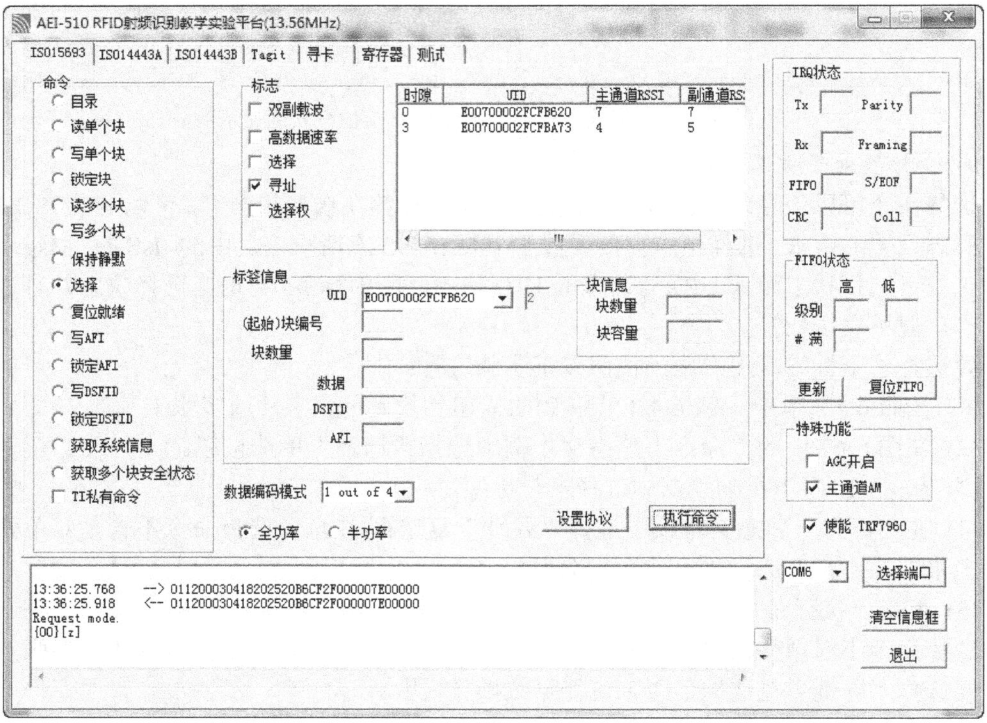

图 6-79　使标签处于被选择状态 GUI 上位机软件显示

10) 复位到就绪状态

复位到就绪状态命令可以让寻址的标签进入就绪状态，在该状态下，标签对 ISO 15693 选择标签标志的设置请求不会响应，但是对无寻址的请求或者与它的 UID 相匹配的请求会进行响应。实际上，复位到就绪状态命令是选择命令的补充，相当于撤销选择命令。

要复位一个标签，用户应当按照以下步骤进行：

(1) 按照 6.4.3 节中 1)或 6.4.3 节中 2)的描述寻找到单张卡片或多张卡片。

(2) 在图 6-67 中的"命令"静态文本框中选择"复位就绪"单选按钮。

(3) 从"UID"下拉列表框中选择一个标签。

(4) 在"标志"静态文本框中选择"寻址"复选框(注意：如果只有一张标签存在，则可以不选择"寻址"复选框；如果有多张卡片存在，则必须选择"寻址"复选框)。

(5) 单击"执行命令"按钮。

复位到就绪状态的请求数据包格式如下：

只有一张卡片存在，不选择"寻址"复选框：01 0A 00 03 04 18 00 26 00 00

一张卡片复位到就绪状态的数据包中各字段的内容及含义如表 6-43 所示。

表 6-43　一张卡片时复位到就绪状态的数据包中各字段的内容及含义

字　段	内　容	含　　义
SOF	01	帧起始
数据包长度	0A	数据包长度 = 10 Byte
常量	00	
起始数据载荷	03 04	起始数据载荷
固件命令	18	请求模式
标志	00	寻址地址 = 0；高数据速率标志 = 0；选择权标志 = 0
复位到就绪状态命令	26	
EOF	00 00	帧结束

有多张卡片存在，选择"寻址"标志：01 12 00 03 04 18 20 26 89B8CF2F000007E0 00 00

多张卡片复位到就绪状态的请求数据包中各字段的内容及含义如表 6-44 所示。

表 6-44　多张卡片复位到就绪状态的请求数据包中各字段的内容及含义

字　段	内　容	含　　义
SOF	01	帧起始
数据包长度	12	数据包长度 = 18 Byte
常量	00	
起始数据载荷	03 04	起始数据载荷
固件命令	18	请求模式
标志	20	寻址地址 = 1；高数据速率标志 = 0；选择权标志 = 0
复位到就绪状态命令	26	
UID 号	89B8CF2F000007E0	选择的 ISO 15693 协议卡
EOF	00 00	帧结束

GUI 软件日志信息文本框里标签对选择命令的响应格式如下：

请求模式

[]　　无标签错误

可以观察到GUI上位机软件上显示如图6-80所示。

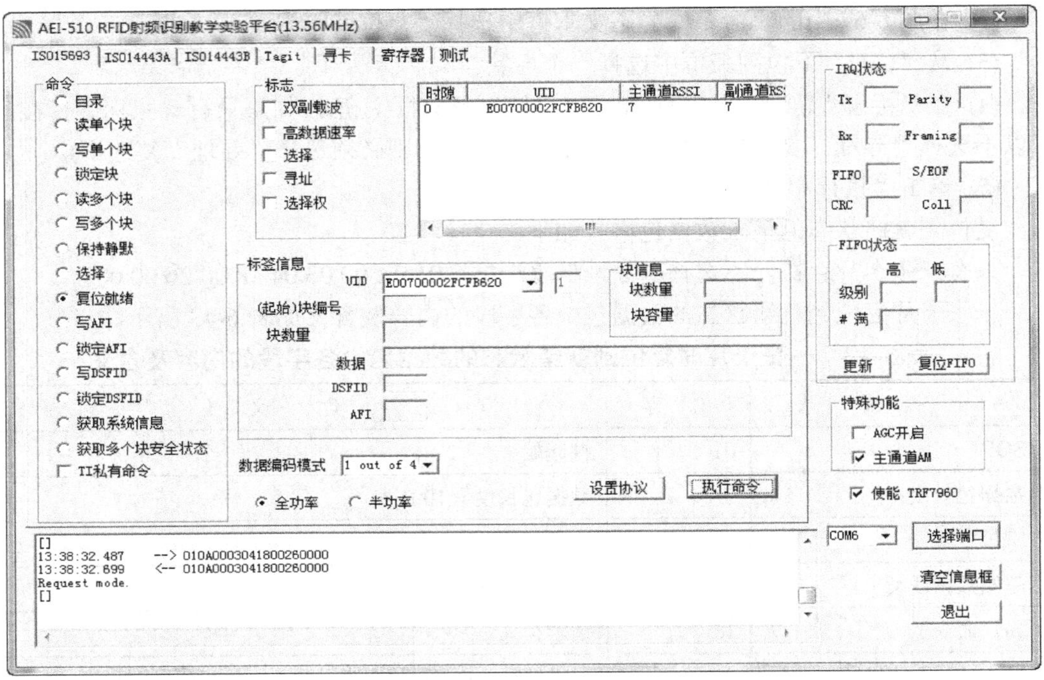

图6-80　复位到就绪状态GUI上位机软件显示

图6-80为只有一张卡片存在，不选择“寻址”复选框的情况。

有多张卡片存在时，必须选择“寻址”复选框，如图6-81所示。

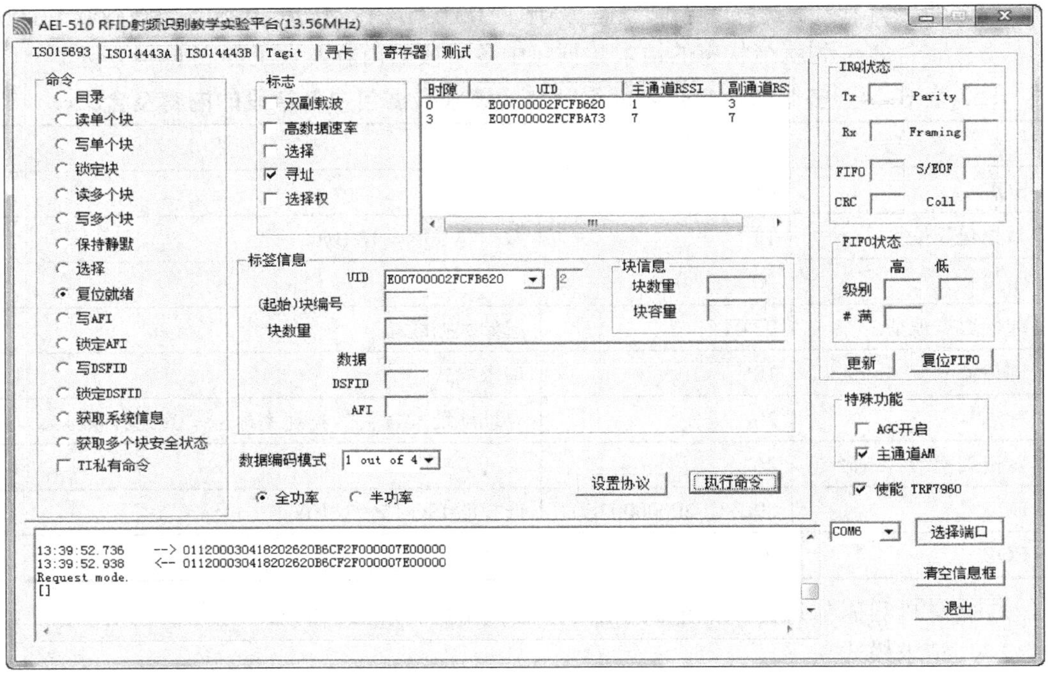

图6-81　多张卡片存在时设置

11) 写 AFI

写 AFI 命令将写入一个新值到寻址标签的 AFI 寄存器中。来自 TRF7960 的损坏或不足的响应并不一定表示执行写操作失败。此外，多个转换器可以处理一个非寻址请求。

AFI 代表标签的应用，用于提取来自标签的符合应用条件的信息。

要写一个标签的 AFI，用户应当按照以下步骤进行：

(1) 按照 6.4.3 节中 1)或 6.4.3 节中 2)的描述寻找到单张卡片或多张卡片。

(2) 在图 6-67 中的“命令”静态文本框中选择“写 AFI”单选按钮。可以看到，此时“标签信息”静态文本框中的“UID”和“AFI”这两个文本框都显示为白色，表示这两个项目可指定。

(3) 从“UID”下拉列表框中选择一个标签。

(4) 在“标签信息”静态文本框中的“AFI”文本框中输入两位十六进制的 AFI 标志值。

(5) 在“标志”静态文本框中选择“选择权”复选框。

(6) 单击“执行命令”按钮。

写 AFI 的请求数据包格式如下：

01 0B 00 03 04 18 40 27 05 00 00

写 AFI 的请求数据包中各字段的内容及含义如表 6-45 所示。

表 6-45 写 AFI 的请求数据包中各字段的内容及含义

字 段	内 容	含 义
SOF	01	帧起始
数据包长度	0B	数据包长度 = 11 Byte
常量	00	
起始数据载荷	03 04	起始数据载荷
固件命令	18	请求模式
标志	40	寻址标志 = 0；高数据速率标志 = 0；选择权标志 = 1
写 AFI 命令	27	
AFI	05	应用族标识
EOF	00 00	帧结束

GUI 软件日志信息文本框里标签对写 AFI 命令的响应格式为：

请求模式

[00] 无标签错误

可以观察到 GUI 上位机软件上显示如图 6-82 所示。

12) 锁定 AFI

锁定 AFI 命令可以对寻址的标签进行 AFI 寄存器写保护。来自 TRF7960 的损坏或不足的响应并不一定表示执行写操作失败。此外，多个转换器可以处理一个非寻址请求。

注意：锁定 AFI 命令为永久锁定命令，用户若使用该命令锁定 AFI 寄存器后，该寄存器的写入操作将永久性失效，用户应慎重使用该命令！

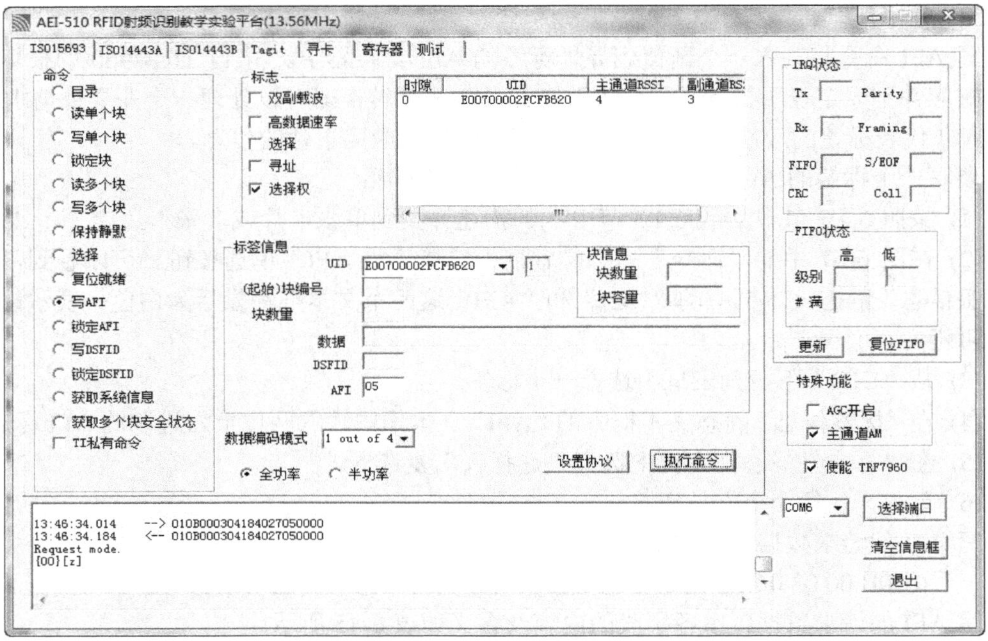

图 6-82　写 AFI 命令 GUI 软件显示

要锁定一个标签的 AFI，用户应当按照以下步骤进行：

(1) 按照 6.4.3 节中 1)或 6.4.3 节中 2)的描述寻找到单张卡片或多张卡片。

(2) 在图 6-67 中的“命令”静态文本框中选择“锁定 AFI”单选按钮。

(3) 从“UID”下拉列表框中选择一个标签。

(4) 在“标志”静态文本框中选择“选择权”复选框。

(5) 单击“执行命令”按钮。

锁定 AFI 的请求数据包格式如下：

01 0A 00 03 04 18 40 28 00 00

锁定 AFI 的请求数据包格式中各字段的内容及含义如表 6-46 所示。

表 6-46　锁定 AFI 的请求数据包格式中各字段的内容及含义

字　段	内　容	含　　义
SOF	01	帧起始
数据包长度	0A	数据包长度 = 10 Byte
常量	00	
起始数据载荷	03 04	起始数据载荷
固件命令	18	请求模式
标志	40	寻址标志 = 0；高数据速率标志 = 0；选择权标志 = 1
锁定 AFI 命令	28	
EOF	00 00	帧结束

GUI 软件日志信息文本框里标签对锁定 AFI 命令的响应格式如下：

请求模式

[]　　无标签错误

可以观察到 GUI 上位机软件上显示如图 6-83 所示。

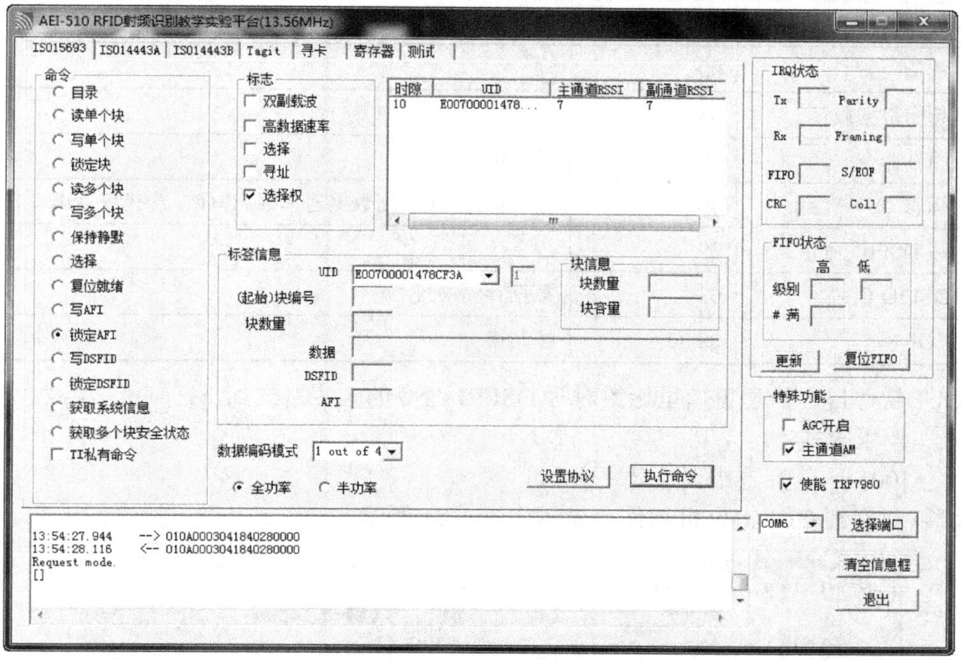

图 6-83　锁定 AFI 命令 GUI 上位机软件显示

13) 写 DSFID(数据存储格式 ID)

写 DSFID(数据存储格式 ID)命令将写入一个新值到寻址标签的 DSFID 寄存器中。来自 TRF7960 的损坏和不足响应并不一定表示执行写操作失败。此外，多个转换器可以处理一个非寻址请求。

要写一个标签的 DSFID，用户应当按照以下步骤进行：

(1) 按照 6.4.3 节中 1)或 6.4.3 节中 2)的描述寻找到单张卡片或多张卡片。

(2) 在图 6-67 中的“命令”静态文本框中选择“写 DSFID”单选按钮。可以看到，此时“标签信息”静态文本框中的“UID”和“DSFID”这两个文本框都显示为白色，表示这两个项目可指定。

(3) 从“UID”下拉列表框中选择一个标签。

(4) 在“标签信息”静态文本框中的“DSFID”文本框中输入两位十六进制的 DSFID 值。

(5) 在“标志”静态文本框中选择“选择权”复选框。

(6) 单击“执行命令”按钮。

写 DSFID 的请求数据包格式如下：

　　01 0B 00 03 04 18 40 29 03 00 00

写 DSFID 的请求数据包中各字段的内容及含义如表 6-47 所示。

表 6-47 写 DSFID 的请求数据包格式中各字段的内容及含义

字 段	内 容	含 义
SOF	01	帧起始
数据包长度	0B	数据包长度 = 11 Byte
常量	00	
起始数据载荷	03 04	起始数据载荷
固件命令	18	请求模式
标志	40	寻址标志 = 0；高数据速率标志 = 0；选择权标志 = 1
写 DSFID 命令	29	
DSFID 值	03	数据存储格式 ID
EOF	00 00	帧结束

GUI 软件日志信息窗口里标签对写 DSFID 命令的响应格式如下：

请求模式

[00] 无标签错误

可以观察到 GUI 上位机软件上显示如图 6-84 所示。

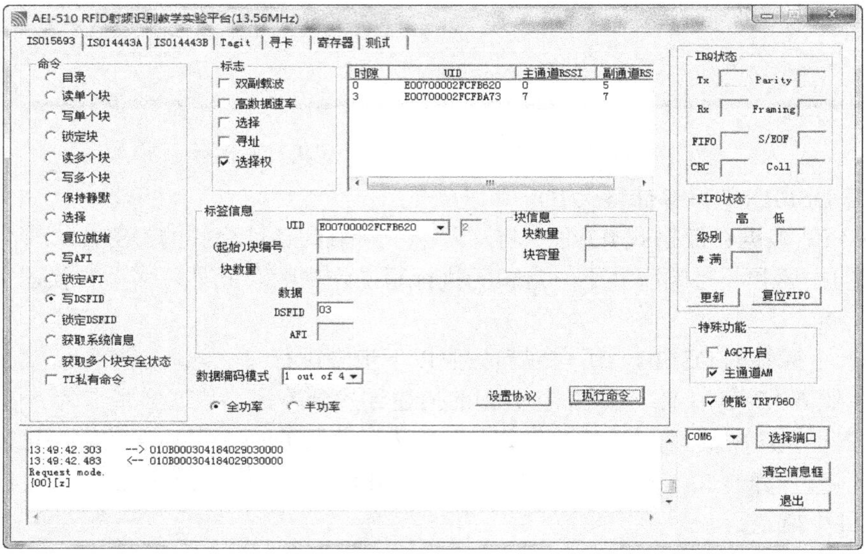

图 6-84 写 DSFID 命令 GUI 上位机软件显示

14) 锁定 DSFID 命令(数据存储格式 ID)

锁定 DSFID 命令可以对寻址的标签进行 DSFID 寄存器写保护。来自 TRF7960 的损坏或不足的响应并不一定表示执行写操作失败。此外，多个转换器可以处理一个非寻址请求。

注意：锁定 DSFID 命令为永久性锁定命令，用户若使用该命令锁定 DSFID 寄存器后，该寄存器的写入操作将永久性失效，用户应慎重使用该命令！

要锁定一个标签的 DSFID，用户应当按照以下步骤进行：

(1) 按照 6.4.3 节中 1)或 6.4.3 节中 2)的描述寻找到单张卡片或多张卡片。

(2) 在图 6-67 中的“命令”静态文本框中选择“锁定 DSFID”单选按钮。
(3) 从“UID”下拉列表框中选择一个标签。
(4) 在“标志”静态文本框中选择“选择权”复选框。
(5) 单击“执行命令”按钮。

锁定 DSFID 的请求数据包格式如下：

01 0A 00 03 04 18 40 2A 00 00

锁定 DSFID 的请求数据包中各字段的内容及含义如表 6-48 所示。

表 6-48　锁定 DSFID 的请求数据包中各字段的内容及含义

字　段	内　容	含　　义
SOF	01	帧起始
数据包长度	0A	数据包长度 = 10 Byte
常量	00	
起始数据载荷	03 04	起始数据载荷
固件命令	18	请求模式
标志	40	寻址标志 = 0；高数据速率标志 = 0；选择权标志 = 1
锁定 DSFID 命令	2A	
EOF	00 00	帧结束

GUI 软件日志信息文本框里标签对锁定 DSFID 命令的响应格式为：

请求模式

[]　　无标签错误

可以观察到 GUI 上位机软件上显示如图 6-85 所示。

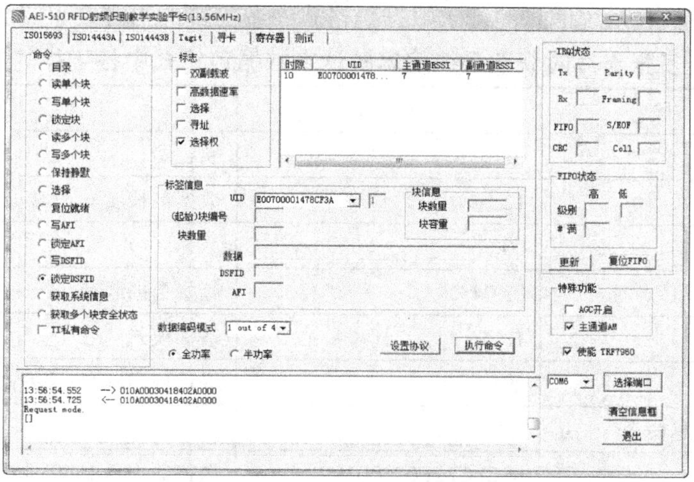

图 6-85　锁定 DSFID 命令 GUI 上位机软件显示

15) 获取系统信息

获取系统信息命令对 ISO 15693 标准指定的标识符、应用族、数据格式和存储块大小进行检索(标签要支持该命令)。

要获取一个标签的系统信息，用户应当按照以下步骤进行：

(1) 按照 6.4.3 节中 1)或 6.4.3 节中 2)的描述寻找到单张卡片或多张卡片。

(2) 在图 6-67 中的“命令”静态文本框中选择“获取系统信息”单选按钮。

(3) 从“UID”下拉列表框中选择一个标签。

(4) 在“标志”静态文本框中选择“寻址”复选框(注意：如果只有一张卡片存在，则可以不选择“寻址”复选框；如果有多张卡片存在，则必须选择“寻址”复选框)。

(5) 单击“执行命令”按钮。

获取系统信息的请求数据包格式如下：

只有一张卡片存在，不选择“寻址”复选框：01 0A 00 03 04 18 00 2B 00 00

一张卡片时获取系统信息的请求数据包格式中各字段的内容及含义如表 6-49 所示。

表 6-49　一张卡片时获取系统信息的请求数据包格式中各字段的内容及含义

字　段	内　容	含　义
SOF	01	帧起始
数据包长度	0A	数据包长度 = 10 Byte
常量	00	
起始数据载荷	03 04	起始数据载荷
固件命令	18	请求模式
标志	00	寻址标志 = 0；高数据速率标志 = 0
获取系统信息命令	2B	
EOF	00 00	帧结束

有多张卡片存在，选择“寻址”复选框：01 12 00 03 04 18 20 2B 89B8CF2F000007E0 00 00

多张卡片时获取系统信息的请求数据包格式中各字段的内容及含义如表 6-50 所示。

表 6-50　多张卡片时获取系统信息的请求数据包格式中各字段的内容及含义

字　段	内　容	含　义
SOF	01	帧起始
数据包长度	12	数据包长度 = 18 Byte
常量	00	
起始数据载荷	03 04	起始数据载荷
固件命令	18	请求模式
标志	20	寻址标志 = 1；高数据速率标志 = 0
获取系统信息命令	2B	
UID 号	89B8CF2F000007E0	选择的 ISO 15693 协议卡片
EOF	00 00	帧结束

GUI 软件日志信息文本框里标签对获取系统信息命令的响应格式如下：

读卡器/标签(0～15 时槽)的响应如下：

[存在的标签响应]

例如：

请求模式

[000F89B8CF2F000007E003033F038A]

标签响应的数据为[00 0F 89 B8 CF 2F 00 00 07 E0 03 03 3F 03 8A]，具体说明如表 6-51 所示。

表 6-51　标签响应数据各字段的内容及含义

字　段	内　容	含　义
标签错误标志	01	00 = 无错误
标签信息标志	0F	有标签参考字段 有标签存储字段 有标签 AFI 字段 有 DSFID 字段
标签 UID	89B8CF2F000007E0	UID 号字节反向排列。正确的 UID 号字节顺序为 E00700002FCFB889
标签的 DSFID 值	03	数据存储格式 ID
标签的 AFI 值	03	应用族识别 03
标签的其他字段	3F 03 8A	3F 块数量为 64 03 块容量为 32 B 8A 由标签制造商定义

16) 获取多个块安全状态

获取多个块安全状态命令可以获得请求的每一个块的安全状态字节的值，该字节编码表示指定块的写保护状态(例如，未锁定、(用户/工厂)锁定等)。

要获取多个块的安全状态，用户应当按照以下步骤进行：

(1) 按照 6.4.3 节中 1)或 6.4.3 节中 2)的描述寻找到单张卡片或多张卡片。

(2) 在图 6-67 中的“命令”静态文本框中选择“获取多个块安全状态”单选按钮，可以看到，此时“标签信息”静态文本框中的“UID”、“(起始)块编号”和“块数量”这三个文本框都显示为白色，表示这三个项目可指定。

(3) 从“UID”下拉列表框中选择一个标签。

(4) 在“标签信息”静态文本框中的“(起始)块编号”文本框中输入两位十六进制数，块的编号为 00～FF(0～255 号块)。

(5) 在“标签信息”静态文本框中的“块数量”文本框中输入要读取的块数量。请求进行读取的块的数量要比标签响应读取命令的块的数量少 1，例如，“块数量”文本框中的值为 06，那么就会读取七个块；“块数量”文本框中的值为 00，那么就会读取一个块。

(6) 单击“执行命令”按钮。

获取多个块安全状态的请求数据包格式如下：

01 0C 00 03 04 18 00 2C 00 02 00 00

获取多个块安全状态的请求数据包中各字段的内容及含义如表 6-52 所示。

表 6-52　获取多个块安全状态的请求数据包中各字段的内容及含义

字　段	内　容	含　　义
SOF	01	帧起始
数据包长度	0C	数据包长度 = 12 Byte
常量	00	
起始数据载荷	03 04	起始数据载荷
固件命令	18	请求模式
标志	00	寻址标志 = 0；高数据速率标志 = 0；选择权标志 = 0
获取多个块安全状态命令	2C	
UID 号	00	读取的第一个块号为 00，实际是#1 块
要读取的块的数量	02	块数量 = 3，读取块的块号等于设置的读取块的数量加 1，例如，要读取三个块，读取的第一个块为 #4
EOF	00 00	帧结束

GUI 软件日志信息文本框里标签对获取多个块安全状态命令的响应格式为：

请求模式

[00000000]　　[00　　无标签错误

00　　第一个块(#1 块)的安全状态

00　　第二个块(#2 块)的安全状态

00　　第三个块(#3 块)的安全状态

可以观察到 GUI 上位机软件上显示如图 6-86 所示。

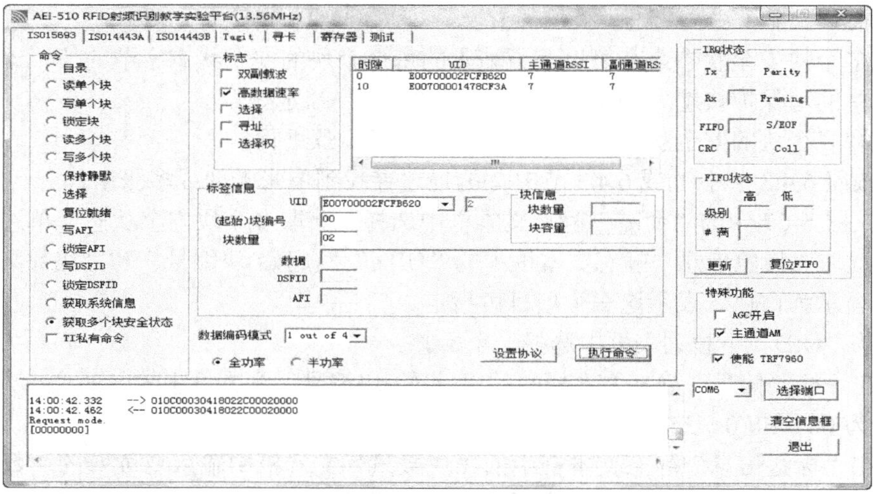

图 6-86　获取多个块安全状态 GUI 软件显示

6.4.4　ISO 14443A 协议联机通信实验

1．实验目的

通过 PC 串口对 MSP430F2370 进行控制，进而对 TRF7960 13.56 MHz RFID 进行控制，

从而对 ISO 14443A 协议卡片进行相关操作。

2. 实验条件

(1) AEI-510 系统控制主板 1 个。

(2) RFID-13.56 MHz-Reader 模块 1 个。

(3) ISO 14443A 卡片 2 张。

(4) USB 电缆 1 条。

3. 实验原理与步骤

1) 联机

ISO 14443A 协议联机通信实验在 13.56 MHz 高频 RFID 脱机实验的基础上进行，应保证 PC 和系统控制主板已经成功连接。选择正确的端口号，单击“选择端口”按钮，以建立连接关系。

切换协议选项卡到 ISO 14443A 协议，如图 6-87 所示。

ISO 14443A 协议的程序操作和 ISO 15693 协议的操作有一些不同，ISO 14443A 协议的有些命令必须按顺序执行。例如，在执行防碰撞命令后，才能激活选择(Select)命令。

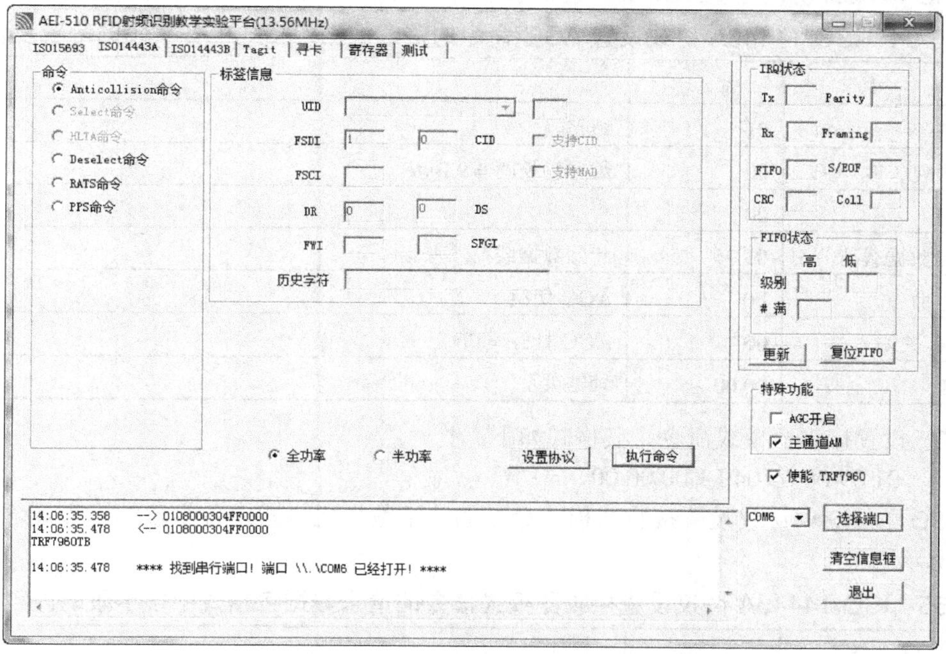

图 6-87 ISO 14443A 协议联机通信实验建立连接

2) 设置 ISO 14443A 协议

成功联机后(信息框显示“找到串行端口！”)，单击“设置协议”按钮，进行 ISO 14443A 协议设置。ISO 14443A 协议设置命令实际上发送了三条命令(寄存器写、设置 AGC、设置接收器模式(AM/PM))。

(1) 寄存器写命令，其格式如下：

01 0C 00 03 04 10 00 21 01 09 00 00

ISO 14443A 协议寄存器命令请求数据包格式中各字段的内容及含义如表 6-53 所示。

表 6-53　ISO 14443A 协议寄存器写命令请求数据包中各字段的内容及含义

字　段	内　容	含　　义
SOF	01	帧起始
数据包长度	0C	数据包长度 = 12 Byte
常量	00	
起始数据载荷	03 04	起始数据载荷
固件命令	10	寄存器写
寄存器 00	00 21	对寄存器00(芯片状态控制寄存器)写入21(RF输出有效，+5 V DC)
寄存器 01	01 09	对寄存器 01(ISO 控制寄存器)写入 09(设置 ISO 14443A 协议的高比特率，212 kb/s)
EOF	00 00	帧结束

(2) 设置 AGC 命令，其格式如下：

01 09 00 03 04 F0 00 00

ISO 14443A 协议设置 AGC 命令的请求数据包格式中各字段的内容及含义如表 6-54 所示。

表 6-54　ISO 14443A 协议设置 AGC 命令的请求数据包格式中各字段的内容及含义

字　段	内　容	含　　义
SOF	01	帧起始
数据包长度	09	数据包长度 = 9 Byte
常量	00	
起始数据载荷	03 04	起始数据载荷
固件命令	F0	AGC 切换
AGC 关闭	00	AGC 打开 = FF
EOF	00 00	帧结束

(3) 设置接收器模式命令，其格式如下：

01 09 00 03 04 F1 00 00 00

ISO 14443A 协议设置接收器模式命令的请求数据包格式中各字段的内容及含义如表 6-55 所示。

表 6-55　ISO 14443A 协议设置接收器模式命令的请求数据包格式中各字段的内容及含义

字　段	内　容	含　　义
SOF	01	帧起始
数据包长度	09	数据包长度 = 9 Byte
常量	00	
起始数据载荷	03 04	起始数据载荷
固件命令	F1	AM/PM 切换
AGC 关闭	00	FF = AM，00 = PM
EOF	00 00	帧结束

单击“设置协议”按钮后，PC 向系统控制主板发送三条命令，系统控制主板接收并正确返回回下面三条命令，表示 ISO 14443A 协议通信参数设置成功。

21：28：20.515-->010C00030410002101090000

21：28：20.515　\\.\COM4

21：28：20.671<--01090003040AFF0000

Unknown command.

010C00030410002101090000

Register write request.

21：28：20.671-->0109000304F0000000

21：28：20.781<--0109000304F0000000

21：28：20.781-->0109000304F1FF0000

21：28：20.890<--0109000304F1FF0000

3) 防碰撞

防碰撞(Anticollision)命令是和选择(Select)命令相联系的，也就是说要执行选择命令，必须先执行防碰撞命令。请求数据包指定了 UID 的级联水平，使用防碰撞/选择帧和实际数据位/比特将比特数量发送给标签，防碰撞请求以面向比特的防碰撞帧传送。

选择请求以一个标准帧格式通过 RF 接口发送，防碰撞请求可以指定位的数量范围为 0 到 39，即[0, 39]。选择请求必须指定为 40 位发送，即指定的位数小于 40，也必须遵循 5 个字节的数据，这是发送的数据位。数据字段包含了发送的数据位和 UID 的数据位，这可以解决任何碰撞或全部的 UID。UID 数据必须在发送的 40 个位的选择之前从标签获得。

成功执行防碰撞/选择命令后，标签在响应状态中会响应为 ERROR-NONE。

执行防碰撞命令，用户应当按照以下步骤进行：

(1) 单击“设置协议”按钮(如果在 6.4.4 节的设置 ISO 14443A 协议中已经设置，则不需要再设置协议)。

(2) 将一张 ISO 14443A 协议卡片放置在 13.56 MHz RFID 读卡范围内。

(3) 单击“执行命令”按钮。

防碰撞请求数据包格式如下：

01 09 00 03 04 A0 01 00 00

防碰撞请求数据包中各字段的内容及含义如表 6-56 所示。

表 6-56　防碰撞请求数据包中各字段的内容及含义

字　段	内　容	含　义
SOF	01	帧起始
数据包长度	09	数据包长度 = 9 Byte
常量	00	
起始数据载荷	03 04	起始数据载荷
固件命令	A0	ISO 14443A 类型标签，防碰撞，REQA
REQA	01	01 = REQA(请求类型 A)，00 = WUPA(唤醒类型 A)
EOF	00 00	帧结束

GUI 软件日志信息文本框里标签对防碰撞命令的响应格式为：

14443A REQA

(0400)(7CD127C64C)[7CD127C64C]

标签对 REQA 请求的响应格式如表 6-57 所示。

(<响应的标签，无 CRC>)[<响应的标签，带 CRC>]

“()”表示该响应无 CRC，“[]”表示响应带 CRC。

表 6-57　标签对 REQA 请求的响应格式

(0400)		ATQA(对 REQA 请求命令的应答)，UID 大小
(7CD127C64C)	7CD127C6	UID0，UID1，UID2，UID3 值
	4C	BCC(块检验字节)
[7CD127C64C]		同上，带有 CRC 校验和

可以观察到 GUI 上机位软件上显示如图 6-88 所示。

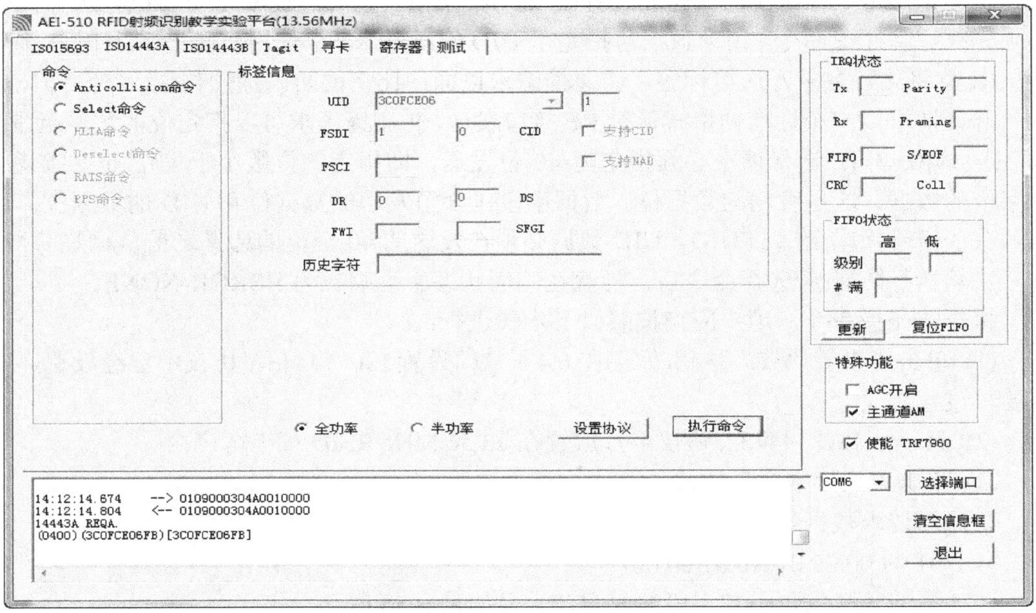

图 6-88　防碰撞命令 GUI 软件显示

4) 选择

(1) 在图 6-87 中的“命令”静态文本框中选择“Select 命令”单选按钮。

(2) 单击“执行命令”按钮。

选择命令请求数据包格式如下：

01 0D 00 03 04 A2 7CD127C64C 00 00

选择命令请求数据包中各字段的内容及含义如表 6-58 所示。

GUI 软件日志信息文本框里标签对选择命令的响应格式为：

14443A Select

()

表 6-58 选择命令请求数据包中各字段的内容及含义

字 段	内 容	含 义
SOF	01	帧起始
数据包长度	0D	数据包长度 = 13 Byte
常量	00	
起始数据载荷	03 04	起始数据载荷
固件命令	A2	选择
UID 号	7CD127C64C	ISO 14443A 卡片 UID 值
EOF	00 00	帧结束

可以看到 GUI 上位机软件上显示如图 6-89 所示。

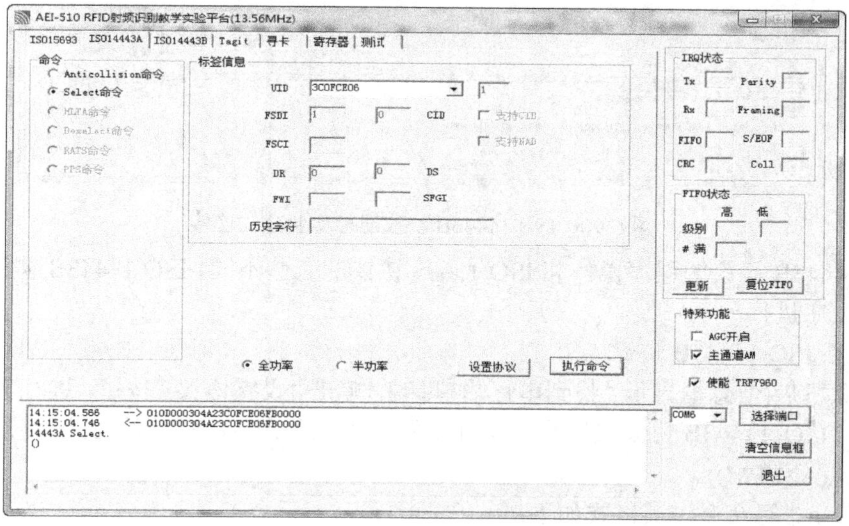

图 6-89 选择命令 GUI 上位机软件显示

6.4.5 ISO 14443B 协议联机通信实验

1. 实验目的

通过 PC 串口对 MSP430F2370 进行控制，进而对 TRF7960 13.56 MHz RFID 进行控制，从而对 ISO 14443B 协议卡片进行相关操作。

2. 实验条件

(1) AEI-510 系统控制主板 1 个。

(2) RFID-13.56MHz-Reader 1 个。

(3) ISO 14443B 卡片 2 张。

(4) USB 电缆 1 条。

3. 实验步骤

1) 联机

ISO 14443B 协议联机通信实验在 13.56 MHz 高频 RFID 脱机实验的基础上进行，应保证 PC 和系统控制主板已经成功连接。选择正确的端口号，单击“选择端口”按钮，以建立连接关系。

切换协议选项卡到 ISO 14443B 协议，如图 6-90 所示。

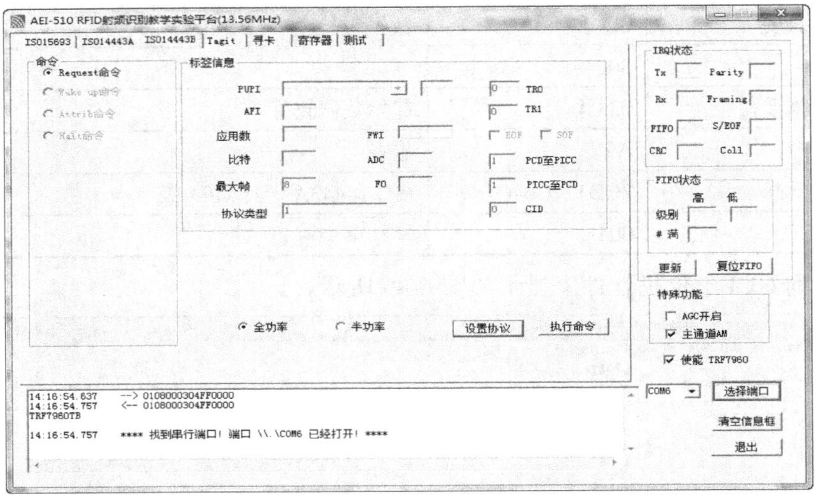

图 6-90　ISO 14443B 协议通信实验建立连接

ISO 14443B 协议的程序操作和 ISO 15693 协议的有些不同，ISO 14443B 协议的有些命令必须按顺序执行。

2) 设置 ISO 14443B 协议

成功联机后(信息框显示“找到串行端口！”)，单击“设置协议”按钮，进行 ISO 14443B 协议设置。ISO 14443B 协议设置命令实际上发送了三条命令(寄存器写、设置 AGC、设置接收器模式(AM/PM))。

(1) 寄存器写命令，其格式如下：

01 0C 00 03 04 10 00 21 01 0C 00 00

命令指令是连续的，为了区别，每两位中间加了空格，下同。ISO 14443B 协议寄存器写命令请求数据包中各字段的内容及含义如表 6-59 所示。

表 6-59　ISO 14443B 协议寄存器写命令请求数据包中各字段的内容及含义

字　段	内　容	含　　义
SOF	01	帧起始
数据包长度	0C	数据包长度 = 12 Byte
常量	00	
起始数据载荷	03 04	起始数据载荷
固件命令	10	寄存器写
寄存器 00	00 21	对寄存器 00(芯片状态控制寄存器)写入 21(RF 输出有效，+5 V DC)
寄存器 01	01 0C	对寄存器 01(ISO 控制寄存器)写入 0C(设置 ISO 14443B 协议，106 kb/s)
EOF	00 00	帧结束

(2) 设置 AGC 命令，其格式如下：

01 09 00 03 04 F0 00 00 00

ISO 14443B 协议设置 AGC 命令请求数据包中各字段的内容及含义如表 6-60 所示。

表 6-60　ISO 14443B 协议设置 AGC 命令请求数据包中各字段的内容及含义

字　段	内　容	含　义
SOF	01	帧起始
数据包长度	09	数据包长度 = 9 Byte
常量	00	
起始数据载荷	03 04	起始数据载荷
固件命令	F0	AGC 切换
AGC 关闭	00	AGC 打开 = FF
EOF	00 00	帧结束

(3) 设置接收器模式命令，其格式如下：

01 09 00 03 04 F1 00 00 00

ISO 14443B 协议设置接收器模式命令请求数据包中各字段的内容及含义如表 6-61 所示。

表 6-61　ISO 14443B 协议设置接收器模式命令请求数据包中各字段的内容及含义

字　段	内　容	含　义
SOF	01	帧起始
数据包长度	09	数据包长度 = 9 Byte
常量	00	
起始数据载荷	03 04	起始数据载荷
固件命令	F1	AM/PM 切换
AGC 关闭	00	FF = AM，00 = PM
EOF	00 00	帧结束

单击“设置协议”按钮后，PC 向系统控制主板发送三条命令，系统控制主板接收并正确返回下面三条命令，表示 ISO 14443B 协议通信参数设置成功。

```
11:37:43.171-->01090003040BFF0000
11:37:43.171    \\.\COM4
11:37:43.234-->010C000304100021010C0000
11:37:43.250    \\.\COM4
11:37:43.406<--01090003040BFF0000
Unknown command.
010C000304100021010C0000
```

Register write request.

11:37:43.406-->0109000304F0000000

11:37:43.515<--0109000304F0000000

11:37:43.515-->0109000304F1FF0000

11:37:43.625<--0109000304F1FF0000

3) Request 命令(REQB 请求命令)

请求命令确定场区内是否有标签。

要执行请求命令，用户应当按照以下步骤进行：

(1) 在图 6-87 中的“命令”静态文本框中选择“Request 命令”单选按钮。

(2) 单击“执行命令”按钮。

请求命令数据包格式如下：

01 09 00 03 04 B0 04 00 00

请求命令数据包中各字段的内容及含义如表 6-62 所示。

表 6-62 请求命令数据包中各字段的内容及含义

字 段	内 容	含 义
SOF	01	帧起始
数据包长度	09	数据包长度 = 9 Byte
常量	00	
起始数据载荷	03 04	起始数据载荷
固件命令	B0	标签类型 B，防碰撞—REQB
使能 16 时隙	04	
EOF	00 00	帧结束

GUI 软件日志信息文本框里标签对请求命令的响应格式为：

14443B REQB

[] 0# 时隙， 无标签响应

[] 1# 时隙， 无标签响应

[] 2# 时隙， 无标签响应

[] 3# 时隙， 无标签响应

[] 4# 时隙， 无标签响应

[] 5# 时隙， 无标签响应

[] 6# 时隙， 无标签响应

[] 7# 时隙， 无标签响应

[] 8# 时隙， 无标签响应

[] 9# 时隙， 无标签响应

[] 10# 时隙， 无标签响应

[] 11# 时隙， 无标签响应

[]　　12# 时隙，　　无标签响应

[50A4106387000000002184]　　13#时隙，　　有标签响应

[]　　14# 时隙，　　无标签响应

[]　　15# 时隙，　　无标签响应

#13 时隙的结果如下：

50：ATQB 响应头。

A4106387：伪唯一的 PICC 标识符。

00 00 00 00：应用数据。

00 21 84 协议信息，说明如下：

00：比特率(在双向上 PICC 只支持 106 kb/s)。

2：32 字节(最大帧长)。

1：协议类型(采用 14443-4 传输协议)。

8：FWI (PCD 帧结束后 PICC 开始应答的时间)。

4：ADC + FOR (数据编码选项)。

4) Wake up 命令(WUPB 唤醒命令)

唤醒命令用来将一个 ISO 14443B 卡片从 Halt 状态唤醒到空闲状态。

要执行 Wake up 命令，用户应当按照以下步骤进行：

(1) 在图 6-87 中的“命令”静态文本框中选择“Wake up 命令”单选按钮。

(2) 单击“执行命令”按钮。

唤醒命令数据包格式如下：

01 09 00 03 04 B1 04 00 00

唤醒命令数据包中各字段的内容及含义如表 6-63 所示。

表 6-63　唤醒命令数据包中各字段的内容及含义

字　段	内　容	含　　义
SOF	01	帧起始
数据包长度	09	数据包长度 = 9 Byte
常量	00	
起始数据载荷	03 04	起始数据载荷
固件命令	B1	WUPB(唤醒 B)
使能 16 时隙	04	
EOF	00 00	帧结束

GUI 软件日志信息文本框里标签对唤醒命令的响应格式为：

14443B REQB

[]　　0# 时隙，　　无标签响应

[]　　1# 时隙，　　无标签响应

[]　　2# 时隙，　　无标签响应

[]　　3# 时隙，　　无标签响应
[]　　4# 时隙，　　无标签响应
[]　　5# 时隙，　　无标签响应
[]　　6# 时隙，　　无标签响应
[]　　7# 时隙，　　无标签响应
[]　　8# 时隙，　　无标签响应
[]　　9# 时隙，　　无标签响应
[]　　10# 时隙，　　无标签响应
[]　　11# 时隙，　　无标签响应
[]　　12# 时隙，　　无标签响应
[50A41063870000000002184]　　13#时隙，　　有标签响应
[]　　14# 时隙，　　无标签响应
[]　　15# 时隙，　　无标签响应

#13 时槽的结果如下：

50：ATQB 响应头。

A4106387：伪唯一的 PICC 标识符。

00 00 00 00：应用数据。

00 21 84 协议信息，说明如下：

00：比特率(在双向上 PICC 只支持 106 kb/s)。

2：32 字节(最大帧长)。

1：协议类型(采用 14443-4 传输协议)。

8：FWI (PCD 帧结束后 PICC 开始应答的时间)。

4：ADC + FOR (数据编码选项)。

5) Attrib 命令(PICC 或标签选择命令，Type B)

要执行 Attrib 命令，用户应当按照以下步骤进行：

(1) 在图 6-87 中的“命令”静态文本框中的选择“Attrib 命令”单选按钮。

(2) 在“标签信息”静态文本框的“PUPI”下拉列表框中选择要操作的 PUPI 号。

(3) 分别在“最大帧”、“TR0”、“TR1”等文本框中填入相关数据。

(4) 单击“执行命令”按钮。

注意：只有在找到卡片的情况下，才能使用 Attrib 命令，即本命令在请求命令之后使用。

Attrib 命令数据包格式如下：

01 11 00 03 04 18 1D A4106387 00 52 01 00 00 00

Attrib 命令数据包中各字段的内容及含义如表 6-64 所示。

GUI 软件日志信息文本框里标签对 Attrib 命令的响应格式为：

请求模式
[]　无标签响应
[00]　无标签错误

表 6-64　Attrib 命令数据包中各字段的内容及含义

字　段	内　容	含　　义
SOF	01	帧起始
数据包长度	11	数据包长度 = 17 Byte
常量	00	
起始数据载荷	03 04	起始数据载荷
固件命令	18	请求模式
常量头	1D	总是为 1D
PUPI	A4106387	伪唯一的 PICC 标识符
参数 1	00	TR0 和 TR1(保护时间)为默认值；需要 SOF 和 EOF
参数 2	52	数据比特率为 212 kb/s；最大帧长为 32 B
参数 3	01	采用 14443-4 传输协议
参数 4	00	不支持 CID(卡片标识符)
EOF	00 00	帧结束

6) Halt 命令(停止命令)

停止(Halt)命令用来将一个 PICC 设置为 Halt(停止)状态，从而停止 PICC 对 REQB 命令的响应。进入 Halt 状态后，除了 WUPB(唤醒 B)命令，PICC 对其他所有命令都不响应。

要执行 Halt 命令，用户应当按照以下步骤进行：

(1) 在图 6-87 中的“命令”静态文本框中选择“Halt 命令”单选按钮。

(2) 在“标签信息”静态文本框的“PUPI”下拉列表框中选择要操作的 PUPI 号。

(3) 单击“执行命令”按钮。

停止命令数据包格式如下：

01 0D 00 03 04 18 50 A4106387 00 00

停止命令数据包中各字段的内容及含义如表 6-65 所示。

表 6-65　停止命令数据包中各字段的内容及含义

字　段	内　容	含　　义
SOF	01	帧起始
数据包长度	0D	数据包长度 = 13 Byte
常量	00	
起始数据载荷	03 04	起始数据载荷
固件命令	18	请求模式
响应头	50	总是为 50
PUPI	A4106387	伪唯一的 PICC 标识符
EOF	00 00	帧结束

GUI 软件日志信息文本框里标签对停止命令的响应格式如下：

请求模式

[]　　无标签响应

[00]　　无标签错误

按照以上步骤，如成功对指定的 PUPI 号的标签执行了停止命令，可以使用请求命令来验证。在图 6-87 中的“命令”静态文本框中选择“Request 命令”单选按钮，单击“执行命令”按钮，那么 GUI 软件将不能识别到刚才执行了停止命令的卡片。

6.4.6 Tag-it 协议

1. 实验目的

通过 PC 串口对 MSP 430F2370 进行控制，进而对 TRF7960 13.56 MHz RFID 进行控制，对 Tag-it 协议卡片进行相关操作。

2. 实验条件

(1) AEI-510 系统控制主板 1 个。

(2) RFID-13.56 MHz-Reader 模块 1 个。

(3) Tag-it 卡片 2 张。

(4) 电缆 1 条。

3. 实验步骤

1) 联机

Tag-it 协议实验在 13.56 MHz 高频 RFID 脱机实验的基础上进行，应保证 PC 和系统控制主板已经成功连接。选择正确的端口号，单击“选择端口”按钮，以建立连接关系。

切换协议选项卡到 Tag-it 协议，如图 6-91 所示。

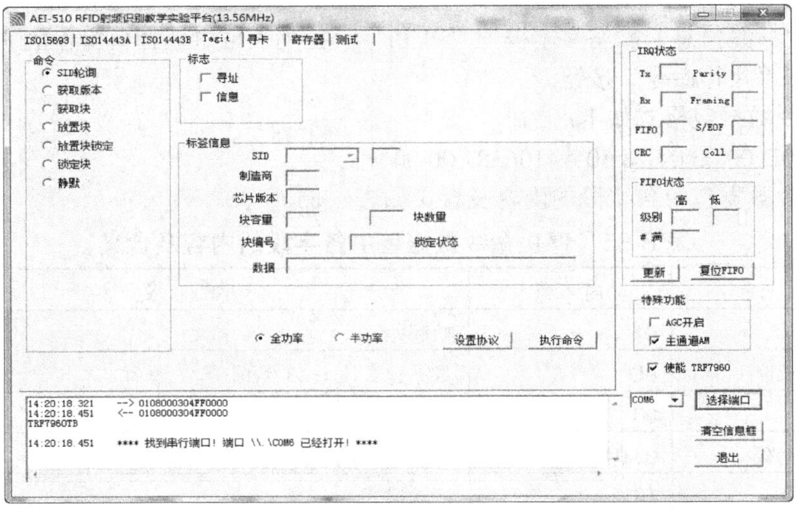

图 6-91　Tag-it 协议实验建立联系

2) 设置 Tag-it 协议

成功联机后(信息框显示“找到串行端口！”)，单击“设置协议”按钮，进行 Tag-it 协议设置。Tag-it 协议设置命令实际上发送了三条命令(寄存器写、设置 AGC、设置接收器模式(AM/PM))。

(1) 寄存器写命令，其格式为：

01 0C 00 03 04 10 00 21 01 13 00 00

命令指令是连续的，为了区别，每两位中间加了空格，下同。设置 Tag-it 协议寄存器写命令数据包中各字段的内容及含义如表 6-66 所示。

表 6-66　设置 Tag-it 协议寄存器写命令数据包中各字段的内容及含义

字　段	内　容	含　　义
SOF	01	帧起始
数据包长度	0C	数据包长度 = 12 Byte
常量	00	
起始数据载	03 04	起始数据载荷
固件命令	10	寄存器写
寄存器 00	00 21	对寄存器 00 (芯片状态控制寄存器)写入 21(RF 输出有效，+5 V DC)
寄存器 01	0113	对寄存器 01 (ISO 控制寄存器)写入 13 (设置 Tag-It 协议)
EOF	00 00	帧结束

(2) 设置 AGC 命令，其格式为：

01 09 00 03 04 F0 00 00 00

设置 Tag-it 协议设置 AGC 命令数据包中各字段的内容及含义如表 6-67 所示。

表 6-67　设置 Tag-it 协议设置 AGC 命令数据包中各字段的内容及含义

字　段	内　容	含　　义
SOF	01	帧起始
数据包长度	09	数据包长度 = 9 Byte
常量	00	
起始数据载荷	03 04	起始数据载荷
固件命令	F0	AGC 切换
AGC 关闭	00	AGC 打开-FF
EOF	00 00	帧结束

(3) 设置接收器模式命令，其格式为

01 09 00 03 04 F1 FF 00 00

设置 Tag-it 协议设置接收器模式命令数据包中各字段的内容及含义如表 6-68 所示。

表 6-68　设置 Tag-it 协议设置接收器模式命令数据包中各字段的内容及含义

字　段	内　容	含　　义
SOF	01	帧起始
数据包长度	09	数据包长度 = 9 Byte
常量	00	
起始数据载荷	03 04	起始数据载荷
固件命令	F1	AM/PM 切换
AGC 关闭	FF	FF = FM，00 = PM
EOF	00 00	帧结束

3) 同时识别码(SID)轮询

SID 轮询请求用来获得 Tag-it 传送器的同时识别码，该请求降低了数据冲撞的可能性。16 时隙寻卡序列强制在读卡区域内 SID 号部分一致的应答器响应 16 槽中的一个。要执行一个 16 时隙寻卡序列，时隙标记/帧结束请求需要与该命令一起使用。在一个时隙序列内出现的任何碰撞都可以通过使用与 Tag-it 传送器协议参考手册规定的防碰撞码算法来进行仲裁。

要执行 SID 轮询操作，用户应当按照以下步骤进行：

(1) 在图 6-91 中的“命令”静态文本框中选择“SID 轮询”单选按钮。

(2) 单击“执行命令”按钮。

SID 轮询请求数据包格式如下：

01 0B 00 03 04 34 00 50 00 00 00

SID 轮询请求数据包中各字段的内容及含义如表 6-69 所示。

表 6-69　SID 轮询请求数据包中各字段的内容及含义

字　段	内　容	含　　义
SOF	01	帧起始
数据包长度	0B	数据包长度 = 11 Byte
常量	00	
起始数据载荷	03 04	起始数据载荷
固件命令	34	T1SID 轮询
参数 1	00	读卡器对标签的请求
参数 2	50	SID 轮询请求
参数 3	00	掩码长度
EOF	00 00	帧结束

GUI 软件日志信息文本框里标签对 SID 轮询命令的响应，即读卡器/标签(0～15 时隙)的响应如下：

[<存在的标签响应>]

例如：

[]　0# 时隙，无标签响应

[C0A000D2844102050307]　1#时隙，[C0A000D2844102050307]标签响应

[]　2# 时隙，无标签响应

[]　3# 时隙，无标签响应

[]　4# 时隙，无标签响应

[]　5# 时隙，无标签响应

[]　6# 时隙，无标签响应

[]　7# 时隙，无标签响应

[]　8# 时隙，无标签响应

[]　9# 时隙，无标签响应

[]　10# 时隙，无标签响应
[]　11# 时隙，无标签响应
[]　12# 时隙，无标签响应
[]　13# 时隙，无标签响应
[]　14# 时隙，无标签响应
[]　15# 时隙，无标签响应

SID 标签响应：

[C0 A0 00 D2 84 41 02 05 03 07]

SID 标签响应数据包中各字段的内容及含义如表 6-70 所示。

表 6-70　SID 标签响应数据包中各字段的内容及含义

字　段	内　容	说　　明
响应码	C0	标签对读卡器的响应
命令码	A0	SID 查询
SID	00D28441	4 B 或 32 b
芯片制造商 ID	02 05	(7 位) = 02H (注意：TI = 01b) + 芯片版本 (9 位) = 05H 0000 0010 0000 0101 = 16 位二进制 0 2 0 5 = 十六进制 0205
块大小	03	数值 + 1 = 4 (4 B 或 32 b)
块数量	07	数值 + 1 = 8

注意：标签存储器为 8 个块，每个块 32 b，等于 256 b(8 块 × 32 b = 256 b)

4) 获取版本

获取版本请求可以获得一个响应标签上的属性信息，这些属性包括 IC 版本、制造商信息，以及可用的存储块的数量和大小。

要获取芯片的版本，用户应当按照以下步骤进行：

(1) 在图 6-91 中的“命令”静态文本框中选择“获取版本”单选按钮。

(2) 在“标志”静态文本框中选择“寻址”复选框。

(3) 单击“执行命令”按钮。

获取版本请求数据包格式如下：

01 0E 00 03 04 18 00 1A 00 D2 84 41 00 00

获取版本请求数据包中各字段的内容及含义如表 6-71 所示。

GUI 软件日志信息文本框里 SID 标签对获取版本命令的响应格式为：

请求模式

[C0A000D2844102050307]

[C0A000D2844102050307]

标签的响应格式如下：

[C0 A0 00 D2 84 41 02 05 03 07]

表 6-71 获取版本请求数据包中各字段的内容及含义

字段	内容	含义
SOF	01	帧起始
数据包长度	0E	数据包长度 = 14 Byte
常置	00	
起始数据载荷	03 04	起始数据载荷
固件命令	18	请求模式
参数 1	00	读卡器对标签的请求
参数 2	1A	寻址标志设置
SID	00 D2 84 41	4 B 或 32 b
EOF	0000	帧结束

标签的响应格式如表 6-72 所示。

表 6-72 标签的响应格式

字段	内容	说明
响应码	C0	标签对读卡器的响应
命令码	A0	获取版本命令 = 3 寻址标志设置 = 4，无寻址标志 = 0 C00 00 0011 0100 C 0 3 4
SID	00D28441	4 B 或 32 b
芯片制造商 ID	02 05	(7 位) = 02H (注意：TI = 01b) + 芯片版本 (9 位) = 05H 0000 0010 0000 0101 = 16 位二进制 0 2 0 5 = 十六进制 0205
块容量	03	数值 + 1 = 4 (4 B 或 32 b)
块数量	07	数值 + 1 = 8

注意：标签存储器为 8 个块，每个块 32 b，等于 256 b(8 块 × 32 b = 256 b)。

5) 获取块

获取块请求可以获得响应标签的一个存储块的数据。除了获得存储块的数据，获取块请求还会返回块的安全状态字节，该字节表示指定块的写保护状态(例如，未锁定、(用户/制造商)锁定等)。要获取块，用户应当按照以下步骤进行：

(1) 在图 6-91 中的“命令”静态文本框中选择“获取块”单选按钮。

(2) 在“标签信息”静态文本框中的“块容量”文本框中输入两位十六进制数。

(3) 在“标签信息”静态文本框中的“块编号”文本框中输入两位十六进制数。

(4) 单击“执行命令”按钮。

获取块的请求数据包格式如下：

01 0B 00 03 04 18 00 08 03 00 00

获取块的请求数据包中各字段的内容及含义如表 6-73 所示。

表 6-73　获取块的请求数据包中各字段的内容及含义

字　段	内　容	含　　义
SOF	01	帧起始
数据包长度	0B	数据包长度 = 11 Byte
常量	00	
起始数据载荷	03 04	起始数据载荷
固件命令	18	请求模式
参数 1	00	读卡器对标签的请求
命令码	08	获取块，无寻址 = 08，寻址 = 0A
块数量	03	数值 + 4
EOF	00 00	帧结束

GUI 软件日志信息文本框里标签对获取块命令的响应格式如下：

请求模式

[C010031DE2088440]

标签的响应格式如下：

[C010031DE2088440]

获取块标签的响应格式如表 6-74 所示。

表 6-74　获取块标签的响应格式

字　段	内　容	说　　明
响应码	C0	标签对读卡器的响应
命令码	10	获取块命令
块数量	03	数值 + 1 = 4
块数据	1DE2 08 84	位取反
	4	反转的数据字节
	0	为了完整的数据载荷增加的字节

6) 放置块

放置块请求可以将数据写入寻址标签的一个存储块中。为了成功写入数据，主机必须知道标签存储块的大小，块的信息可以通过获取 IC 版本命令或 SID 查询序列请求版本数据来获得。来自 TRF7960 的损坏或不足的响应并不一定表示执行写操作失败。此外，多个标签可以处理一个非寻址请求。要执行放置块操作，用户应当按照以下步骤进行：

(1) 在图 6-91 中的“命令”静态文本框中选择“放置块”单选按钮。

(2) 在“标签信息”静态文本框中的“块容量”文本框中输入两位十六进制数。

(3) 在“标签信息”静态文本框中的“块编号”文本框中输入两位十六进制数。

(4) 在“标签信息”静态文本框中的“数据”文本框中输入要写入块的数据。

(5) 单击“执行命令”按钮。

放置块命令请求数据包格式如下：

01 0F 00 03 04 18 00 28 00 03 77 88 22 11 00 00

放置块命令请求数据包中各字段的内容及含义如表 6-75 所示。

表 6-75　放置块命令请求数据包中各字段的内容及含义

字　段	内　容	含　　义
SOF	01	帧起始
数据包长度	0F	数据包长度 = 15 Byte
常量	00	
起始数据载荷	03 04	起始数据载荷
固件命令	18	请求模式
参数 1	00	读卡器给标签的请求
命令码	28	写块
块数量	03	数值 + 1 = 4
块数据	77 88 22 11	32 b
EOF	00 00	帧结束

GUI 日志信息文本框里标签对放置块命令的响应格式如下：

请求模式

[C050]

标签的响应格式如表 6-76 所示。

表 6-76　放置块标签的响应格式

字　段	内　容	说明
响应码	C0	标签对读卡器的响应
命令码	50	放置块命令

注意：Tag-it 协议使用二进制和十六进制字节，而 GUI 只使用十六进制字节。

7) 放置块锁定

放置块锁定命令对寻址的标签的一个存储块写入数据并且锁定该块，使其不能再进行其他的写操作。为了成功写入数据，主机必须知道标签存储块的大小，块的信息可以通过获取 IC 版本命令或 SID 查询序列请求版本数据来获得。来自 TRF7960 的损坏或不足的响应并不一定表示执行锁定操作失败。此外，多个转换器可以处理一个非寻址请求。

要执行放置块锁定操作，用户应当按照以下步骤进行：

(1) 在图 6-91 中的“命令”静态文本框中选择“放置块锁定”单选按钮。

(2) 在“标签信息”静态文本框中的“块容量”文本框中输入两位十六进制数。

(3) 在“标签信息”静态文本框中的“块编号”文本框中输入两位十六进制数。

(4) 在“标签信息”静态文本框中的“数据”文本框中输入要写入块的数据。

(5) 单击“执行命令”按钮。

放置块锁定的请求数据包格式如下：

01 0F 00 03 04 18 00 38 03 77 88 22 11 00 00

放置块锁定的请求数据包中各字段的内容及含义如表 6-77 所示。

表 6-77　放置块锁定的请求数据包中各字段的内容及含义

字　段	内　容	含义
SQF	01	帧起始
数据包长度	0F	数据包长度 = 15 Byte
常量	00	
起始数据载荷	03 04	起始数据载荷
固件命令	18	请求模式
	00	读卡器给标签的请求
命令码	38	写块并锁定块
块数量	03	数值 + 14
块数据	77 88 22 11	32 b
EOF	00 00	帧结束

GUI 软件日志信息文本框里标签对放置块锁定命令的响应格式如下：

请求模式

[C070]

放置块锁定标签的响应格式如表 6-78 所示。

表 6-78　放置块锁定标签的响应格式

字　段	内　容	说　明
响应码	C0	标签对读卡器的响应
命令码	70	放置块锁定命令

注意：Tag-it 协议使用二进制和十六进制字节，而 GUI 只使用十六进制字节。

8) 锁定块

锁定块命令对寻址的标签的一个存储块进行写保护。来自 TRF7960 的损坏或不足的响应并不一定表示执行锁定操作失败。此外，多个标签可以处理一个非寻址请求。

要锁定一个块，用户应当按照以下步骤进行：

(1) 在图 6-91 中的“命令”静态文本框中选择“锁定块”单选按钮。

(2) 在“标签信息”静态文本框的“块编号”文本框中输入两位十六进制数。

(3) 单击“执行命令”按钮。

锁定块的请求数据包格式如下：

01 0B 00 03 04 18 00 40 03 00 00

锁定块的请求数据包中各字段的内容及含义如表 6-79 所示。

GUI 软件日志信息文本框里标签对锁定块命令的响应格式如下：

请求模式

[C080]

表 6-79　锁定块的请求数据包中各字段的内容及含义

字　段	内　容	含　　义
SOF	01	帧起始
数据包长度	0B	数据包长度 = 11 Byte
常量	00	
起始数据载荷	03 04	起始数据载荷
固件命令	18	请求模式
	00	读卡器给标签的请求
命令码	40	锁定块
块数量	03	数值 = 3 + 1 = 4
EOF	00 00	帧结束

锁定块标签的响应格式如表 6-80 所示。

表 6-80　锁定块标签的响应格式

字　段	内　容	说　　明
响应码	C0	标签对读卡器的响应
命令码	80	锁定块命令

注意：Tag-it 协议使用二进制和十六进制字节，而 GUI 只使用十六进制字节。

9) 静默

静默命令用来使一个标签保持静默，以免标签响应任何无寻址的命令或SID查询命令。但是，Tag-it 标签只对 SID 匹配的请求进行响应，由于没有来自该标签的请求响应，所以只报告请求状态和错误。要使一个标签保持静默，用户应当按照以下步骤进行：

(1) 在图 6-91 中的“命令”静态文本框中选择“静默”单选按钮。

(2) 单击“执行命令”按钮。

静默命令的请求数据包格式如下：

01 0A 00 03 04 18 00 58 00 00

静默命令的请求数据包中各字段的内容及含义如表 6-81 所示。

表 6-81　静默命令的请求数据包中各字段的内容及含义

字　段	内　容	含　　义
SOF	01	帧起始
数据包长度	0A	数据包长度 = 10 bytes
常量	00	
起始数据载荷	03 04	起始数据载荷
固件命令	18	请求模式
	00	读卡器给标签的请求
命令码	58	静默
EOF	00 00	帧结束

GUI 软件日志信息文本框里标签对静默命令的响应格式如下：

请求模式

[]　无标签响应

6.4.7 多协议寻找标签实验

多协议寻找标签实验可以查询在射频范围内所支持的所有标签，包括 ISO 15693、ISO 14443A、ISO 14443B 和 Tag-it 协议的标签。该实验不断地从一个协议标准切换到另一个协议标准，并且发送该标准的寻卡请求，读卡器在找到其读卡范围的卡片后就将寻找到的标签卡号显示出来。通过选择相关协议的按钮，用户可以选择要搜索哪些协议的标签。用户不感兴趣的协议标签可以不进行搜索，这样可以减少搜索的循环时间。如果选中了“全选”复选框，那么将对所有支持的协议进行搜索。

如果选中了“全选”复选框，在单击“运行”按钮后，图 6-92 就会显示在读卡区域内所找到的所有协议类型的标签。软件默认为全选所有协议。如果只选中了某些协议，那么图 6-92 就会显示在读卡区域内所找到的指定协议类型的标签，只有在单击“停止”按钮后才能停止寻找标签。

实验的具体操作步骤如下：

(1) 多协议寻找标签实验在 13.56 MHz 高频 RFID 脱机实验的基础上进行，应保证 PC 和系统控制主板已经成功连接。选择正确的端口号，单击“选择端口”按钮，以建立连接关系。

(2) 切换选项卡到“寻卡”选项卡，如图 6-92 所示。

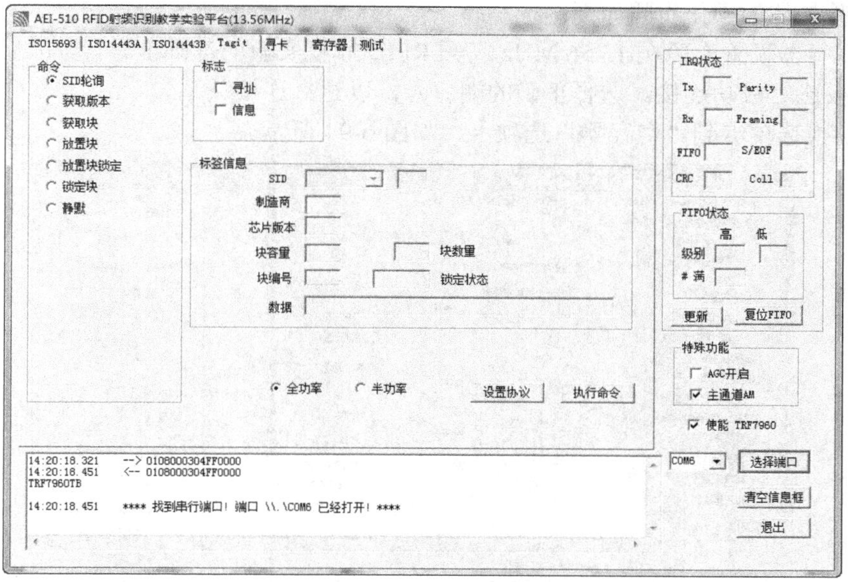

图 6-92　多协议寻找标签实验建立连接

(3) 将配套的卡片全部放到 13.56 MHz RFID 读卡器的读卡范围内，单击“运行”按扭，可以观察到 GUI 软件显示如图 6-93 所示。

(4) 此时“运行”按钮变为了“停止”按钮，单击“停止”按钮可以停止寻卡操作。

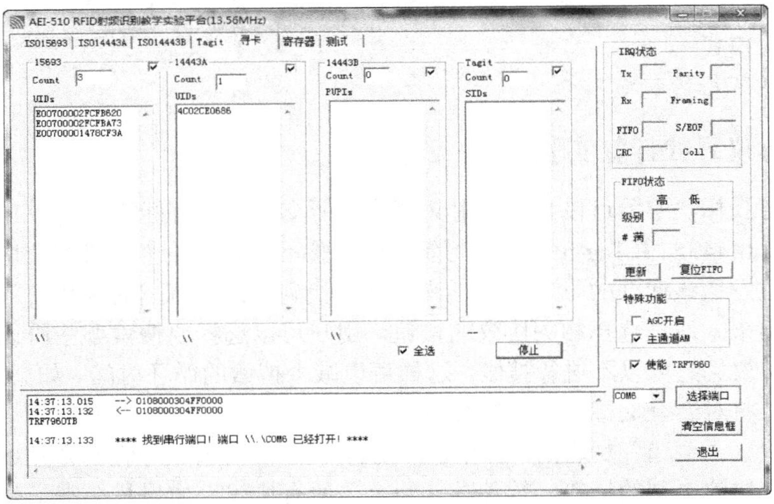

图 6-93　多协议寻找标签实验 GUI 软件显示

6.4.8　寄存器设置实验

在“寄存器”选项卡下可以对寄存器的内容进行读和写操作。除非对 TRF7960 的功能已经相当熟悉，否则不要随意更改寄存器的值。如果对寄存器的内容进行了错误的更改，可单击“默认值”按钮以恢复默认设置。

在每次进入寄存器选项卡时或特殊功能有所改变时，寄存器的值都会自动更新。寄存器设置实验具体的操作步骤如下：

(1) 寄存器设置实验在 13.56 MHz 高频 RFID 脱机实验的基础上进行，应保证 PC 和系统控制主板已经成功连接。选择正确的端口号，以建立连接关系。

(2) 切换选项卡到“寄存器”选项卡，如图 6-94 所示。

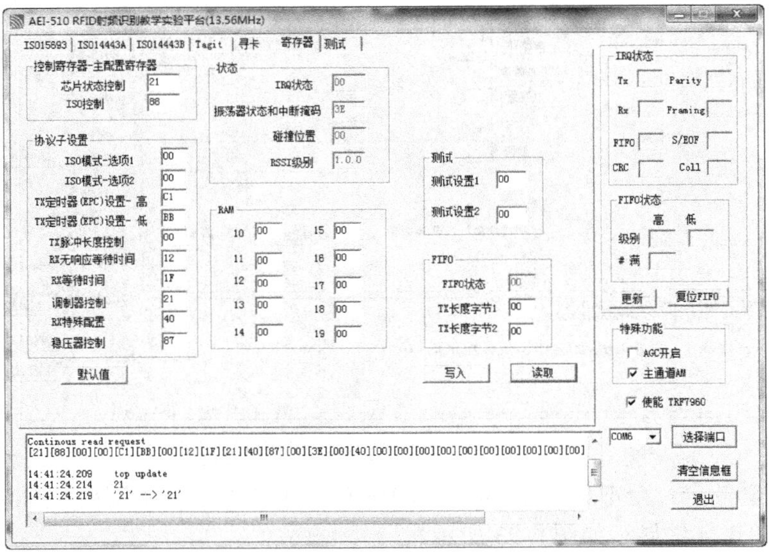

图 6-94　寄存器设置实验建立连接

(3) 读取寄存器值。单击“读取”按钮，即可获得更新的寄存器值。

读寄存器的命令格式如下:

010A000304131F000000

GUI 软件日志信息文本框里 TRF7960 返回的信息格式如下：

[寄存器值]

例如：

Continous read request

[21][14][00][00][C1][BB][00][13][1F][20][40][87][00][3E][00][40][00][00][00][00][00][00][00][00][00][00][00][00][00][00][00]

上述值即为 GUI 软件日志信息文本框中，各寄存器对应的值。

(4) 写入新的寄存器值。在对应的寄存器文本框里，填入希望的寄存器值，然后单击“写入”按钮，即可将新值写入 TRF7960 寄存器中。

(5) 恢复默认设置。单击“默认值”按钮即可恢复默认设置。

6.4.9　自定义命令测试实验

如果需要，通过使用测试选项卡，用户可以手动发送命令。在“待发送字符”文本框里输入命令可以直接对 TRF7960 进行相关操作。具体操作步骤如下：

(1) 自定义命令测试实验在 13.56 MHz 高频 RFID 脱机实验的基础上进行，应保证 PC 和系统控制主板已经成功连接。选择正确的端口号，以建立连接关系。

(2) 切换选项卡到“测试”选项卡，如图 6-95 所示。

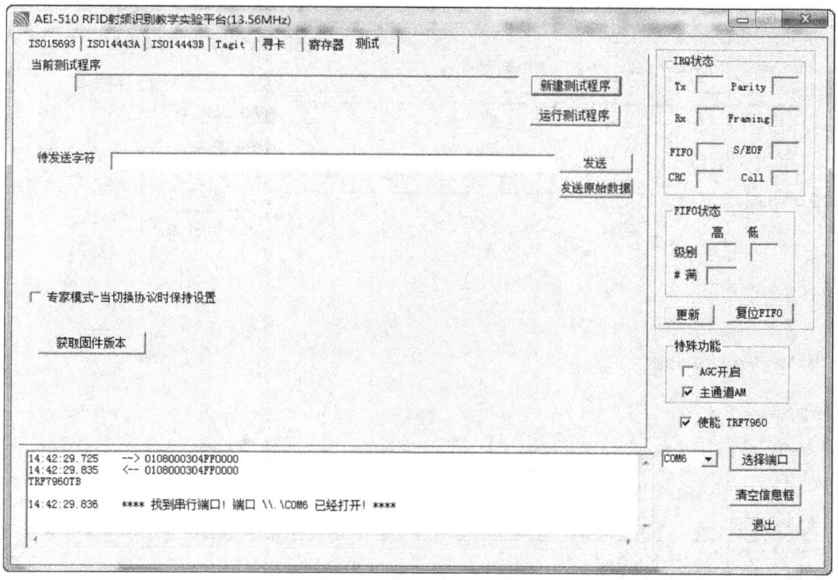

图 6-95　自定义命令测试实验建立连接

(3) 在“待发送字符”文本框里输入命令，然后单击“发送”按钮。

下面以设置 ISO 15693 标签通信协议为例子来进行说明。

(1) 在“待发送字符”文本框里输入“1000210102”，并单击“发送”按钮，如图 6-96 所示。

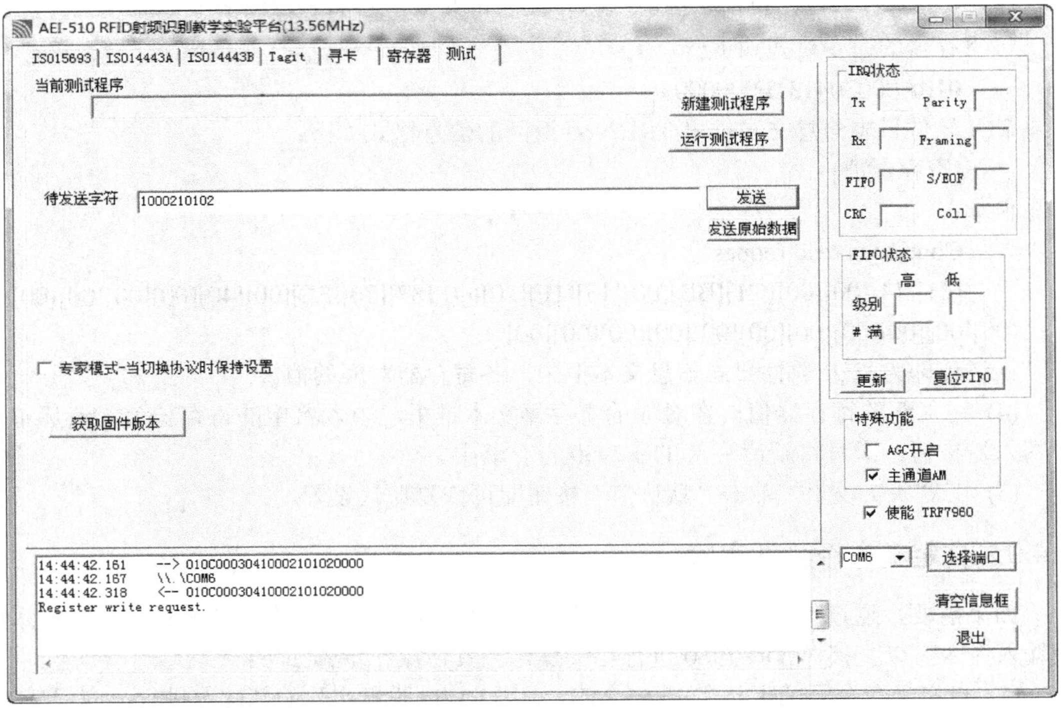

图 6-96　输入命令并发送一

(2) 在“待发送字符”文本框里输入“F000”，并单击“发送”按钮，如图 6-97 所示。

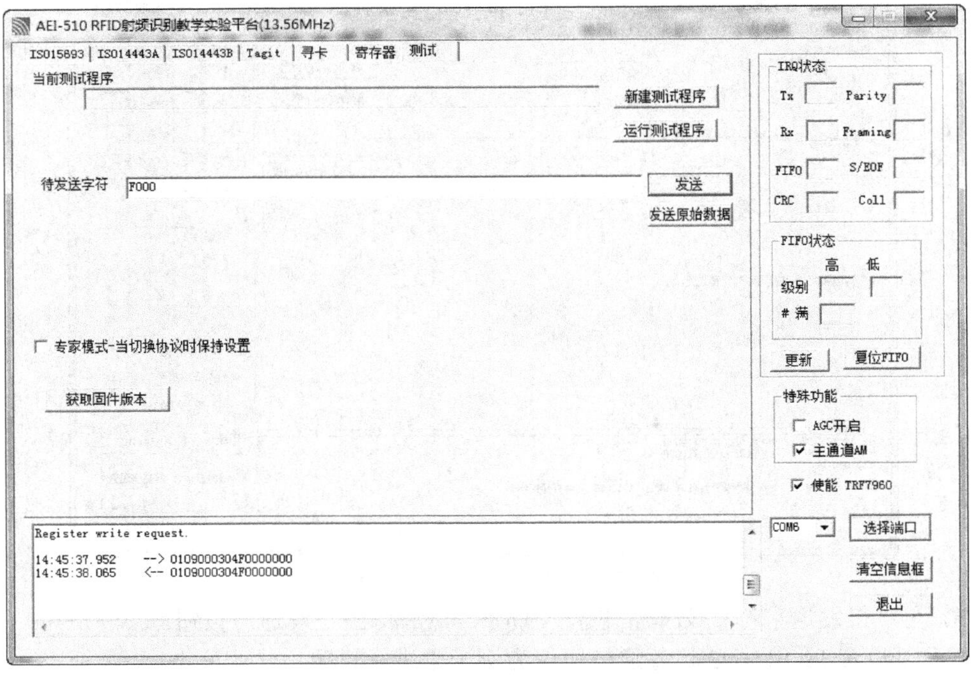

图 6-97　输入命令并发送二

(3) 在“待发送字符”文本框里输入“F1FF”并单击“发送”按钮，如图 6-98 所示。

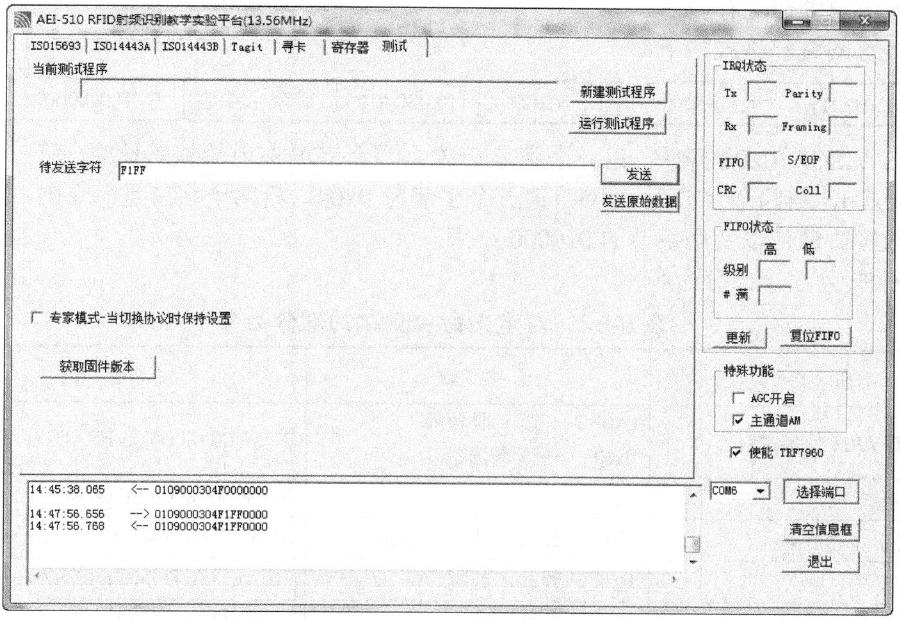

图 6-98　输入命令并发送三

(4) 在 13.56 MHz 高频 RFID 读卡器天线感应范围内，放入两张 ISO 15693 协议卡片。

(5) 在“待发送字符”文本框里输入“14060100”，并单击“发送”按钮，如图 6-99 所示。

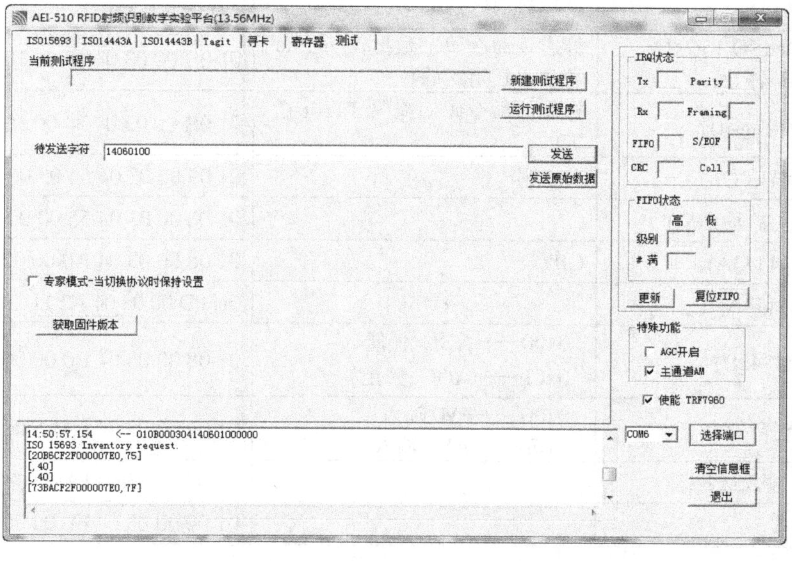

图 6-99　输入命令并发送四

根据 GUI 软件日志信息文本框的返回信息可知，13.56 MHz 高频 RFID 读卡器读取到两张 ISO 15693 协议卡片。

在以上的实验中，在“待发送字符”文本框里实际上只输入了“命令 + 参数”，协议里的其他内容都可以不管，是由程序自动添加的。但是如果单击“发送原始数据”按钮，则需要输入完整的命令行。

命令行的完整格式如下：

SOF (0x01)	字节数	0x00	0x030x04	命令 + 参数	EOF (0x0000)

通信以 SOF (0x01)开始，第二个字节定义了包括 SOF 在内的帧的长度，第三个字节为固定值 0x00，第四个字节为 0x03，第五个字节为 0x04，第六个字节是命令码，后面紧跟参数或数据。通信以两个字节的 0x0000 结束。

表 6-82 列出了部分命令。

表 6-82　自定义命令测试的部分命令

命　令	参　数	示　例
0x03 TRF796x 使能/禁止	0x00——读卡器使能 0xFF——读卡器禁止	01 09 00 03 04 03 FF 00 00
0x0F 直接模式		01 08 00 03 04 0F 00 00
0X10 写单个寄存器	地址，数据，地址，数据	01 0A 00 03 04 10 15 67 00 00
0x11 连续写	地址，数据，数据	01 0C 00 03 04 11 13 67 46 A4 00 00
0x12 读单个寄存器	地址，地址，…	01 0B 00 03 04 12 01 0A 13 00 00
0x13 连续读	要读取的字节数置，起始地址	01 0A 00 03 04 13 05 03 00 00
0x14 目录<寻卡> (ISO 15693)	FIF0 数据	01 0B 00 03 04 14 06 01 00 00 00
0x15 直接命令	直接命令码	01 09 00 03 04 15 0F 00 00
0x16 写 raw	数据或命令…	01 10 00 03 04 16 91 3D 00 40 AA BB CC DD 00 00
0x18 请求命令 ISO 15693, Tag-it, 14443B 停止	标志，命令码，数据，…(ISO 和 Tag-it 指定的)	01 0B 00 03 04 18 06 20 01 00 00
0x34SID 查询(Tag-it)	标志，命令码，掩码(Tag-it 指定的)	01 0B 00 03 04 34 00 50 00 00 00
0x54 开始循环(EPC)	时隙号	01 09 00 03 04 54 03 00 00
0x55 关闭时隙序列(EPC)		01 08 00 03 04 55 00 00
0xA0REQA (14443A)	CID	01 08 00 03 04 A0 00 00
0xA2 选择(14443A)		0H 0D 00 03 04 A2 11 22 33 44 44 00 00
0xB0REQB (I4443B)	0x00——AGC 使能 0xFF——AGC 禁止	01 08 00 03 04 B0 00 00
0xF0 AGC 选择	0x00——FM 输入 0xFF——AM 输入	01 09 00 03 04 F0 FF 00 00
0xF1AM/PM 输入选择		01 09 00 03 04 F1 00 00 00
0xFE 获取版本		01 08 00 03 04 FE 00 00

此外，测试里面有一个附加功能——专家模式，可以允许用户保持对寄存器设置的调整，而不需要对每一个协议进行独立设置。目前，用户要想测试某种协议就需要进入相关的协议选项卡，然后单击“设置协议”按钮，设置所有的寄存器为默认值。对每个协议做了默认设置后，可以进入测试选项卡，选择“专家模式”复选框，然后进入寄存器选项卡进行一些必要的修改。这样就允许读卡器保持当前寄存器的设置，即使用户必须返回到其

他协议(ISO 15693、ISO 14443 等)选项卡做一些预设命令，也不需要再单击“设置协议”按钮就可进行其他操作。

6.5　900 MHz 超高频 RFID 实验

6.5.1　由 MSP430F2370 控制的寻卡实验

1. 实验目的

通过 MSP430F2370 对 RFID-900 MHz-Reader 进行控制，读取在 900 MHz RFID 模块读卡区域内的 ISO 18000-6C 卡片。

2. 实验条件

(1) AEI-510 系统控制主板 1 个。

(2) RFID-900 MHz-Reader 模块 1 个。

(3) 900 MHz (ISO 18000-6C)卡片 2 张。

(4) MSP430 仿真器 1 个。

(5) USB 电缆 2 条。

3. 实验步骤

(1) 将 RFID-900 MHz-Reader 模块正确安装到系统控制主板的 P4 插座上，将 900 MHz 天线安装到 RFID-900 MHz-Reader 模块的 SMA 天线座上。

(2) 将系统控制主板上的拨码开关座 J102 和 J104 全部拨到 ON 挡，其他四个拨码开关座全部拨到 OFF 挡。

(3) 给系统控制主板供电(USB 供电或者 5 V DC 供电)。

(4) 用仿真器将系统控制主板和 PC 连接，按照 6.3.1 节所述方法和步骤用 IAR 开发环境打开“配套光盘\下位机代码\RFID-900 MHz-Demo”文件夹下的“RFID-900 MHz-Demo.eww”工程，并将该工程下载到系统控制主板上。

(5) 按下系统控制主板上的复位键，可以观察到系统控制主板的 LCD 上显示如图 6-100 所示。

```
      RFID-900 MHz-Demo

Status:Connected
Power:26dBm
FreMode:CN920-925 MHz
HW:000000000000
SW:5.3
```

图 6-100　900 MHz 超高频 RFID 实验复位后控制主板 LCD 显示

可以看到 900 MHz 模块的连接状态。如果成功连接到了 900 MHz RFID 模块，则连接状态(Status)显示为“Connected”，MSP430F2370 会自动获得 900 MHz RFID 模块的功率、频率、硬件版本和软件版本这四个信息；如果未能连接到 900 MHz RFID 模块，则连接状态(Status)显示为“Unconnected”，自然不能获取到上面的四条信息，此时应检查 900 MHz RFID 模块是否和系统控制主板连接好、900 MHz RFID 模块是否正确供电。

模块状态显示界面大约保持 5 s，就进入读卡界面，LCD 上显示如图 6-101 所示。

```
RFID-900 MHz-Demo

Finding tags …
Tag not found

Put tags in the filed
of antenna radiancy!
```

图 6-101　900 MHz 超高频 RFID 实验读卡时控制主板 LCD 显示

注意：如果 900 MHz RFID 模块是由系统控制主板供电的，因为 900 MHz 峰值电流过高，会引起 LCD 的屏幕闪烁，建议 900 MHz RFID 模块采用独立的 5 V 电源供电。

(6) 将一张 900 MHz 卡片放在 900 MHz RFID 天线范围内，当 RFID-900MHz-Reader 读取到卡片时，RFID-900 MHz-Reader 上的绿灯会点亮，系统控制主板上的蜂鸣器会发出蜂鸣声，液晶上显示所读取的 900 MHz 卡片的卡号，显示如图 6-102 所示。

```
RFID-900 MHz-Demo

Finding tags …
Tag found
UII_1:3000E200686363
UII_2:1201040600D792
Put tags in the filed
```

图 6-102　900 MHz 超高频 RFID 实验读卡后控制主板 LCD 显示

因为 900 MHz 卡片的 UII 号(卡号)较长，因此分为 1、2 两部分(两行)显示。

(7) 将卡片 RFID-900 MHz-Reader 拿走，读卡器上的绿灯会熄灭，系统控制主板上的蜂鸣器会发出蜂鸣声，显示如图 6-101 所示。

6.5.2　获取信息和设置功率实验

1. 实验目的

通过 PC 的串口对 RFID-900 MHz-Reader 进行控制，读取 900 MHz RFID 模块的模块信息，并设置模块的输出功率。

2. 实验条件

(1) AEI-510 系统控制主板 1 个。

(2) RFID-900 MHz-Reader 模块 1 个。

(3) 900 MHz (ISO 18000-6C)卡片 2 张。

(4) USB 电缆 1 条。

3．实验原理

本实验中包含了询问状态、读取 900 MHz 模块信息、读取频率设置、读取功率设置和设置功率五个命令。

(1) 询问状态命令：询问 900 MHz 模块的状态。用户可利用该命令查询 900 MHz 模块是否连接，如果有响应则说明 900 MHz 模块已经连接；而如果在指定时间内没有响应，则说明 900 MHz 模块未能成功连接。

(2) 读取 900 MHz 模块信息命令：读取 900 MHz 模块的硬件序列号和软件版本号。其中，900 MHz 模块的硬件序列号是六个字节的十六进制数，软件版本是一个字节。软件版本字节的前四位是软件的主版本号，后四位是次版本号。

(3) 读取频率设置命令：读取 900 MHz 模块的频率设置。

(4) 读取功率设置命令：读取 900 MHz 模块的功率设置。用户使用 900 MHz 模块对标签进行操作前可用该命令读取 900 MHz 模块的功率设置。该命令有两种响应格式，即操作成功和失败。

(5) 设置功率命令：设置 900 MHz 模块的输出功率。用户使用 900 MHz 模块对标签进行操作前需要用该命令读取 900 MHz 模块的输出功率。如用户没有设置 900 MHz 模块的功率，900 MHz 模块工作时将使用默认设置。

4．实验步骤

(1) 将 RFID-900 MHz-Reader 模块正确安装到系统控制主板的 P4 插座上，将 900 MHz 天线安装到 RFID-900 MHz-Reader 模块的 SMA 天线座上。

(2) 将系统控制主板上的拨码开关座 J101 和 J104 全部拨到 ON 挡，其他四个拨码开关座全部拨到 OFF 挡。

(3) 给系统控制主板供电(USB 供电或者 5 V DC 供电)，用 USB 线连接系统控制主板和 PC。

(4) 运行“AEI-510 RFID(900 MHz).exe”软件，如图 6-103 所示。

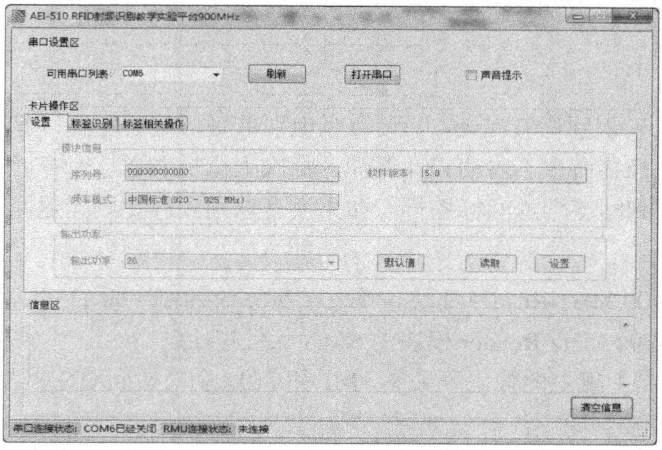

图 6-103　运行 AEI-510 RFID(900 MHz).exe

(5) 选择正确的串口号，单击“打开串口”按钮，即可自动获得 900 MHz 模块的信息和输出功率，并在图 6-104 所示的“信息区”文本框里显示通信状态。

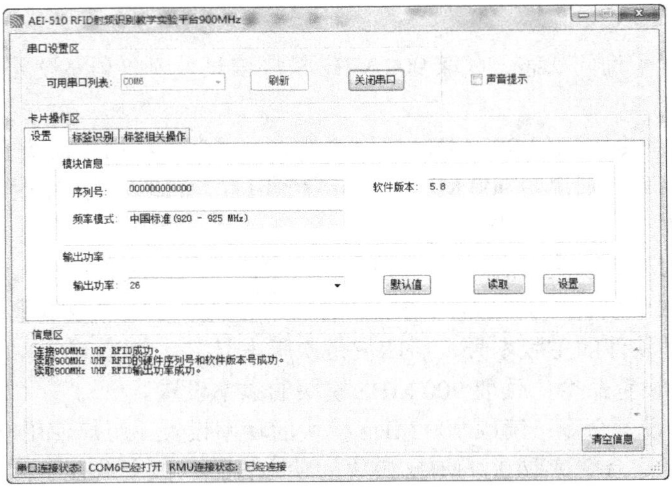

图 6-104　选择正确的端口号

(6) 在“输出功率”下拉列表框里设定模块的输出功率，然后单击“设置”按钮，即可设置 900 MHz 模块新的输出功率。单击“读取”按钮，可以获得模块当前的输出功率。

6.5.3　单次寻卡实验

1. 实验目的

通过 PC 的串口对 RFID-900 MHz-Reader 进行控制，读取在 900 MHz RFID 模块读卡区域内的 900 MHz 卡的卡号。

2. 实验条件

(1) AEI-510 系统控制主板 1 个。

(2) RFID-900 MHz-Reader 模块 1 个。

(3) 900 MHz(ISO 18000-6C)卡片 2 张。

(4) USB 电缆 1 条。

3. 实验原理

本实验中使用了识别标签(单步识别)命令识别单张标签。与循环识别和防碰撞识别命令不同的是：识别标签命令不启动识别循环，每次上位机发送该命令时，900 MHz 模块识别标签。如果识别到标签则返回标签号；如果没有识别到标签则无返回。

4. 实验步骤

(1) 将 RFID-900 MHz-Reader 模块正确安装到系统控制主板的 P4 插座上，将 900 MHz 天线安装到 RFID-900 MHz-Reader 模块的 SMA 天线座上。

(2) 将系统控制主板上的拨码开关座 J101 和 J104 全部拨到 ON 挡，其他四个拨码开关座全部拨到 OFF 挡。

(3) 给系统控制主板供电(USB 供电或者 5 V DC 供电)，用 USB 线连接系统控制主板和 PC。

(4) 运行“AEI-510 RFID(900 MHz).exe”软件。选择正确的串口，打开串口，成功连接到 900 MHz 模块后，切换到“标签识别”选项卡，如图 6-105 所示。

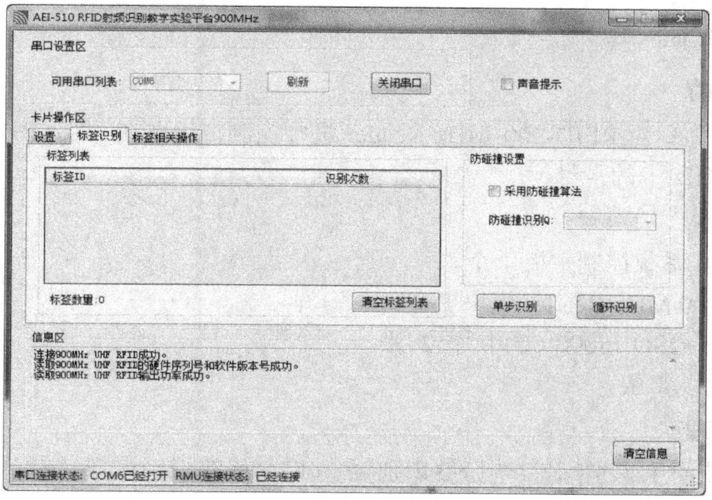

图 6-105　运行软件并切换到标签识别选项卡

(5) 将一张 900 MHz 卡片放在 900 MHz 天线附近，单击“单步识别”按钮，900 MHz 模块开始进行单步识别。如果未识别到卡片，“信息区”文本框提示“单步识别失败，请将标签置于天线辐射场内!”；如果识别到卡片，900 MHz 模块上的绿灯会点亮，“信息区”文本框提示“单步识别成功。”，PC 端会发出系统声音(注意：如果软件上的声音提示选项选中了则会有读卡声音，如果没有选中或者用户 PC 上没有音频设备，则无读卡声音)，在“标签列表”文本框里会列出读取到的标签 ID，以及这张标签的识别次数。标签数量会随着读取到的不同卡号的标签的数量而增加，如图 6-106 所示。

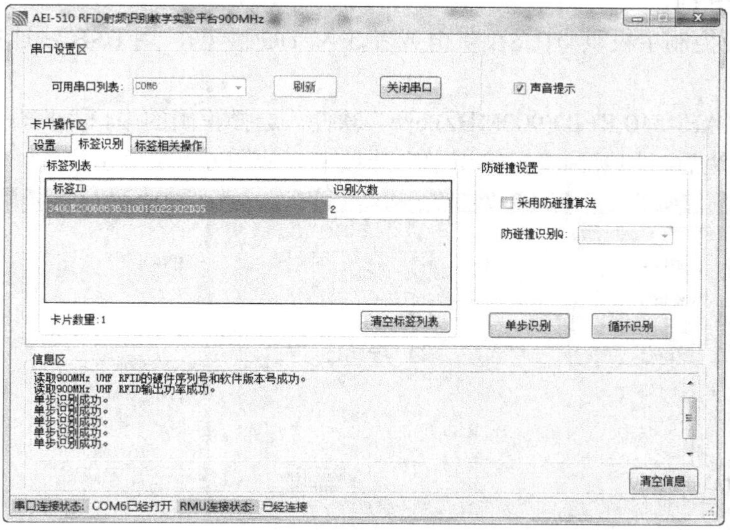

图 6-106　单步识别 900 MHz 卡片

(6) 可以通过单击“清空标签列表”按钮和“清空信息”按钮将“标签列表”文本框和“信息区”文本框里的内容清空，清空“标签列表”文本框的内容后，标签数量重新从 0 开始计数。

6.5.4 连续寻卡实验

1. 实验目的

通过 PC 的串口对 RFID-900 MHz-Reader 进行控制，读取在 900 MHz RFID 模块读卡区域内的 900 MHz 卡的卡号。

2. 实验条件

(1) AEI-510 系统控制主板 1 个。

(2) RFID-900 MHz-Reader 模块 1 个。

(3) 900 MHz(ISO 18000-6C)卡片 2 张。

(4) USB 电缆 1 条。

3. 实验原理

本实验中使用了识别标签(单标签识别)命令启动标签识别循环。对单张标签进行循环识别时使用该命令。识别标签命令有两种响应格式：900 MHz 模块接收该命令后，返回识别标签响应告诉上位机启动标签识别循环成功与否；若启动标签识别循环成功，900 MHz 模块连续返回获取标签号响应直到接收到停止识别标签命令，每个获取标签号响应只返回一张标签的 UII 号。

4. 实验步骤

(1) 将 RFID-900 MHz-Reader 模块正确安装到系统控制主板的 P4 插座上，将 900 MHz 天线安装到 RFID-900 MHz-Reader 模块的 SMA 天线座上。

(2) 将系统控制主板上的拨码开关座 J101 和 J104 全部拨到 ON 挡，其他四个拨码开关座全部拨到 OFF 挡。

(3) 给系统控制主板供电(USB 供电或者 5 V DC 供电)，用 USB 线连接系统控制主板和 PC。

(4) 运行“AEI-510 RFID(900MHz).exe”软件。选择正确的串口，打开串口，成功连接到 900 MHz 模块后，切换到“标签识别”选项卡，如图 6-107 所示。

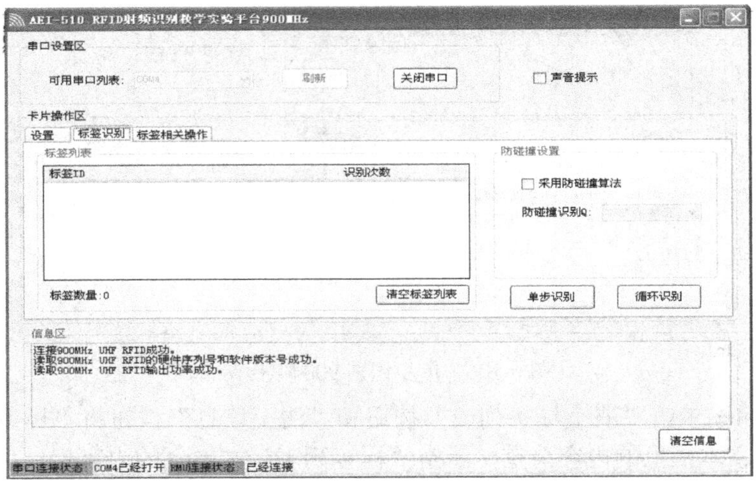

图 6-107 连续寻卡实验运行软件并切换到标签识别选项卡

(5) 单击“循环识别”按钮，900 MHz 模块开始进行循环识别。将一张 900 MHz 卡片放在 900 MHz 天线读卡区域内，如果未识别到卡片，“信息区”文本框无提示；如果识别到卡片，900 MHz 模块上的绿灯会点亮，“信息区”文本框提示“识别到卡片”，PC 端会发出系统声音(注意：如果选中软件上的声音提示选项则会有读卡声音，如果没有选中或者用户 PC 上没有音频设备，则无读卡声音)，在“标签列表”文本框里会列出读取到的标签 ID，以及这张标签的识别次数。标签数量会随着读取到的不同卡号的标签的数量而增加，如图 6-108 所示。

(6) “循环识别”按钮在按下后会变成“停止循环识别”按钮，单击“停止循环识别”按钮，可以停止 900 MHz 模块进行循环识别。可以通过单击“清空标签列表”按钮和“清空信息”按钮将“标签列表”文本框和“信息区”文本框里的内容清空，清空“标签列表”文本框里的内容后，标签数量重新从 0 开始计数。

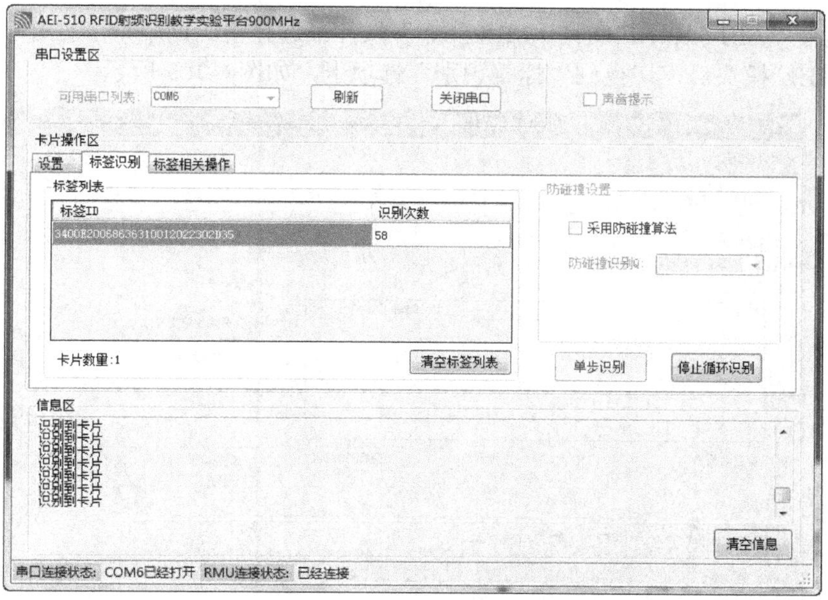

图 6-108 进行循环识别

6.5.5 防碰撞连续寻卡实验

1. 实验目的

通过 PC 的串口对 RFID-900 MHz-Reader 进行控制，对 900 MHz RFID 模块读卡区域内的多张 900 MHz 卡片进行识别。当读卡区域内有一张以上卡片时，采用防碰撞连续寻卡模式，能够更快速、更准确地识别卡片。

2. 实验条件

(1) AEI-510 系统控制主板 1 个。

(2) RFID-900 MHz-Reader 模块 1 个。

(3) 900 MHz (ISO 18000-6C) 卡片 2 张。

(4) USB 电缆 1 条。

3．实验原理

本实验中使用了识别标签(防碰撞识别)命令启动标签识别循环。对多张标签进行识别时使用该命令。发送识别标签命令时需制定防碰撞识别的初始 Q 值，若模块使用 900 MHz，Q 为默认值。该命令的响应方式与单标签识别命令的一致。

4．实验步骤

(1) 将 RFID-900MHz-Reader 模块正确安装到系统控制主板的 P4 插座上，将 900 MHz 天线安装到 RFID-900MHz-Reader 模块的 SMA 天线座上。

(2) 将系统控制主板上的拨码开关座 J101 和 J104 全部拨到 ON 挡，其他四个拨码开关座全部拨到 OFF 挡。

(3) 给系统控制主板供电(USB 供电或者 5 V DC 供电)，用 USB 线连接系统控制主板和 PC。

(4) 运行“AEI-510 RFID(900 MHz).exe”软件。选择正确的串口，打开串口，成功连接到 900 MHz 模块后，切换到“标签识别”选项卡，如图 6-109 所示。

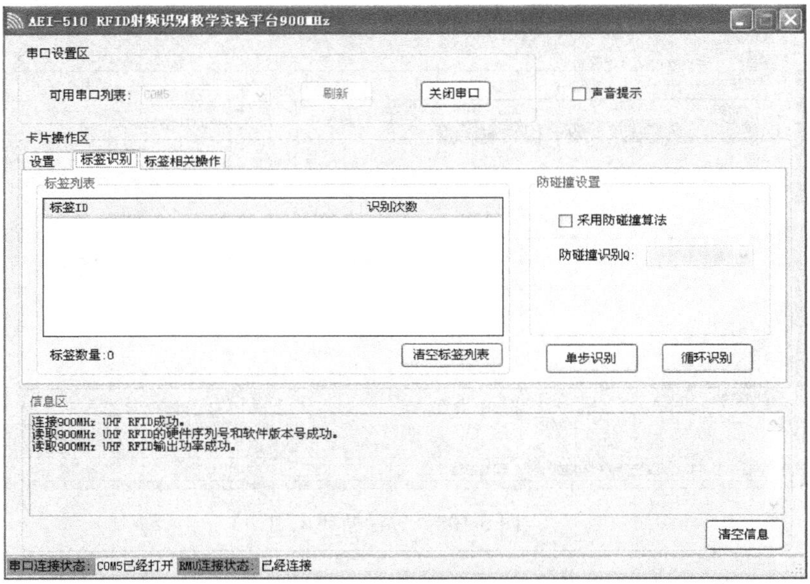

图 6-109　防碰撞连续寻卡实验运行软件并切换到标签识别选项卡

(5) 在“防碰撞设置”静态文本框里选择“采用防碰撞算法”复选框，并给定防碰撞识别 Q 值，默认为 3。

(6) 单击“循环识别”按钮，900 MHz 模块开始进行循环识别。将两张 900 MHz 卡片放在 900 MHz 天线读卡区域内，如果未识别到卡片，“信息区”文本框无提示；如果识别到卡片，900 MHz 模块上的绿灯会点亮，“信息区”文本框提示“识别到卡片”，PC 端会发出系统声音(注意：如果选中软件上的声音提示选项则会有读卡声音，如果没有选中或者用户 PC 上没有音频设备，则无读卡声音)，在“标签列表”文本框里会列出读取到的标签 ID，以及这张标签的识别次数。标签数量会随着读取到的不同卡号的标签的数量而增加，如图 6-110 所示。

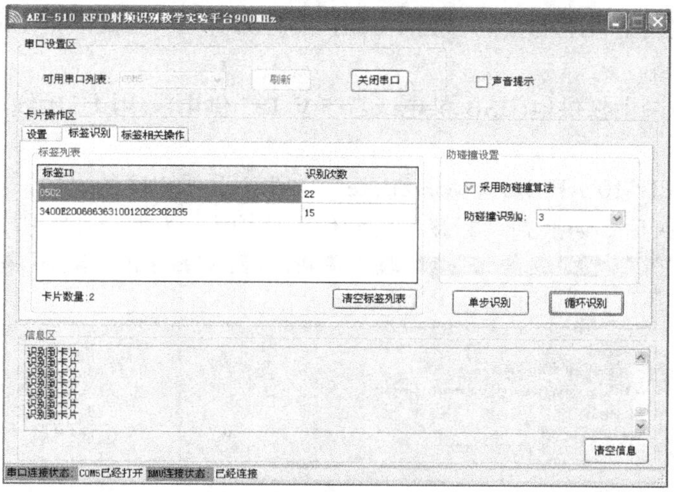

图 6-110　循环识别 900 MHz 卡片

(7) “循环识别”按钮在按下后会变成“停止循环识别”按钮，单击“停止循环识别”按钮，可以停止 900 MHz 模块进行循环识别。可以通过单击“清空标签列表”按钮和“清空信息”按钮将“标签列表”文本框和“信息区”文本框里的内容清空，清空“标签列表”文本框里的内容后，标签数量重新从 0 开始计数。

6.5.6　读取标签信息实验(不指定 UII 模式)

1. 实验目的

通过 PC 的串口对 RFID-900 MHz-Reader 进行控制，读取读卡区域里某张标签的信息。

2. 实验条件

(1) AEI-510 系统控制主板 1 个。

(2) RFID-900MHz-Reader 模块 1 个。

(3) 900 MHz (ISO 18000-6C)卡片 1 张。

(4) USB 电缆 1 条。

3. 实验原理

本实验中使用了读取标签数据(不指定 UII 模式)命令从标签读取数据，用户无需指定标签的 UII 即可从标签内读取指定存储空间的数据信息。

读取标签数据、写入标签数据、擦除标签数据和锁定标签操作的命令中含有标签的 ACCESS 密码(APWD 数据段)，当 APWD 数据段不全为零时，利用 ACCESS 命令确保标签处于 SECURED 状态后进行相应的操作。进行数据操作(读取标签数据、写入标签数据、擦除标签数据、锁定标签、销毁标签)时标签有可能返回错误码(Error Code)，这时 900 MHz 模块的响应中含有一个字节的错误码(可选项)。

4. 实验步骤

(1) 将 RFID-900 MHz-Reader 模块正确安装到系统控制主板的 P4 插座上，将 900 MHz 天线安装到 RFID-900 MHz-Reader 模块的 SMA 天线座上。

(2) 将系统控制主板上的拨码开关座 J101 和 J104 全部拨到 ON 挡，其他四个拨码开关座全部拨到 OFF 挡。

(3) 给系统控制主板供电(USB 供电或者 5 V DC 供电)，用 USB 线连接系统控制主板和 PC。

(4) 运行“AEI-510 RFID(900 MHz).exe”软件。选择正确的串口，打开串口，成功连接到 900 MHz 模块后，切换到“标签相关操作”选项卡，如图 6-111 所示。

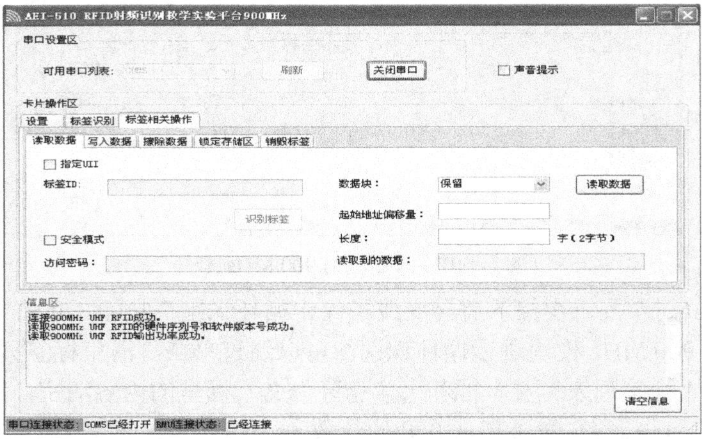

图 6-111　读取标签信息实验运行软件并切换到标签相关操作选项卡

(5) 将一张 900 MHz 卡片放在天线读卡区域内。

(6) 在“数据块”下拉列表框里选择要读取的数据块(保留、UII、TID、用户)。

(7) 在“起始地址偏移量”文本框里输入起始地址偏移量(十进制)。起始地址偏移量每增加 1，读取资料的起始地址增加两个字节。

(8) 在“长度”文本框里输入要读取的长度(十进制)，长度以两个字节为单位。

(9) 单击“读取数据”按钮。

(10) 如果读取标签数据成功，在“读取到的数据”文本框里会显示读取到的数据，同时，“信息区”文本框里提示读取数据操作成功的相关信息，如图 6-112 所示。

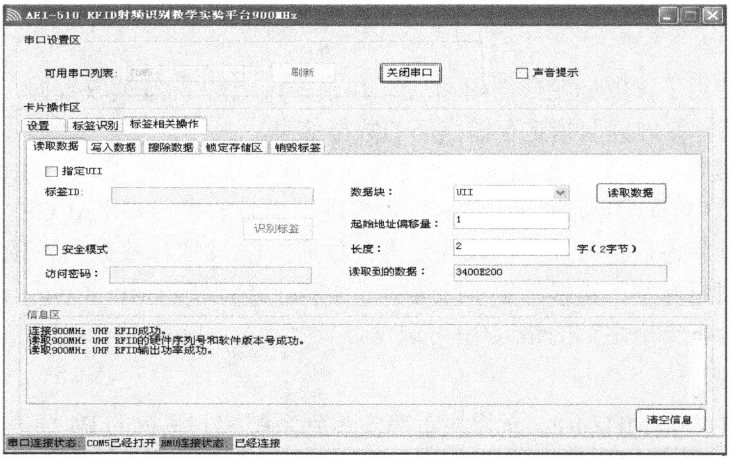

图 6-112　读取数据成功显示

如果需要在安全模式下对标签进行读取、写入、擦除数据操作时，选择“安全模式”复选框，并在“访问密码”文本框中输入 32 位的访问密码，如图 6-113 所示。

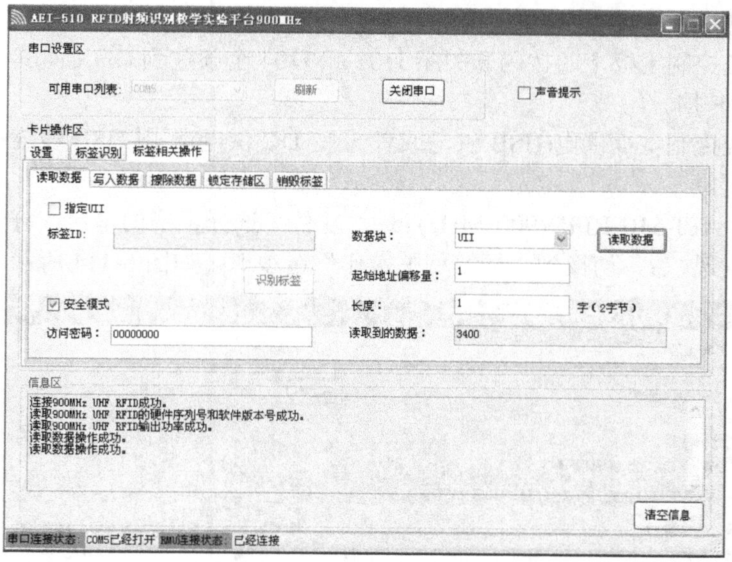

图 6-113　安全模式下读写操作

6.5.7　读取标签信息实验(指定 UII 模式)

1. 实验目的

通过 PC 的串口对 RFID-900 MHz-Reader 进行控制，读取读卡区域里指定标签的信息。

2. 实验条件

(1) AEI-510 系统控制主板 1 个。

(2) RFID-900MHz-Reader 模块 1 个。

(3) 900 MHz(ISO 18000-6C)卡片 1 张。

(4) USB 电缆 1 条。

3. 实验原理

本实验中使用了读取标签数据(指定 UII 模式)命令从标签读取数据。用户应指定欲读取数据的标签的 UII 信息，方能从该标签内读取指定存储空间的数据信息。读取标签命令成功、失败时的响应格式有所不同。

读取标签数据、写入标签数据、擦除标签数据和锁定标签操作的命令中含有标签的 ACCESS 密码(APWD 数据段)，当 APWD 数据段不全为零时利用 ACCESS 命令确保标签处于 SECURED 状态后进行相应的操作。

进行数据操作(读取标签数据、写入标签数据、擦除标签数据、锁定标签、销毁标签)时标签有可能返回错误码(Error Code)，这时 900 MHz 模块的响应中含有一个字节的错误码(可选项)。

4. 实验步骤

(1) 将 RFID-900 MHz-Reader 模块正确安装在系统控制主板的 P4 插座上，将 900 MHz 天线安装到 RFID-900 MHz-Reader 模块的 SMA 天线座上。

(2) 将系统控制主板上的拨码开关座 J101 和 J104 全部拨到 ON 挡，其他四个拨码开关座全部拨到 OFF 挡。

(3) 给系统控制主板供电(USB 供电或者 5 V DC 供电)，用 USB 线连接系统控制主板和 PC。

(4) 运行“AEI-510 RFID(900 MHz).exe”软件。选择正确的串口，打开串口，成功连接到 900 MHz 模块后，切换到“标签相关操作”选项卡，如图 6-114 所示。

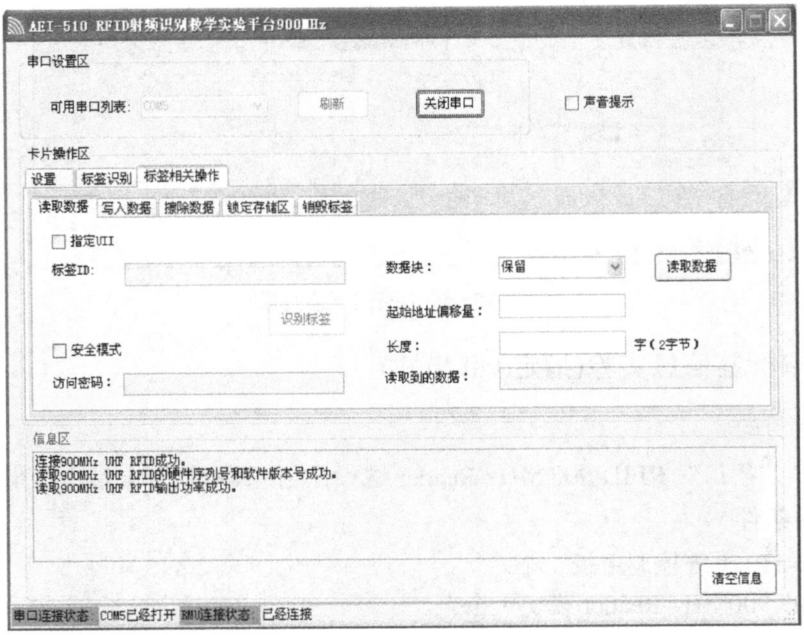

图 6-114　读取标签信息实验(指定 UII 模式)设置

(5) 将一张 900 MHz 卡片放在天线读卡区域内。

(6) 选择“指定 UII”复选框。

(7) 单击“识别标签”按钮，识别到标签后，在“标签 ID”文本框里会显示读取到的标签 ID，同时，“信息区”文本框里提示“单步识别成功”。

(8) 在“数据块”下拉列表框里选择要读取的数据块(保留、UII、TID、用户)。

(9) 在“起始地址偏移量”文本框里输入起始地址偏移量(十进制)。起始地址偏移量每增加 1，读取资料的起始地址增加两个字节。

(10) 在“长度”文本框里输入要读取的长度(十进制)，长度以两个字节为单位。

(11) 单击“读取数据”按钮。

(12) 如果读取标签数据成功，在“读取到的数据”文本框里会显示读取到的数据，同时，“信息区”文本框里提示“读取数据操作成功”，如图 6-115 所示。

如果需要在安全模式下对标签进行读取、写入、擦除数据操作时，选择“安全模式”

复选框，并在“访问密码”文本框中输入 32 位的访问密码。

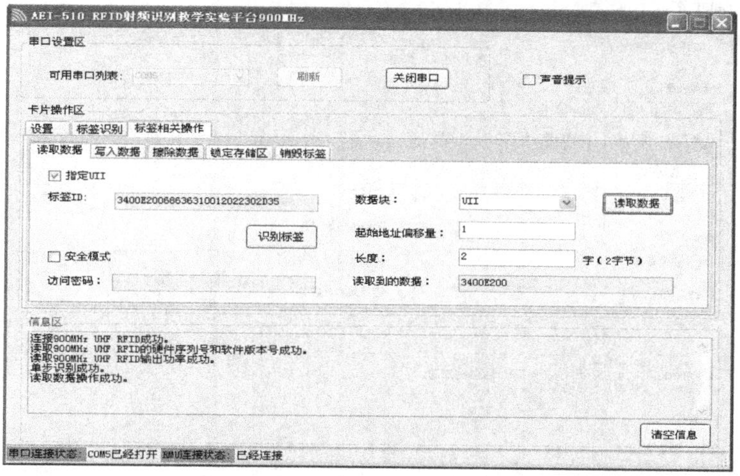

图 6-115　成功读取标签数据

6.5.8　写入标签信息实验(不指定 UII 模式)

1．实验目的

通过 PC 的串口对 RFID-900 MHz-Reader 进行控制，对读卡区域里指定的某张标签写入数据。

2．实验条件

(1) AEI-510 系统控制主板 1 个。

(2) RFID-900 MHz-Reader 模块 1 个。

(3) 900 MHz (ISO 18000-6C)卡片 1 张。

(4) USB 电缆 1 条。

3．实验原理

本实验中使用了写入标签数据(不指定 UII 模式)命令从标签写入数据，用户无需指定标签的 UII 即可向标签指定的存储空间写入数据信息。

4．实验步骤

(1) 将 RFID-900 MHz-Reader 模块正确安装到系统控制主板的 P4 插座上，将 900 MHz 天线安装到 RFID-900 MHz-Reader 模块的 SMA 天线座上。

(2) 将系统控制主板上的拨码开关座 J101 和 J104 全部拨到 ON 挡，其他四个拨码开关座全部拨到 OFF 挡。

(3) 给系统控制主板供电(USB 供电或者 5 V DC 供电)，用 USB 线连接系统控制主板和 PC。

(4) 运行“AEI-510 RFID(900 MHz).exe”软件。选择正确的串口，打开串口，成功连接到 900 MHz 模块后，切换到“标签相关操作”选项卡，选择“写入数据”选项卡，如图 6-116 所示。

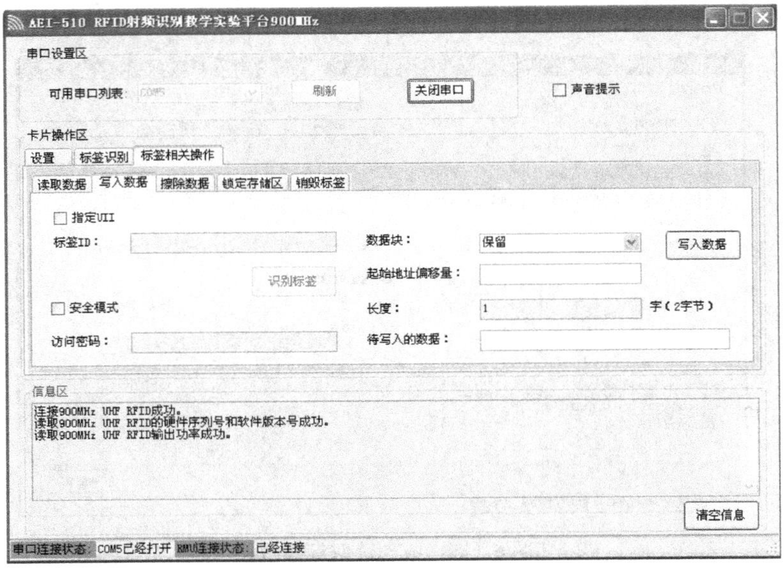

图 6-116　写入标签信息实验(不指定 UII 模式)设置

(5) 将一张 900 MHz 卡片放在天线读卡区域内。

(6) 在“数据块”下拉列表框里选择要读取的数据块(保留、UII、TID、用户)。

(7) 在“起始地址偏移量”文本框里输入起始地址偏移量(十进制)。起始地址偏移量每增加 1，读取资料的起始地址增加两个字节。

(8) 在“待写入的数据”文本框里输入要写入的数据，长度为两个字节。

(9) 单击“写入数据”按钮。

(10) 如果写入数据成功，在“信息区”文本框里会提示“写入数据操作成功”，如图 6-117 所示。

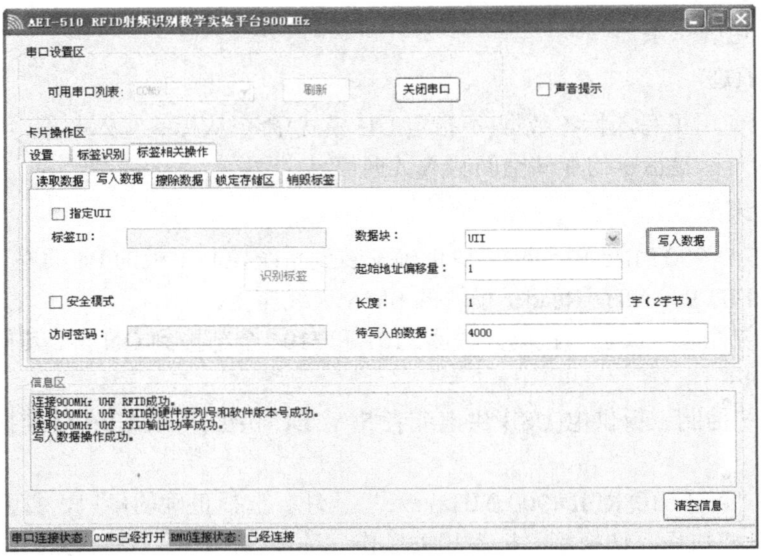

图 6-117　成功写入数据

如果需要在安全模式下对标签进行读取、写入、擦除数据操作时，选择“安全模式”复选框，并在“访问密码”文本框中输入 32 位的访问密码。

可以通过再次读取标签数据的方法来验证刚才写入的数据是否成功。

6.5.9　写入标签信息实验(指定 UII 模式)

1. 实验目的

通过 PC 的串口对 RFID-900 MHz-Reader 进行控制，对读卡区域里指定的某张标签写入数据。

2. 实验条件

(1) AEI-510 系统控制主板 1 个。

(2) RFID-900MHz-Reader 模块 1 个。

(3) 900 MHz (ISO 18000-6C)卡片 1 张。

(4) USB 电缆 1 条。

3. 实验步骤

(1) 将 RFID-900 MHz-Reader 模块正确安装到系统控制主板的 P4 插座上，将 900 MHz 天线安装到 RFID-900 MHz-Reader 模块的 SMA 天线座上。

(2) 将系统控制主板上的拨码开关座 J101 和 J104 全部拨到 ON 挡，其他四个拨码开关座全部拨到 OFF 挡。

(3) 给系统控制主板供电(USB 供电或者 5 V DC 供电)，用 USB 线连接系统控制主板和 PC。

(4) 运行“AEI-510 RFID(900 MHz).exe”软件。选择正确的串口，打开串口，成功连接到 900 MHz 模块后，切换到“标签相关操作”选项卡，选择“写入数据”选项卡，如图 6-118 所示。

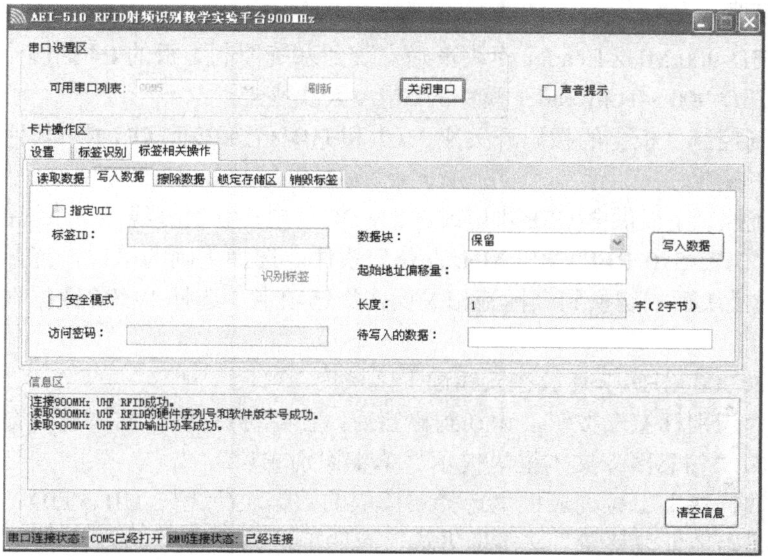

图 6-118　写入标签信息实验(指定 UII 模式)设置

(5) 将一张 900 MHz 卡片放在天线读卡区域内。

(6) 选择“指定 UII”复选框。

(7) 单击“识别标签”按钮，识别到标签后，在“标签 ID”文本框里会显示读取到的标签 ID；同时，“信息区”文本框里提示“单步识别成功”。

(8) 在“数据块”下拉列表框里选择要读取的数据块(保留、UII、TID、用户)。

(9) 在“起始地址偏移量”文本框里输入起始地址偏移量(十进制)。起始地址偏移量每增加 1，读取资料的起始地址增加两个字节。

(10) 在“待写入的数据”文本框里输入待写入的数据，长度为两个字节。

(11) 单击“写入数据”按钮。

(12) 如果写入标签数据成功，在“信息区”文本框里提示“写入数据操作成功”。

如果需要在安全模式下对标签进行读取、写入、擦除数据操作时，选择“安全模式”复选框，并在“访问密码”文本框中输入 32 位的访问密码。

同样地，可以通过再次读取标签数据的方法来验证刚才写入的数据是否成功。

6.5.10 擦除标签信息实验

1. 实验目的

通过 PC 的串口对 RFID-900 MHz-Reader 进行控制，对指定标签的指定数据块的数据进行擦除。

2. 实验条件

(1) AEI-510 系统控制主板 1 个。

(2) RFID-900 MHz-Reader 模块 1 个。

(3) 900 MHz (ISO 18000-6C) 卡片 1 张。

(4) USB 电缆 1 条

3. 实验步骤

(1) 将 RFID-900 MHz-Reader 模块正确安装到系统控制主板的 P4 插座上，将 900 MHz 天线安装到 RFID-900 MHz-Reader 模块的 SMA 天线座上。

(2) 将系统控制主板上的拨码开关座 J101 和 J104 全部拨到 ON 挡，其他四个拨码开关座全部拨到 OFF 挡。

(3) 给系统控制主板供电(USB 供电或者 5 V DC 供电)，用 USB 线连接系统控制主板和 PC。

(4) 运行“AEI-510 RFID(900 MHz).exe”软件。选择正确的串口，打开串口，成功连接到 900 MHz 模块后，切换到“标签相关操作”选项卡，选择“擦除数据”选项卡，如图 6-119 所示。

(5) 将一张 900 MHz 卡片放在天线读卡区域内。

(6) 单击“识别标签”按钮，识别到标签后，在“标签 ID”文本框里会显示读取到的标签 ID，同时，“信息区”文本框里提示“单步识别成功”。

(7) 在“数据块”下拉列表框里选择要读取的数据块(保留、UII、TID、用户)。

(8) 在“起始地址偏移量”文本框里输入起始地址偏移量(十进制)。起始地址偏移量每增加 1，读取资料的起始地址增加两个字节。

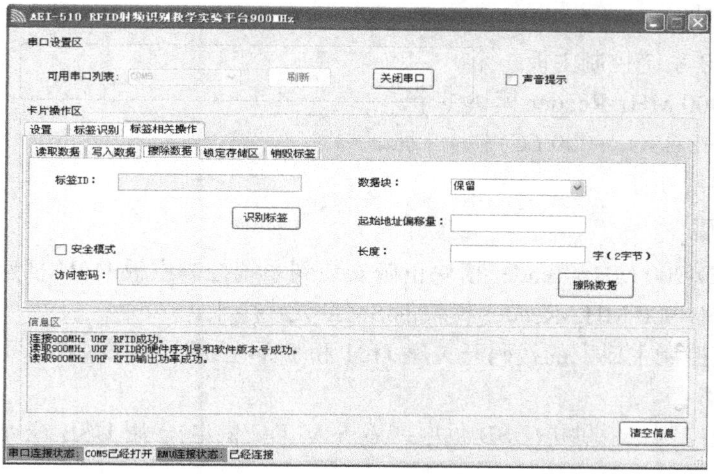

图 6-119　擦除标签信息实验设置

(9) 在“长度”文本框里输入待读取的长度(十进制)，长度以两个字节为单位。

(10) 单击“擦除数据”按钮。

(11) 如果擦除标签数据成功，在“信息区”文本框里提示“擦除数据操作成功”，如图 6-120 所示。

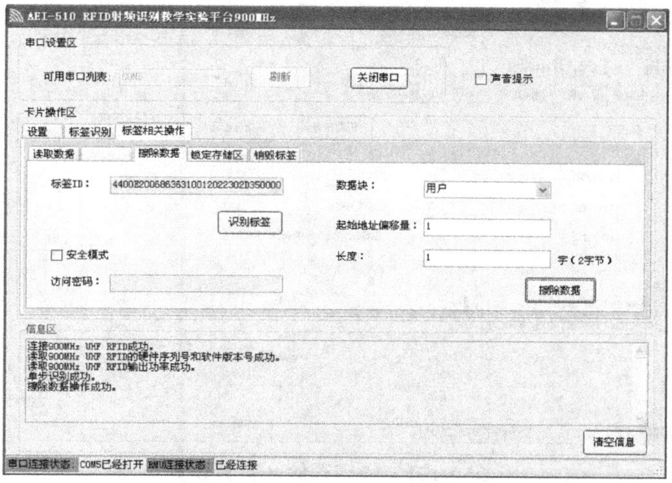

图 6-120　擦除标签数据成功

数据成功擦除后，再次读取擦除数据块的内容，为 0，表示数据擦除成功。

如果需要在安全模式下对标签进行读取、写入、擦除数据操作时，选择“安全模式”复选框，并在“访问密码”文本框中输入 32 位的访问密码。

6.5.11　锁定存储区实验

1. 实验目的

通过 PC 的串口对 RFID-900MHz-Reader 进行控制，对指定标签的指定数据块进行锁定操作。

2．实验条件

(1) AEI-510 系统控制主板 1 个。

(2) RFID-900 MHz-Reader 模块 1 个。

(3) 900 MHz (ISO 18000-6C)卡片 1 张。

(4) USB 电缆 1 条。

3．实验步骤

(1) 将 RFID-900 MHz-Reader 模块正确安装到系统控制主板的 P4 插座上，将 900 MHz 天线安装到 RFID-900 MHz-Reader 模块的 SMA 天线座上。

(2) 将系统控制主板上的拨码开关座 J101 和 J104 全部拨到 ON 挡，其他四个拨码开关座全部拨到 OFF 挡。

(3) 给系统控制主板供电(USB 供电或者 5 V DC 供电)，用 USB 线连接系统控制主板和 PC。

(4) 运行“AEI-510 RFID(900 MHz).exe”软件。选择正确的串口，打开串口，成功连接到 900 MHz 模块后，切换到“标签相关操作”选项卡，选择“锁定存储区”选项卡，如图 6-121 所示。

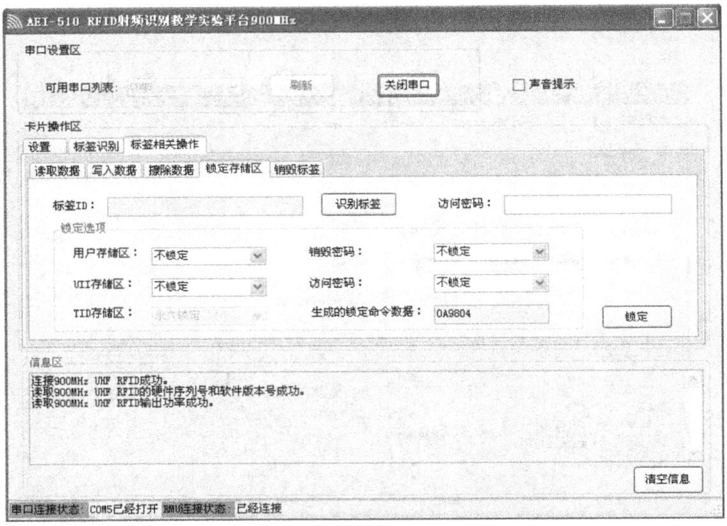

图 6-121　锁定存储区实验设置

(5) 将一张 900 MHz 卡片放在天线读卡区域内。

(6) 单击“识别标签”按钮，识别到标签后，在“标签 ID”文本框里会显示读取到的标签 ID，同时，“信息区”文本框里提示“单步识别成功”。

(7) 在“访问密码”文本框里输入访问密码(00000000)。

(8) 选择要锁定的选项(用户存储区、UII 存储区、销毁密码或访问密码)并指定锁定方法(不锁定、开放状态下锁定、永久锁定)。

(9) 根据选择的不同的锁定选项和锁定方法，会自动生成锁定命令数据。

(10) 单击“锁定”按钮。

注意：存储区域锁定后，就不能再对该存储区域进行写入操作，应谨慎操作！

(11) 如果锁定成功，在“信息区”文本框里提示“锁定存储区操作成功”，如图 6-122 所示。

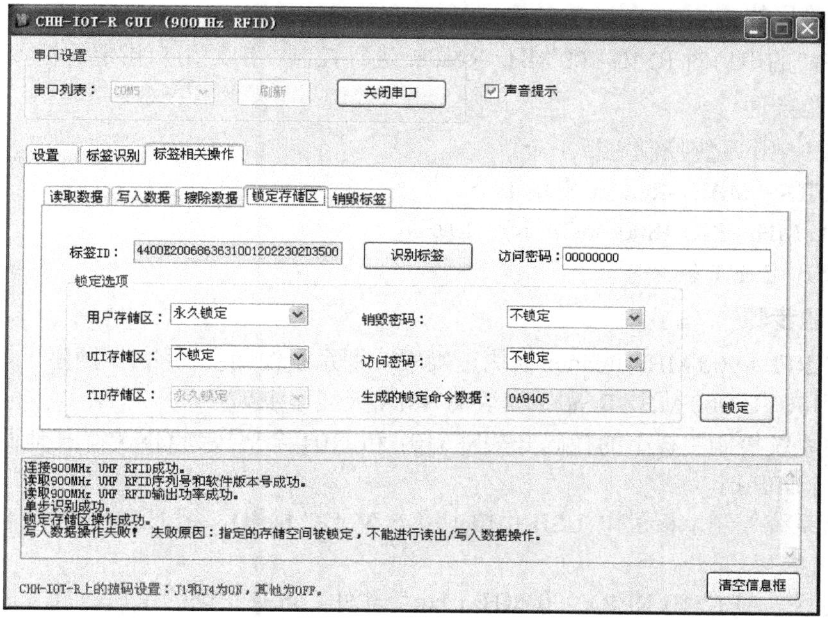

图 6-122　成功锁定

成功锁定后，再次对已锁定数据块进行写入操作，“信息区”文本框会提示“写入数据操作失败！失败原因：指定的存储空间被锁定，不能进行读出/写入数据操作”，如图 6-123 所示。

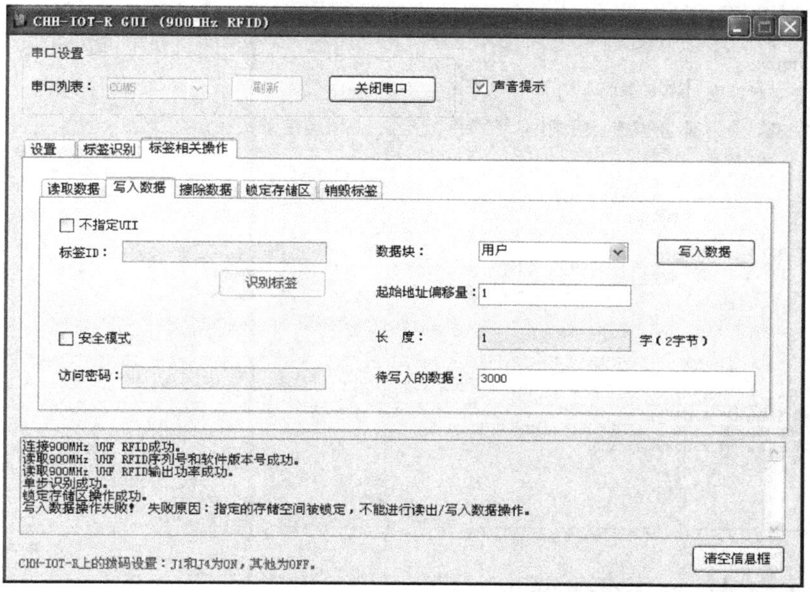

图 6-123　成功锁定后再次写入

6.5.12 销毁标签实验

1. 实验目的

通过 PC 的串口对 RFID-900 MHz-Reader 进行控制，销毁用户指定的标签。

2. 实验条件

(1) AEI-510 系统控制主板 1 个。

(2) RFID-900MHz-Reader 模块 1 个。

(3) 900 MHz (ISO 18000-6C) 卡片 1 张。

(4) USB 电缆 1 条。

3. 实验步骤

(1) 将 RFID-900 MHz-Reader 模块正确安装到系统控制主板的 P4 插座上，将 900 MHz 天线安装到 RFID-900 MHz-Reader 模块的 SMA 天线座上。

(2) 将系统控制主板上的拨码开关座 J101 和 J104 全部拨到 ON 挡，其他四个拨码开关座全部拨到 OFF 挡。

(3) 给系统控制主板供电(USB 供电或者 5 V DC 供电)，用 USB 线连接系统控制主板和 PC。

(4) 运行“AEI-510 RFID(900 MHz).exe”软件。选择正确的串口，打开串口，成功连接到 900 MHz 模块后，切换到“标签相关操作”选项卡，选择“销毁标签”选项卡，如图 6-124 所示。

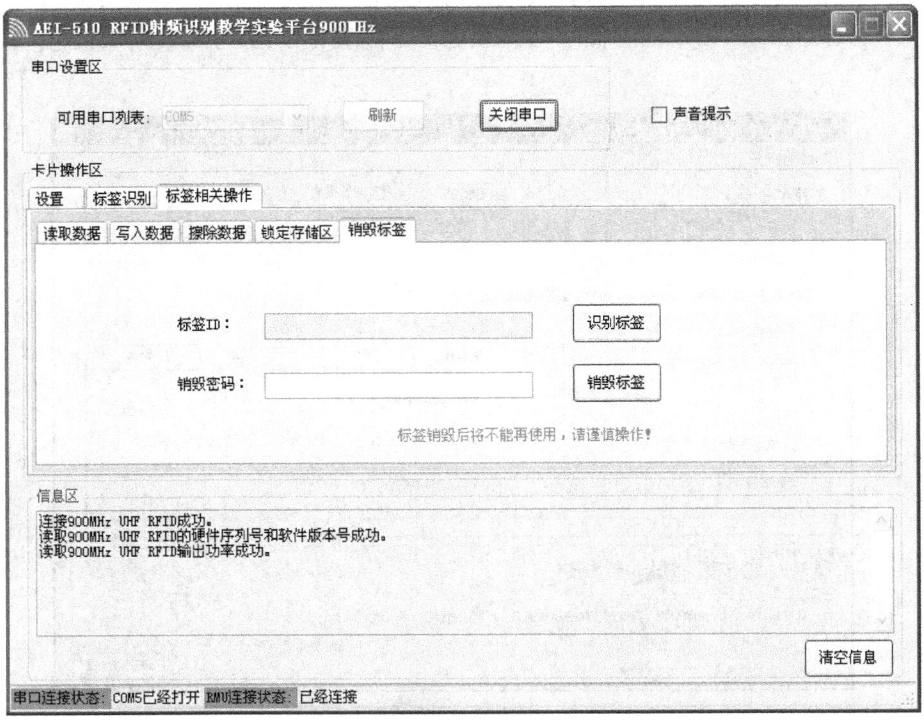

图 6-124　销毁标签实验设置

(5) 将一张 900 MHz 卡片放在天线读卡区域内。

(6) 单击“识别标签”按钮，识别到标签后，在“标签 ID”文本框里会显示读取到的标签 ID，同时，“信息区”文本框里提示“单步识别成功”。

(7) 在“销毁密码”文本框里输入销毁密码。

(8) 单击“销毁标签”按钮。

注意：标签销毁后将不能再使用，应谨慎操作！

6.6 微波 2.4 GHz RFID 实验

6.6.1 无线传感器网络监控系统 Hex 文件烧写

在基于 ZigBee2007/Pro 的无线传感器网络监控系统中，有以下两种类型的节点：采集节点(Collector)与传感器节点(Sensor)。采集节点可以是协调器(建立 ZigBee 网络)，也可以是路由器(扩展网络)。当 RFID-ZigBee-Reader 作为协调器时，能够与嵌入式系统或用户 PC 上位机软件 AEI-510 RFID(2.45 GHz).exe 进行串口通信。

在本应用中，RFID-ZigBee-Tag 作为传感器节点是终端设备。当上述协调器节点成功建立了 ZigBee 网络后，RFID-ZigBee-Tag 标签节点将加入到该 ZigBee 网络中。之后，自动或通过用户触发(例如按键)及其他设定的方式(例如定时、采集的数据信息发生改变等)，各 RFID-ZigBee-Tag 标签节点将开始发送各自的传感器数据给协调器节点，协调器节点收到数据后通过串口转发给嵌入式监控系统或用户 PC 上位机监控软件。

AEI-510 给用户提供了一个 RFID-ZigBee-Tag 模块和两个 RFID-ZigBee-Tag 传感器标签节点(注意：需要烧写相应的 Hex 文件)。

1. RFID-ZigBee-Reader 作为协调器节点烧入相应的 Hex 文件

(1) 将 CC Debugger 多功能仿真器的 JTAG 连接座用 10PIN 扁平电缆连按到 RFID-ZigBee-Reader 模块的 JTAG 接口。

(2) 将 CC Debugger 多功能仿真器的 USB 接口用 USB 电缆连接到用户 PC 的 USB 接口，由用户 PC 的 USB 接口给 RFID-ZigBee-Reader 模块供电。此时，正确状态为仿真器的两个红色指示灯常亮，如果一个灯亮，按一下复位按钮即可。

(3) 在用户 PC 上运行“IAR Embedded Workbench for MCS-51”软件，进入到要烧写的程序所在的工程目录(配套光盘\RFID-2.4GHz 微波模块\zstack-RFID\projects\zstack\Samples\SensorNetRFID\CC2530DB\)下，打开工作区文件“SensorNet.eww”，如图 6-125 所示。

(4) 在左侧的“Workspace”下拉列表框中选中“CollectorEB-PRO”子工程，如图 6-126 所示。

(5) 单击“Files”文件列表框内“Tools”文件夹前的“+”号，展开的“Tools”文件夹内容如图 6-127 所示。

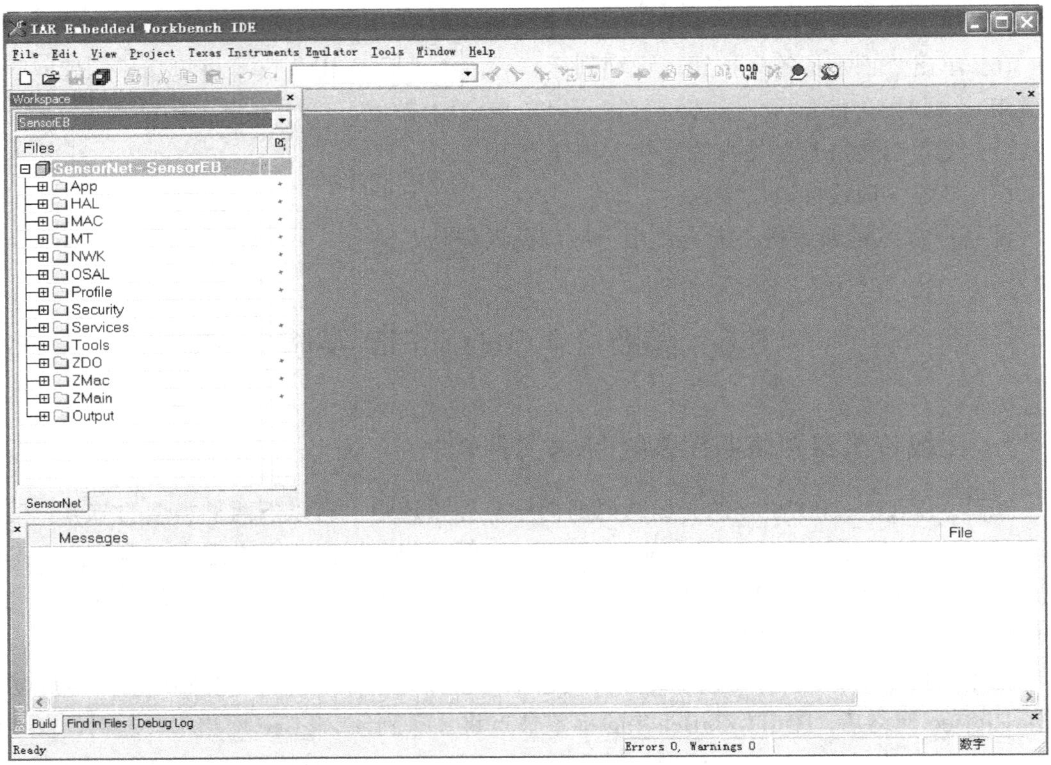

图 6-125　打开工作区文件

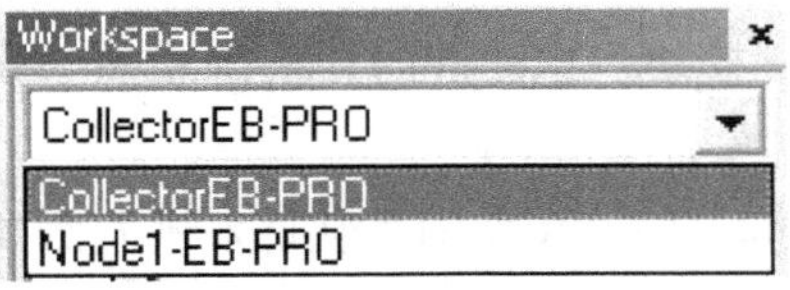

图 6-126　选择子工程

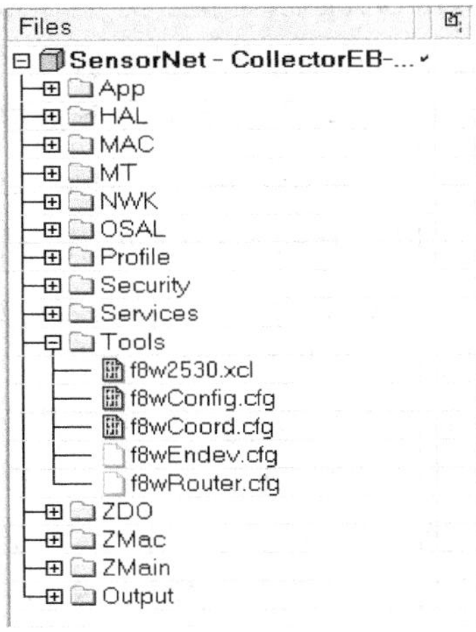

图 6-127　“Tools”文件夹内容

(6) 修改协调器的 ID 值。双击“f8wConfig.cfg”文件，在右侧的工作区编辑该文件。在“-DZDAPP_CONFIG_PAN_ID = 0xFFFF”处，将“0xFFFF”修改为“0x0001”。

注意：不同的协调器的 ID 值不能重复。

协调器 ID 值的修改如图 6-128 所示。

(7) 单击图 6-125 所示窗口上方的 Debug 图标，或使用快捷方式“Ctrl + D”，自动保存修改并下载程序到 CC2530 主芯片中。

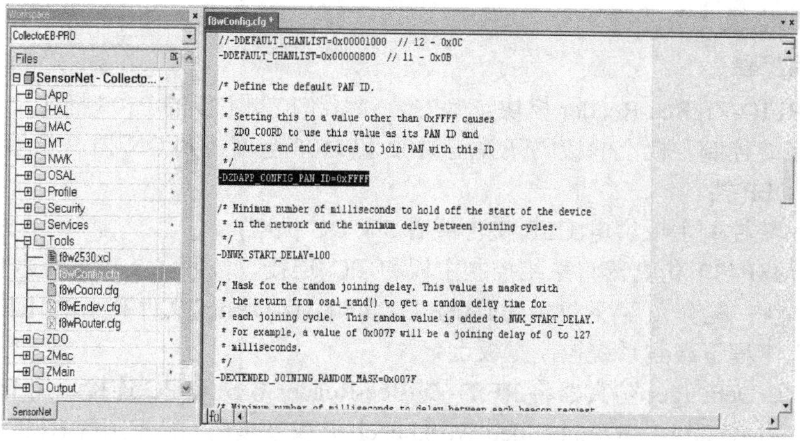

图 6-128　修改协调器 ID 值

2. RFID-ZigBee-Tag 标签节点烧入相应的 Hex 文件

按以下步骤给 RFID-ZigBee-Tag 标签节点烧入相应的 Hex 文件：

(1) 将 RFID-ZigBee-Tag 标签节点 Power Switch 电源选择开关 S602 拨到“OFF”位置。

(2) 用 CC Debugger 多功能仿真器连接 PC USB 接口和 RFID-ZigBee-Tag 的 JTAG 接口。

(3) 在用户 PC 上运行“IAR Embedded Workbench for MCS-51”软件，进入到要烧写的程序所在的工程目录下，打开工作区文件“SensorNet.eww”。

(4) 在左侧的“Workspace”下拉列表框中选中“Node1-EB-PRO”子工程，如图 6-129 所示。

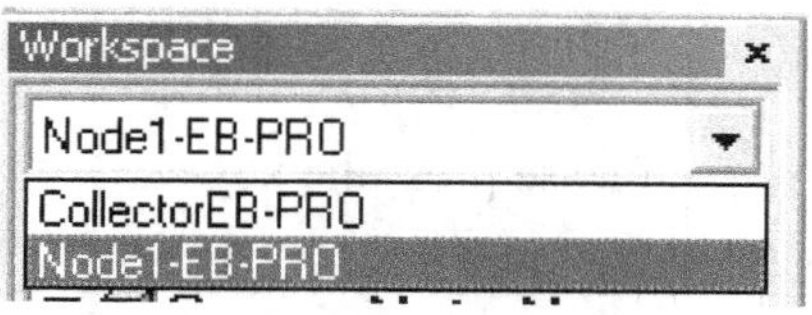

图 6-129　选择“Nodel-EB-PRO”子工程

(5) 单击图 6-125 所示窗口上方的 Debug 图标 ，或使用快捷方式“Ctrl +D”，自动保存修改并下载程序到 CC2530 主芯片中。

6.6.2　RFID-ZigBee-Reader 2.4 GHz 微波 RFID 读卡实验

1. 实验目的

通过 MSP430F2370 对 RFID-ZigBee-Reader 进行控制，读取在 2.4 GHz RFID 模块读卡区域内的 2.4 GHz RFID-ZigBee-Tag 的标签节点 ID 及传感器数据。

2. 实验条件

(1) 系统控制主板 1 个。

(2) RFID-ZigBee-Reader 模块 1 个。

(3) RFID-ZigBee-Tag　标签 2 个。

(4) MSP430 仿真器 1 个，CC2530 多功能仿真器 1 个。

(5) USB 电缆 2 条。

3. 实验步骤

(1) 将 RFID-ZigBee-Reader 模块正确安装到系统控制主板的 P105 插座上。

(2) 将系统控制主板上的拨码开关座 J102 和 J106 全部拨到 ON 挡，其他四个拨码开关座全部拨到 OFF 挡。

(3) 给系统控制主板供电(USB 供电或者 5 V DC 供电)。

(4) 用 MSP430 仿真器将系统控制主板和 PC 连接，按照 6.3.1 节所述方法和步骤用 IAR 开发环境将"配套光盘\下位机代码\RFID-2.45 GHz-Demo"文件夹下的"RFID-2.45 GHz-Demo/eww"工程下载到系统控制主板上。

(5) 用 CC Debugger 仿真器将 RFID-ZigBee-Reader 模块和 PC 连接，用 IAR Embedded Workbench for MCS-51/IAR Embedded Workbench 开发环境将"配套光盘\RFID-2.4GHz 微波模块\zstack-RFID\projects\zstack\Samples\SensorNetRFID\CC2530DB\"文件夹下的"eww"工程下载到 RFID-ZigBee-Reader 上。同样对 RFID-ZigBee-Tag 进行程序烧写。(如果在 6.6.1 节中已经烧写过程序，此处不需重复烧写)。

(6) 将 CC Debugger 仿真器从系统控制主板上拔掉，按下系统控制主板上的复位键，可以观察到系统控制主板的 LCD 上显示如图 6-130 所示。

RFID-2.45 GHz-Demo

Card ID：

Data：

Please press the key

On the tag ！

图 6-130 拔掉 CC Debugger 仿真器系统控制主板 LCD 显示

(7) 将 RFID-ZigBee-Tag 上电，可以看到 LED_1(绿)常亮，LED_2(红)闪烁，此时标签正在寻找读卡器建立的网络，待联网之后，LED_2 会快速闪烁，之后按下 RFID-ZigBee-Tag 上的按键，RFID-ZigBee-Reader 会收到标签的一帧数据，并转发至 MSP430 单片机，主板的 LCD 显示如图 6-131 所示。

(8) 此时按下主板上的 KEY_1 或 KEY_2 键可实现翻页操作，以显示其他两个传感器，即三轴加速度和光敏传感器的数值。

RFID-2.45 GHz-Demo

Card ID：4305

Humidity：52.70%RHU

Temperature：31.83Ca

Detect Card Success！

图 6-131 读卡器收到数据系统控制主板 LCD 显示

(9) 按下 RFID-ZigBee-Reader 上的按钮 S501，可实现主动寻找标签，按下后，标签会向读卡器发送一帧数据，LCD 显示将被刷新。

2.4 GHz 微波模块组网及发送原理介绍如下。

(1) RFID-ZigBee-Reader 协调器节点。主板电源打开后，执行下述代码：

```
if ( appState == APP_INIT && logicalType)
{    /* 设置设备为协调器 */
     logicalType = ZG_DEVICETYPE_COORDINATOR;
     zb_WriteConfiguration(ZCD_NV_LOGICAL_TYPE,sizeof(uint8), &logicalType);
     /* 复位，使用新的配置重新启动 */
     zb_SystemReset();
}
```

此段代码将其设定为协调器，并重启，建立网络。

(2) RFID-ZigBee-Tag 标签节点。当传感器节点启动后，会调用 zb_StartConfirm 函数，将发起 MY_FIND_COLLECTOR_EVT 寻找父节点时间，代码如下：

```
void zb_StartConfirm( uint8 status )
{   /* 如果设备成功启动，改变应用状态 */
  if ( status == ZB_SUCCESS )
  {   appState = APP_START;
         ⋮
    /* 点亮 LED1 来指示节点已在网络中运行 */
    HalLedSet( HAL_LED_1, HAL_LED_MODE_ON );
    HalLedBlink ( HAL_LED_2, 0, 50, 100 );
    /* 存储父节点短地址 */
    zb_GetDeviceInfo(ZB_INFO_PARENT_SHORT_ADDR, &parentShortAddr);
    /* 设置事件绑定到采集节点 */
    osal_set_event( sapi_TaskID, MY_FIND_COLLECTOR_EVT );
  }
}
```

当协调器建立网络，传感器节点加入后，两者必须建立绑定关系才能互相发送数据，所以传感器节点再加入网络后便会调用 zb_BindConfirm 函数，代码如下：

```
void zb_BindConfirm( uint16 commandId, uint8 status )
{   if( status == ZB_SUCCESS )
   { appState = APP_REPORT; // 绑定成功
     if ( reportState )
     {   /* 开始报告事件 */
        osal_set_event( sapi_TaskID, MY_REPORT_EVT );
     }
   }
   else   // 如果绑定不成功，则继续寻找采集节点
```

```
        {
          osal_start_timerEx(sapi_TaskID,MY_FIND_COLLECTOR_EVT,myBindRetryDelay );
        }
      }
```

若绑定成功则向操作系统发起 MY_REPORT_EVT 事件，代码如下：

```
    if ( event & MY_REPORT_EVT )
      {
          if ( appState == APP_REPORT )
          { //开看门狗
            WatchDogEnable(0);
            sendReport_v2();
            iii=1;
            osal_start_timerEx( sapi_TaskID, MY_REPORT_EVT, myReportPeriod);
          }
      }
```

其中，sendReport_v2()为发送帧函数，其代码要处理传感器数据的相关内容，其中最主要的函数为 zb_SendDataRequest(0xFFFE, SENSOR_REPORT_CMD_ID, SENSOR_REPORT_LENGTH, pData, 0, txOptions, 0)，该函数为无线发送数据帧的调用函数，0xFFFE 设置发送的地址，此处的设置意义为组播，即发送给所有已绑定的节点；pData 是发送数据帧的地址。

当协调器接收到帧时，会启用接收任务，调用 zb_ReceiveDataIndication()函数，不同帧的处理方式是不同的。

6.6.3 RFID-ZigBee-Reader 2.4 GHz 微波 RFID 上位机实验

1. 实验目的

PC 上位机通过串口对 RFID-ZigBee-Reader 进行读取，读取在 2.4 GHz 微波 RFID 模块读卡区域内的 RFID-ZigBee-Tag 的相关信息。

2. 实验条件

(1) AEI-510 系统控制主板 1 个。

(2) RFID-ZigBee-Reader 模块 1 个。

(3) RFID-ZigBee-Tag 标签 2 个。

(4) CC2530 仿真器 1 个。

(5) USB 电缆 2 条。

3. 实验步骤

(1) 将 RFID-ZigBee-Reader 模块正确安装到系统控制主板的 P105 插座上。

(2) 将系统控制主板上的拨码开关座 J101 和 J106 全部拨到 ON 挡，其他四个拨码开关座全部拨到 OFF 挡。

(3) 给系统控制主板供电(USB 供电或者 5 V DC 供电)。

(4) 用 CC2530 仿真器将系统控制主板和 PC 连接，按照 6.3.1 节所述方法和步骤完成 RFID-ZigBee-Reader 和 RFID-ZigBee-Tag 程序的烧写。

(5) 重启 RFID-ZigBee-Reader 模块和 RFID-ZigBee-Tag 标签，将主板 USB 线连接至 PC 串口。

(6) 打开上位机“AEI-510 RFID(2.45 GHz).exe”软件，会看到如图 6-132 所示窗口。

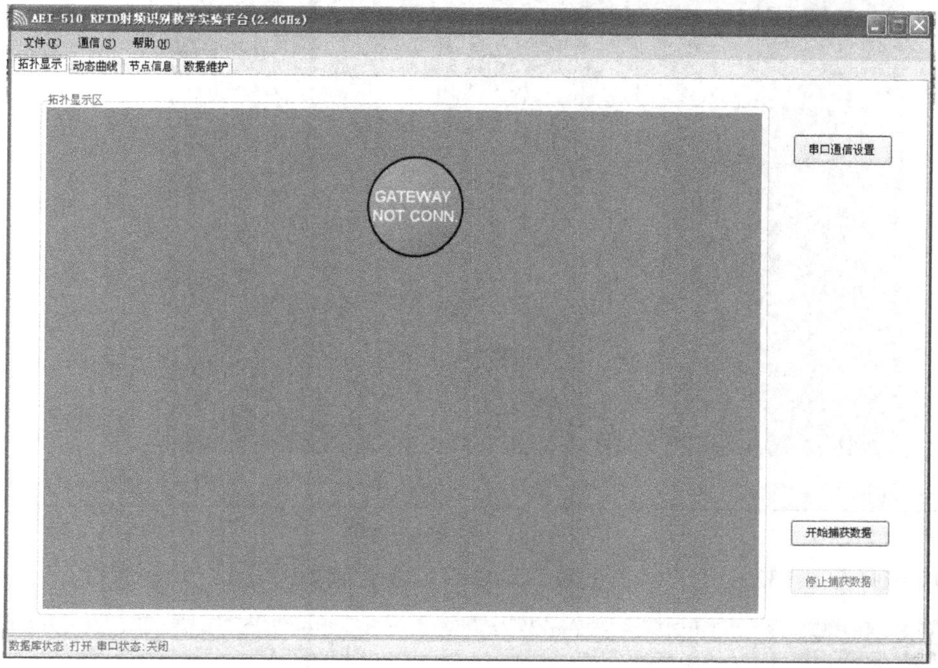

图 6-132　2.4 GHz 微波 RFID 上位中心实验窗口

(7) 单击“串口通信设置”按钮，选择合适的本机可用串口，“波特率”为“38400”，“校验位”为“None”，“数据位”为“8”，“停止位”为“1”等信息。单击“连接”按钮，即可将 PC 与读卡器串口相连，如图 6-133 所示。

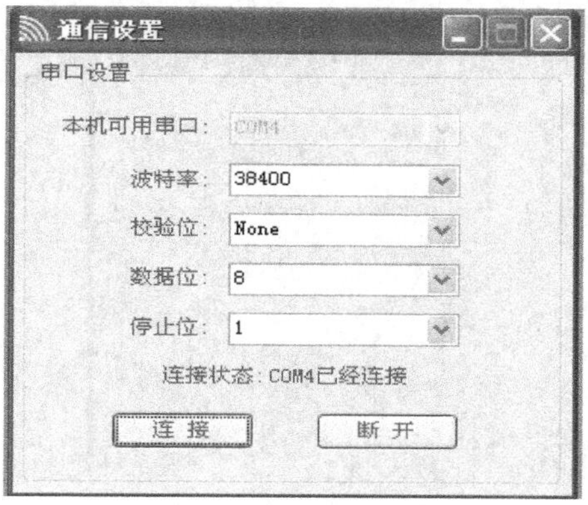

图 6-133　进行串口通信设置

(8) 此时单击“开始捕获数据”按钮，按下 RFID-ZigBee-Tag 上的按键 S601 发送标签节点上的传感器数据，即可得到如图 6-134 所示界面。

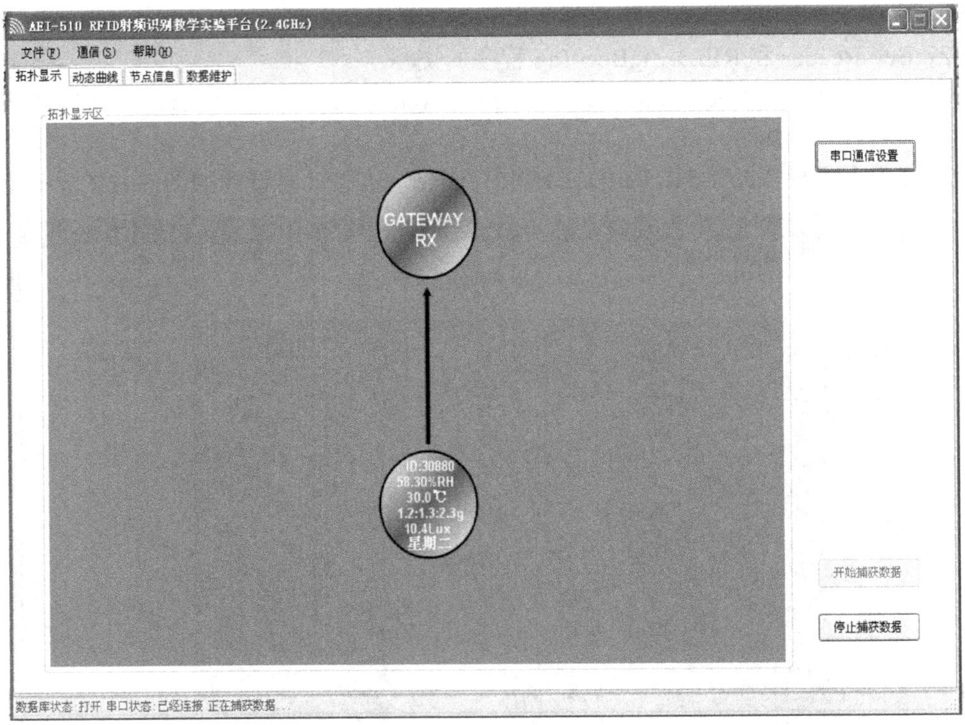

图 6-134　开始捕获数据

(9) 选择图 6-132 中的“动态曲线”选项卡，会看到如图 6-135 所示界面。

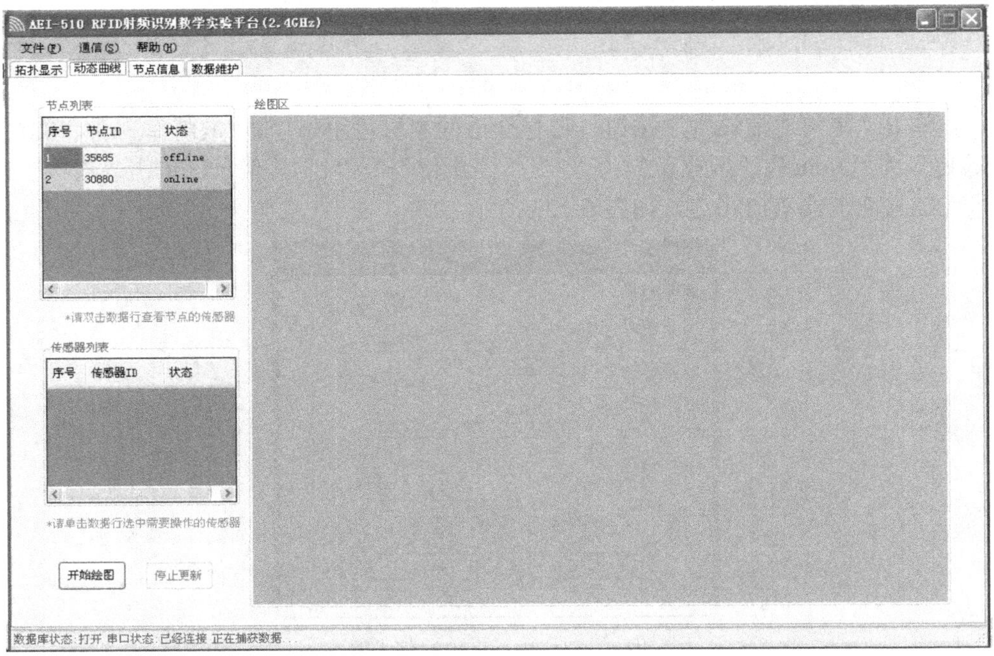

图 6-135　选择“动态曲线”选项卡

在“节点列表”框中双击所要查看的节点，并选择相应的传感器，单击“开始绘图”

按钮，则可查看该节点上所选传感器的数据走势图，如图 6-136 所示。

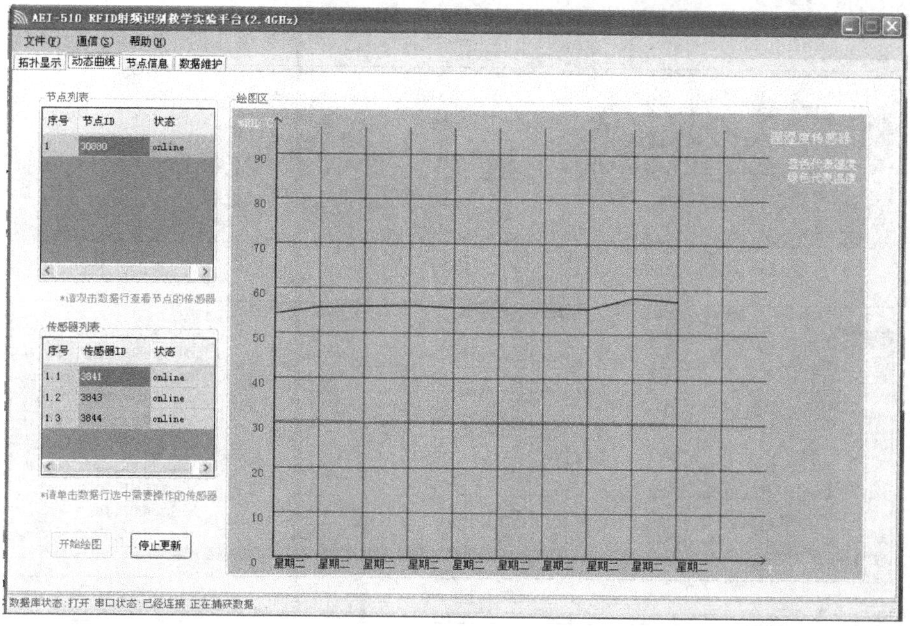

图 6-136　开始绘图

(10) 选中图 6-132 中的“节点信息”选项卡，会看到如图 6-137 所示界面。

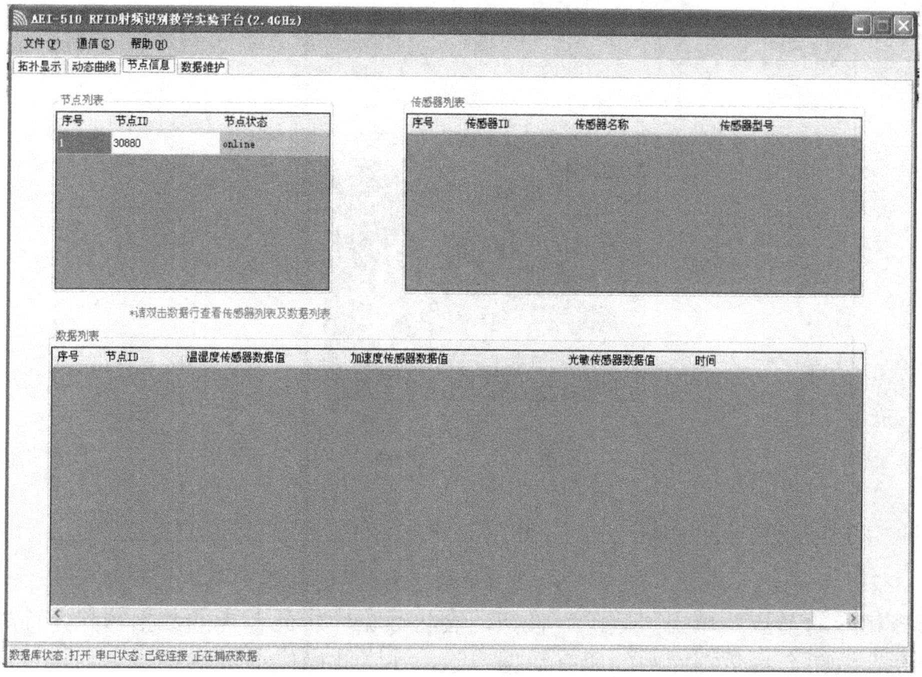

图 6-137　选择“节点信息”选项卡

在“节点列表”框中双击某节点可查看传感器列表及数据列表，包含三类传感器的数值、时间等信息，如图 6-138 所示。

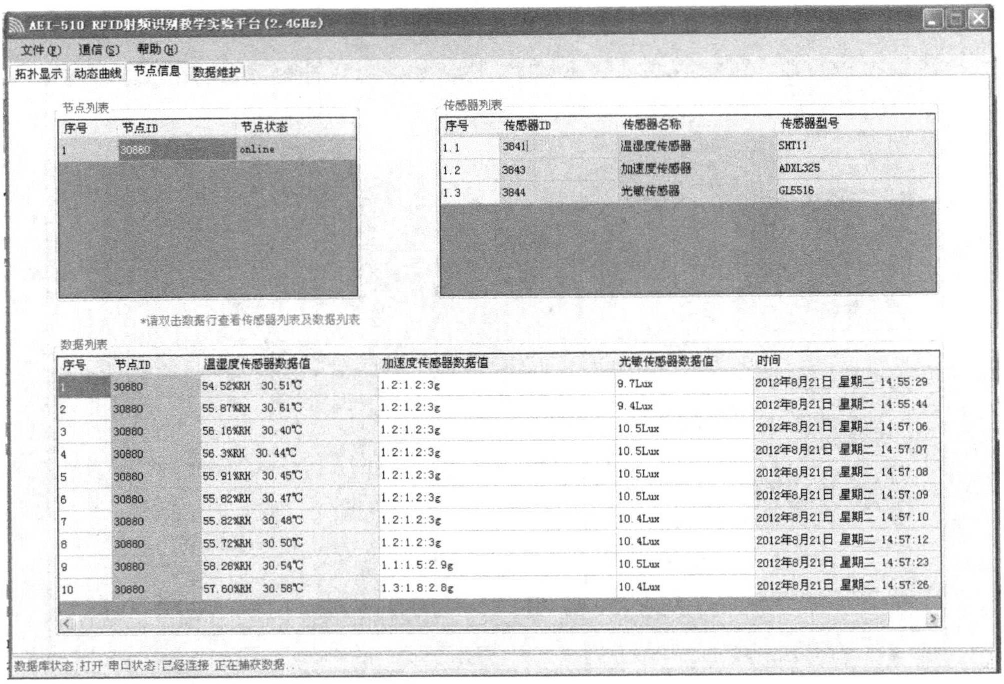

图 6-138　查看传感器列表及数据列表

(11) 选中图 6-132 中的“数据维护”选项卡，会看到如图 6-139 所示界面。

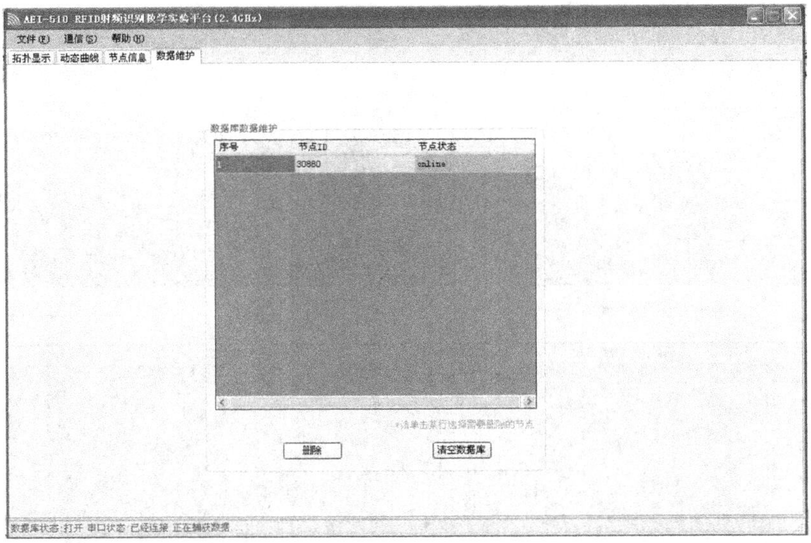

图 6-139　选择“数据维护”选项卡

选择相应的节点，单击“删除”按钮，会将数据库中此节点的数据清除，而单击“清空数据库”按钮会将数据库中的所有数据清除，注意此操作不可恢复。

(12) 在图 6-132 中选中“拓扑显示”选项卡，单击“停止捕获数据”按钮，结束实验，关闭软件。

参 考 文 献

[1] 赵军辉. 射频识别技术与应用[M]. 北京：机械工业出版社，2008.

[2] 游战清，李苏剑，等. 无线射频识别技术(RFID)理论与应用[M].北京：电子工业出版社，2004.

[3] 张肃文. 高频电子线路[M]. 北京：高等教育出版社，2009.

[4] 刘禹，关强. RFID 系统测试与应用实务[M]. 北京：电子工业出版社，2010.

[5] 刘岩. RFID 通信测试技术与应用[M]. 北京：人民邮电出版社，2010.

[6] 樊昌信，曹丽娜.通信原理[M]. 6 版. 北京：国防工业出版社，2006.

[7] 纪越峰. 现代通信技术[M]. 2 版. 北京：北京邮电大学出版社，2004.

[8] 范红梅. RFID 技术研究[D]. 浙江：浙江大学，2006.

[9] 吴江伟. RFID 技术在我国铁路专业运输业务中的应用及效益分析[D]. 四川：西南交通大学，2010.

[10] 刘先超. RFID(射频电子标签)天线的小型化[D]. 陕西：西安电子科技大学，2009.

[11] 杨益. 基于 RFID 的数字化仓库管理系统[D]. 武汉：华中科技大学，2008.

[12] 郭腾飞，刘齐宏. RFID 技术在自行车防盗系统中的应用[J]. 工业技术与产业经济，2010(4)：35-56.

[13] 辛鑫. RFID 在医药供应链管理中的应用技术研究与开发[D]. 上海：上海交通大学，2007.

[14] 吴海华. 基于 RFID 技术的图书智能管理系统研究[D]. 江苏：扬州大学，2009.

[15] 凌云，林华治. RFID 在仓库管理系统中的应用[J]. 中国管理信息化，2009,12(3)：43-45.

[16] 巨天强. RFID 的发展及其应用的现状和未来[J]. 甘肃科技，2009,25(15)：75-78.

[17] 李彩红. 无线射频识别(RFID)技术及其应用[J]. 广东技术师范学院报，2006,6.

[18] 王璐，秦汝祥，贾群. 基于 RFID 技术的门禁监控系统[J]. 微机发展，2003,13(11)：59-63.

[19] 周学叶，单承赣. 基于 RFID 的门禁系统设计[J]. 安防科技，2009,1：19-21.

[20] 杨笔锋，唐艳军. 基于射频识别的智能车辆管理系统设计[J]. 计算机测量与控制，2010，18(1)：97-99.

[21] 王建维，谢勇，吴计生. 基于 RFID 的数字化仓库管理系统的设计与实现[J]. 网络与信息化，2009, 28(4)：130-132.

[22] 黄峥，古鹏. 基于 RFID 的应用系统研究[J]. 计算机应用与软件，2011,28(6)：192-194.

[23] 张有光，杜万，张秀春，杨予强. 全球三大 RFID 标准体系比较分析[J]. 中国标准化，2006,3：61-63.

[24] 庚桂平，苗建军. 无线射频识别技术标准化工作介绍[J]. Aeronautic Stand-ardization & Quality，2007, 2(18)：17-19.

[25] 周晓光，王晓华. 射频识别(RFID)技术原理与应用实例[M]. 北京：人民邮电出版社.，2006.